千万吨级炼化企业节能优化案例选编

主 编 孙 浩 陈 刚
副主编 王 锋 王寿璋 齐本东

中国石化出版社

内容提要

　　本书重点介绍了某炼化公司作为千万吨级炼化企业开工十余年来逐渐成长为我国石油加工行业"能效领跑者标杆企业"的节能减排经验和工作案例。经过多年的探索与实践,该公司创建了"渐进追赶"能源管理模式,促进了能效提升,秉承"多角度优化,全方位提效"的节能理念,最大限度地挖掘了企业节能潜力,实现了企业能效的持续提升。

　　案例涵盖能源梯级利用优化、区域能源整合优化、单装置操作优化、多装置联合优化、公用工程系统优化等多方面内容,可为炼化企业同行提供节能减排的工作思路,促进行业碳达峰碳中和工作的开展,同时,也可作为从事节能减排相关行业从业人员的参考书籍。

图书在版编目(CIP)数据

　　千万吨级炼化企业节能优化案例选编／孙浩,陈刚主编. —北京:中国石化出版社,2022.1

　　ISBN 978-7-5114-6537-5

　　Ⅰ. ①千… Ⅱ. ①孙… ②陈… Ⅲ. ①石油炼制-工业企业管理-节能减排-案例 Ⅳ. ①TB624

　　中国版本图书馆 CIP 数据核字(2022)第 018024 号

中国石化出版社出版发行

地址:北京市东城区安定门外大街 58 号
邮编:100011　电话:(010)57512500
发行部电话:(010)57512575
http://www.sinopec-press.com
E-mail:press@ sinopec.com
北京力信诚印刷有限公司印刷
全国各地新华书店经销

*

787×1092 毫米 16 开本 16.25 印张 402 千字
2022 年 5 月第 1 版　2022 年 5 月第 1 次印刷
定价:78.00 元

《千万吨级炼化企业节能优化案例选编》

编 委 会

序

节约能源是我国的基本国策，国家把节约放在能源发展战略的首位。2020年，中国向世界宣布了"二氧化碳排放力争于2030年前达到峰值，努力争取2060年前实现碳中和"的愿景，实现碳达峰碳中和是党中央统筹国内国际两个大局，着眼建设制造强国，推动高质量发展作出的重大战略决策。近两年，国家发展和改革委员会等部门出台了《关于严格能效约束推动重点领域节能降碳的若干意见》《石化化工重点行业严格能效约束推动节能降碳行动方案》等一系列有力的政策和措施，将重点工业领域节能降碳和绿色转型纳入生态文明建设整体布局，为如期实现"双碳"目标提供了有力支撑。

石油石化行业是我国国民经济的重要支柱产业和经济增长点，既是能源供应主力，也是能源消费大户、碳排放大户。节能降碳成为炼化企业提升自身发展竞争力、实现绿色低碳可持续发展的重要保障之一，不仅可以降低企业能耗成本，而且有助于缓解国家能源供应压力。据分析，预计2050年以前节能和提高能效对全球二氧化碳减排的贡献占比37%，可见，节能优化对减少污染排放、保护环境同样有着重要意义。

目前，我国已拥有千万吨级炼油厂30余座，作为21世纪首个单系列千万吨级炼油厂，某炼化这个年轻的企业已连续9年蝉联行业能效领跑榜首。成绩取决于我们始终保持"站排头、争第一"的精神状态，始终坚信"节能永无止境、潜力永远可挖"，始终坚持把节能提效放在绿色低碳发展的首要位置。

多年以来，公司以习近平生态文明思想为纲，以集团公司绿色洁净发展战略为领，构建出"建设世界领先城市型炼化企业"的绿色发展企业愿景。顶住油品质量不断加速升级、环保排放标准日趋严格与新冠肺炎疫情影响油品市场低迷等内、外部压力，克服新增多套装置，提高运行苛刻度，增上环保提升设施等增加能耗因素的影响，公司延续投产初期对节能工作持之以恒的韧劲，秉承初心、久久为功。公司以绿色发展理念为导向，以"全方位管理、多角度优化"为理念，以创新"渐进追赶"能源管理模式为突破，以先进节能技术应用为抓手，统筹谋划、精心部署，通过"能效提升计划实施、资源梯级利用优化、区域资源整合优化、单装置操作优化、多装置联合优化、公用工程系统优化"全面发力，实现了节能降碳与能效提高，各项节能指标稳步下降。其间，公司积累了大量的节能经验与做法，既有管理节能经验，比如渐进追赶能源管理模式、绿色工厂创建实践，也有利用模拟优化软件、先进控制系统等工具和手段围绕装置和公用工程、储运系统开展的各种节能优化案例，还有采用新技术、新设备、新材料实施的大量设备节能改造，比如变频调速、压缩机控制系统、加热炉烟气余热回收、新型保温等。

为全面总结多年来公司在节能降碳工作上取得的宝贵经验与丰硕成果，优选出 42 篇公司历年来典型的节能优化案例汇编成册，具有较强的可借鉴性、可推广性。希望本书能够为今后的节能降碳工作提供指引、激发灵感，也希望通过本书案例的分享让公司形成良好的节能降碳氛围，让各级干部职工提高节能降碳意识，共同立足"十四五"新起点，落实碳达峰碳中和的战略部署，踔厉奋发，笃行不息，为持续探索高效节能之路、续写能效领跑新篇章，为集团公司乃至国家的绿色低碳发展做出新的更大贡献！

中国石化青岛炼油化工有限责任公司总经理

前　言

　　某炼化公司成立于 2004 年，由中国石化、山东省、青岛市共同出资设立（出资比例为 85∶10∶5），其炼油项目总投资 125 亿元，是我国第一个批准建设并与国际接轨的单系列千万吨级炼油项目。公司于 2006 年 5 月开工建设，于 2008 年 6 月建成投产。项目由中国石化自主设计和建设，主要采用中国石化自有知识产权的国内领先技术，设备国产化率达到 96%。所有工艺装置采用集散控制系统，全厂只设一个中心控制室，采用国外管理模式，组织结构扁平，现有在岗正式员工不到 700 人。为满足产品质量升级和环保指标提升的要求，公司于 2011 年对装置进行了适应性改造，原油综合配套加工能力目前达到12.0Mt/a，车用汽、柴油质量全部达到国Ⅵ标准。

　　2020 年是该公司投产第 12 年，全年加工原油 10.73Mt，实现营业收入 359 亿元，实现利税 92 亿元。面对新冠肺炎疫情全球暴发、国际油价历史性暴跌、市场需求大幅度萎缩、国内新增炼化产能集中释放等复杂多变的生产经营形势，公司深入推进"百日攻坚创效"和"持续攻坚创效"行动，全年落实 8 大类 61 项措施，累计增效创效 16.8 亿元，全面优化产品结构，努力增产高附加值产品，生产聚丙烯 215.2kt、苯乙烯 87.7kt，沥青年产量达 380kt，创历史新高。生产装置安全平稳运行，各项生产经营指标均达预期目标，炼油专业达标竞赛连续 7 年保持中国石化集团公司第 1 名，还荣获了中国石化"安全生产先进单位""环境保护先进单位"等荣誉称号。

　　作为国内第一个单系列千万吨级炼油项目，公司自 2008 年投产以来，始终坚持安全环保、绿色低碳的可持续发展战略，发扬团结、务实、精细、创新、高效的企业精神，以创建世界一流炼化企业为目标，以技术进步和精细化管理为手段，提出并全面推进实施"坚定建设世界一流炼化企业一个目标，发挥管理、人才、区位三重优势，打造绿色炼化、效益炼化、智慧炼化、海洋炼化、幸福炼化五大品牌"的"一三五"战略。不断提升企业竞争力，在安全环保、生产经营、企业管理、持续发展、绿色发展等方面均取得较好成绩，进入国内炼油先进行列，部分指标达到了世界先进水平。尤其在节能减排、提高能效方面，成为中国石化节能标杆企业、全国石油加工行业"能效领跑"的践行者。

多年来，公司各级干部职工集思广益、群策群力、开拓创新、砥砺奋进，在节能降碳工作上采取了大量的管理与技术措施，为了总结与积累经验，持续提升员工学习、总结和创新的能力，鼓励大家崇尚技术、乐于钻研、勤于总结，公司组织各单位收集整理了历年来优秀的节能降碳案例，汇集成册，供大家学习参考。

光 荣 榜

自 2008 年投产以来，某炼化公司在节能或者绿色方面获得的有关荣誉：

● 2008～2017 年，连续 10 年荣获中国石化节能先进单位。

● 2012～2020 年，连续 9 年荣获中国石油和化学工业联合会评选的"能效领跑者标杆企业"（原油加工行业）。

● 2013～2019 年，连续 7 年被国资委评为原油加工行业"能效最优企业"。

● 2014～2020 年，连续 7 年保持中国石化集团公司炼油专业达标竞赛第一名。

● 2015 年，《某炼化公司"渐进追赶"能源管理模式》获选国际"双十佳"最佳节能实践。

● 2016 年，荣获"十二五"全国石油和化工行业节能先进单位。

● 2016～2017 年，连续 2 年荣获山东省节能先进单位。

● 2017 年，《特大型炼化企业渐进追赶世界一流能效的对标管理》获得第二十四届国家级企业管理现代化成果二等奖。

● 2017 年，荣获中国石油和化学工业联合会、中国化工环保协会评选的首批"石油和化工行业绿色工厂"。

● 2017 年度、2020 年度 2 次荣获国家工业和信息化部与国家市场监督管理总局评选的"重点用能行业能效领跑者"。

● 2019 年，《千万吨级炼化企业"绿色工厂"的创建》获得中国石化管理现代化创新成果一等奖。

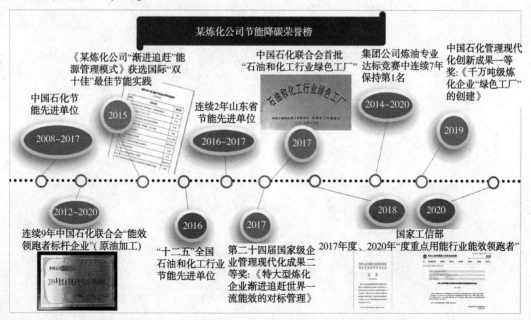

目　录

第四章　设备改造实践类

第一章

综述类

特大型炼化企业渐进追赶世界一流能效的对标管理

（王寿璋　孙　浩　齐本东）

一、背景

（一）建设资源节约型社会，推进美丽中国的建设的要求

世界能源结构中，大部分是化石能源，而化石能源是一种稀缺的不可再生资源。根据国际通行的预测，石油将在40年内枯竭，天然气将在60年内用完，煤炭也只能用220年。中国的能源形势更不容乐观，我国已探明的煤炭储量占世界储量的11%，原油占2.4%，天然气仅占1.2%，人均能源资源占有量不到世界平均水平的一半。近年来，中国经济高速增长和产业结构的迅速变化，带动石油消费量快速增长，年均增长率达到7%以上，2010年对外依存度迅速突破50%，2015年为60%，2020年石油对外依存度为70%左右。石油的供需矛盾越来越突出，已经成为可能制约我国经济发展的重要因素之一。作为既是能源加工又是能源消耗的石化行业，必须进一步提高能源利用效率，走绿色低碳的可持续发展战略，实现能效追赶、接近、同步国际先进水平的目标。

十八大以来，国家开始统筹推进"五位一体"总体布局，把生态文明建设放在突出地位，融入经济建设、政治建设、文化建设、社会建设各方面和全过程。生态文明的理念深入人心，建设美丽中国已成为全面共识，把高污染、高耗能、资源型行业作为能效对标重点，在土地、安全、节能、环保等方面不断加大监管力度。某炼化公司作为新世纪国家建设的第一个千万吨级炼化企业，既是产能创效的骨干，又是能源资源消耗的大户，每年为国家生产数千万吨成品油的同时，也消耗了大量的能源。因此，作为大型国有企业的公司有责任也有义务做好能效对标工作，探寻一条高效的能效对标管理方法，领先一步抢占绿色低碳发展的制高点。

（二）应对石化行业降低能源消耗发展趋势的需要

石化行业是关系国计民生的重要行业，它不但为国家提供能源保证，而且为丰富人民的物质文化生活提供各种各样的产品。2014年，中国炼油能力突破了700Mt/a，占全球炼油能力的12.4%，位居全球第二，中国石化、中国石油两大集团炼油综合能耗60.7kgEO/t，部分地方石化企业综合能耗超过90kgEO/t，资源利用率较低，能耗、物耗较高，降本增效尚有较大空间。近几年中国炼油能力变化趋势见图1。

作为能源消耗的重点行业，新建炼化企业普遍采取大型化、集约化发展模式，通过优化设计方案，提升运行管理水平。但随着国家能源安全战略、生态文明建设的要求越来越高，国际油价不断上升，能源消耗成本占企业运营成本的比重不断加大，企业的能效对标工作面

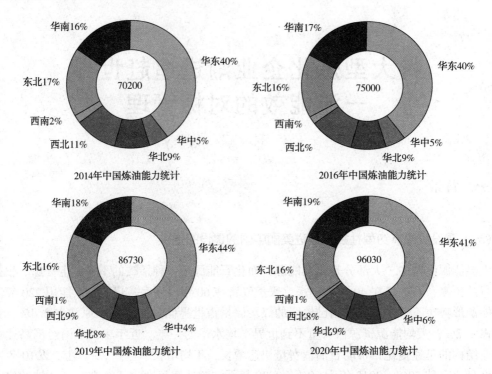

图1 近几年中国炼油能力变化趋势(单位：10kt/a)

临诸多挑战。

一是原油性质不断重质化。随着原油价格的上涨以及油田的不断老化，炼化企业所加工的原油密度越来越大，硫含量越来越高，加工流程不断变长，加工难度不断加大，脱硫所需要的氢气越来越多，能源消耗量不断增加。

二是成品油质量不断升级。随着国内汽车保有量的增加，汽车排放的尾气已成为重要污染源之一。为了满足环保要求，世界各国和地区都对汽车尾气排放制定了一系列的标准，对车用燃料也制定了相应的标准。各国炼油企业为了适应新的燃料标准，都采取了一系列的措施。为此，我国的成品油质量升级的速度不断加快，按照目前国内炼油厂装置构成，车用汽、柴油质量升级的难度要比国外炼油厂大得多，需要增加更多的投入，需要更多的成本，能源消耗量更大。因此，如何低成本、低能耗实现产品质量升级是我国炼化企业的工作重点之一。

三是环保排放要求不断提高。随着我国经济的持续快速增长，全国各地环境事件频发，出现了发展与环境的瓶颈期。一方面，国家和地方为保护环境不断推出新的法规和提高各类排放标准；另一方面，人民生活水平稳步提高，对环境质量的要求愈来愈高，公众和媒体参与环境监督工作热情空前高涨，走绿色可持续发展已成为社会广泛共识。炼化企业如何提升自身的环境保护水平，已成为制约企业生存和发展的重要因素之一。炼化企业在自身生存和发展的同时，更要注重环保问题，不断地按照国家新的环保标准要求对现有的装置进行改造升级，减少排放，实现经济发展与环境保护的良性循环。在污染治理和环境保护的道路上，探寻一条低耗高效的管理方法。

（三）建设世界一流炼化企业的要求

创建世界一流企业是一个传承创新的系统工程，是一个企业实现自身发展的必然要求，也是一个优秀企业履行社会责任的必由之路。按照中国石化的统一工作部署，要求把公司"建设成具有国际先进水平的炼化企业，管理成具有国际先进水平的炼化企业"，公司以此为契机，提出了"共创世界一流炼化企业"的企业愿景。某炼化公司的能源消耗费用约占企业总加工费用的30%以上，是最主要的可控部分，且相对于其他指标而言是较为重要和关键的。公司制订了率先实现"建设世界一流炼化企业"能耗指标的五年规划，要实现这个规划，采用创新的节能管理方法是企业的必然选择。

从2012年开始，针对上述情况，某炼化公司开始实施渐进追赶世界一流能效对标管理。

二、渐进追赶世界一流能效对标管理的内涵和主要做法

炼化公司围绕"共创世界一流炼化企业"的战略目标，以领先企业(工段、装置、系统)的指标为目标，通过资料收集、分析比较、不断更新目标的渐进式跟踪学习方法，遵循指标分解、明确责任、对标分析、制定追赶措施、渐进实施的思路。从制度保障到考核激励，从管理优化到技术改造，从资源高效利用到信息化建设，全方位、多角度开展能效对标，逐渐改进能源绩效，使设备、装置、系统、全厂的能效水平不断螺旋上升，最终达到并超过对标目标，实现世界一流能效。渐进追赶能效对标管理基本构成可以概括为最佳实践和不断提高能效指标两部分。其中，最佳实践是指行业中能够为公司提供值得借鉴信息的目标企业(工段、装置、系统)在生产管理中所推行的最有效的节能措施和管理方法，可能其规模不一定与公司相似(考察一个公司的做法在另一个公司是否适用时要考虑这一点)。不断提高能效指标是指能真实客观地反映企业(工段、装置、系统)不同阶段的能效指标及与之相应的一套基准数据，如装置能耗、单因耗能、蒸汽单耗、电单耗等。渐进追赶能效对标管理的基本原理见图2。

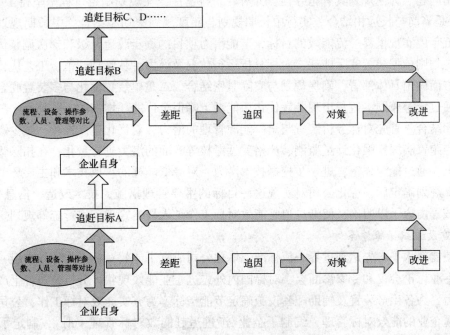

图2 渐进追赶能效对标管理基本原理

主要做法如下：

（一）确定工作思路，将世界一流作为渐进追赶能效对标的目标

1. 明确对标目标

按照中国石化的统一工作部署，在管理机制创新、生产运行优化、技术改造、资源高效利用、信息技术运用等方面开展渐进追赶能效对标管理，通过不断地更新追赶目标、反复学习直至达到世界一流水平。世界一流的运营指标（见图3）为：能量密度指数能耗指标小于78，加工损失率小于0.45%，主要装置运行周期大于4年。

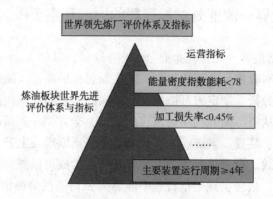

图3 世界领先炼油厂先进指标

2. 统筹规划能效对标工作布局

战略目标确定后，某炼化公司组织研究制订了《某炼化公司创世界一流能效规划》（见图4），对节能工作进行优化调整，重点解决装置运行不优化、装置各自为政、公用系统不平衡等突出问题。为使规划具有指导性、针对性、科学性，在规划制定过程中坚持了"三个结合"。一是当前与长远相结合。实行中长期规划与年度规划滚动相结合。中长期规划紧紧把握未来五年内实现世界一流能效的目标，节能潜力项目的逐步改造升级和梯次调整优化。年度滚动规划则依据装置实际能耗，对标分析运行状况及潜力，从管理规范、工艺优化、局部改造等方面做出具体部署，确保规划与实际紧密结合。二是单装置优化与多装置联合优化相结合。通过统筹兼顾，避免出现装置优化后能耗下降但全厂能耗增加的不利局面。三是技术与管理相结合。首先对标分析装置与全厂能源管理的潜力，对优化生产运行、减少燃料气放空、杜绝跑冒滴漏、强化计量监测、严格奖惩考核等方面的潜力进行量化；在扣除管理潜力的基础上，通过能源评审，进一步挖掘技术潜力，对降低能耗的重点技术和主要环节逐项落实潜力。规划确定后，炼化公司对实现这一目标的主要管理措施、技术改造、信息化建设、激励考核等内容予以明确，使渐进追赶能效对标工作纳入战略管理，实行统筹规划。

3. 建设组织保障体系

为使能效水平率先达到世界一流标准，炼化公司成立了能效对标工作领导小组，定期组织节能专业讨论会议和专家诊断会，对标国内外先进企业能效现状，分析公司各生产环节的节能潜力，为各生产装置及辅助配套设施确定节能指标。为夯实能效对标工作，公司以制度建设统揽企业的能效对标管理，编制了企业《渐进追赶能效对标管理手册》，制定了相关管理制度，将工艺、设备、信息、计量等专业几百项指标进行细化分解，确定各项指标的归口

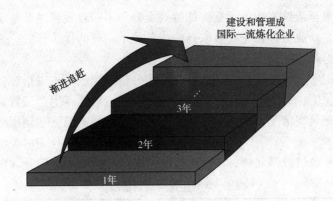

图 4 渐进追赶实现国际一流炼化企业目标规划

主管部门，并将各项指标按装置、系统、岗位进行分解落实，将责任与指标落实到部门、班组及岗位。公司能效对标管理的职责划分见图 5。

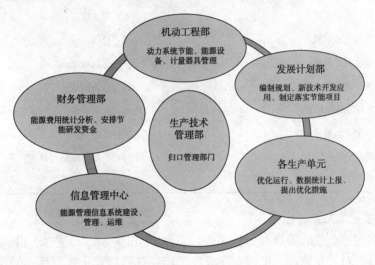

图 5 公司渐进追赶能效对标责任分解示意图

炼化公司每年组织开展生产装置及公司能源评审，形成以比学赶帮超、技术培训、节能优化培训、节能服务、经验交流为主体的节能工作体系模式，坚持制度的修订、宣贯与落实同步推进。大力推进制度流程化、流程表单化，通过标准化表单保障节能管理的规范化和执行力，实现了按制度管人、按流程办事、按表单作业的目标。

（二）基于企业战略选择对标标杆、数据采集和分析

1. 选择的原则

寻找渐进追赶的动态目标尽管较为烦琐，但对于渐进追赶能效对标管理的成效非常关键。某炼化公司确定能效渐进追赶目标的原则为：一是装置能耗指标名列前茅；二是装置规模、采用的加工工艺具有可比性；三是集团公司内部管理较为先进的企业。

2. 数据采集和分析

标杆的寻找包括实地调查、数据收集、数据分析、与自身实践对比找出差距、确定渐进追赶指标，根据与指标的差距定期修订完善追赶的阶梯目标。阶梯目标实现后再进一步确定

下一阶梯的目标，直至最终实现各项指标螺旋式上升和不断自我超越。鉴于炼化公司是中国石化集团公司的一名新成员，首先要吸取行业内各兄弟企业的优秀经验，力争在集团公司内部位列前茅，再去追赶国际先进水平。

为此，公司组织学习同类装置先进水平，系统分析对比能耗先进指标，为每套生产装置及辅助设施确定确保值、力争值、奋斗值三档考核目标；根据各生产装置能效对标目标完成情况和能效对标措施落实情况，不断动态修正能效对标目标，最终达到国内先进指标。

3. 确定对标企业

按照对标原则并经过数据分析，最终确定主要生产装置的渐进追赶对标企业详见表1。

表1　主要生产装置对标目标

主要生产装置	对标目标
10.0Mt/a 常减压装置	中国石化海南炼化公司
1.5Mt/a 连续重整装置	中国石化金陵石化公司
2.5Mt/a 延迟焦化装置	中国石化金陵石化公司
3.2Mt/a 加氢处理装置	中国石化镇海炼化公司
2.9Mt/a 催化裂化装置	中国石化镇海炼化公司
4.1Mt/a 柴油加氢精制装置	中国石化海南炼化公司
600kt/a 煤油加氢精制装置	中国石化海南炼化公司
30km³/h 制氢装置	中国石化海南炼化公司
220kt/a 硫黄回收装置	中国石化镇海炼化公司
……	……

4. 系统学习，深入分析短板

为系统了解先进企业的管理和运行优势，采取"走出去"和"请进来"相结合的方法，通过专家诊断和自查对标相结合，全面查找节能工作存在的思想重视程度不够、指标不明确、考核不到位、能源评审不深入、技改措施不完善等诸多"短板"，深入分析，对症下药，制定详实可行的整改计划，明确整改责任和期限，确保早整改、早受益。通过科学诊断节能现状，量化分析节能潜力，精准制定对标提升方案。针对节能剖析发现的问题，制定科学有效的整改计划，明确整改责任和期限，并结合现场实际和检修周期，合理安排技术改造。

（三）优化过程管理，促能效指标渐进提升

把生产优化做得更专业、更精细是实施渐进追赶能效对标管理的重要途径，炼化公司努力把精细优化管理的理念贯穿于生产经营全过程，在不同阶段、不同市场条件下对生产工序进行精心论证和反复测算，用以指导产品结构调整、提出和解决装置瓶颈问题，把市场信息传递到生产装置。通过经济活动分析会、月度计划与预算例会、专题讨论会等方式，找出存在的问题，与集团公司内部先进企业进行详尽对比，不断提出降低能源消耗的措施，分步实施，渐进提升能耗指标。

1. 开展单装置渐进操作优化

根据人员精简和年轻化的特点，炼化公司充分利用先进的信息化技术开展节能优化，组织、培训技术人员应用 Petro-SIM、Aspen Plus、Aspen Hysys 等流程模拟软件，进行生产过程的全流程优化测算。通过组建生产优化团队，开展培训讲课和交流研讨，使"会使用优化软件"成为装置工艺技术员的一项必要技能。炼化公司结合软件模拟测算，对各装置精馏塔的运行情况进行诊断分析，优化操作条件，降低塔顶压力和回流比。例如，通过降低苯乙烯装置干气脱丙烯系统解析塔的塔顶压力，回流量下降了 15%，减少塔底再沸器中压蒸汽消耗 1.3t/h。定期组织对装置换热器的传热效率和结垢系数进行跟踪测算分析，及时对传热效率下降比较大的换热器进行清洗，其中航煤加氢装置进料换热器 E101 清洗后，换后温度提高了 15℃。经常性地组织对装置的运行方案进行优化，通过对常减压装置在加工不同品种原油以及生产沥青和非沥青等多种工况条件下，初馏塔侧线抽出量的最佳值进行测算和操作调整，实现在增产航煤的同时，节省加热炉燃料气消耗 120Nm³/h。

2. 组织多装置联合渐进优化

在跨装置的联合优化方面，通过利用模型对常减压装置稳定塔、延迟焦化装置以及加氢裂化装置吸收稳定系统进行测算分析，将原本进延迟焦化装置加工的柴油加氢轻烃和重整装置轻烃，分别改为进常减压装置和进加氢裂化装置加工，从而打开了轻烃系统的加工后路，解决了 25t/h 的轻烃在装置间的循环加工导致能耗增加的问题。

在装置间直供料和热供料的优化方面，充分利用全厂装置布局集中和一个中央控制室操作控制集中的优点，按照上游装置操作波动由下游装置吸收的原则，统一各联合车间的操作管理，大力开展热供料和直供料工作。主体生产装置间逐渐实现全部或绝大部分直供料、热供料，如常减压-焦化间渣油直供料，常减压、焦化-加氢处理-催化间蜡油直供料，常减压、催化、焦化-柴油加氢间柴油原料直供料等。针对重油管线直供料后的热备问题，公司创造性地进行了流程改造，既保证了管线的热备又实现了装置间的直供料。通过实施多项优化措施，公司直供料比例达到 80% 以上，公司直供料比例和热供料均处于集团公司领先水平，有效地利用了全厂低温位热能，提高了全厂能源利用效率。公司热供料主要优化措施及效果见图 6。

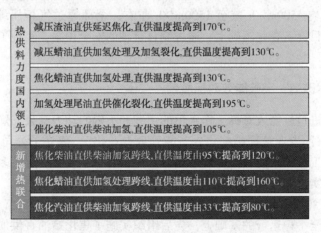

图 6　公司热供料主要优化措施及效果

3. 组织蒸汽等公用系统渐进优化

一是蒸汽系统优化。炼化公司结合全厂各产、用汽设备对蒸汽管网的压力要求及三个蒸汽管网的平衡情况，开展好管网与各装置用汽点的优化工作。为降低中压蒸汽消耗，首先将中压蒸汽管网压力由设计值 3.5MPa 提高至 3.72MPa，在此基础上又将低压蒸汽管网压力由设计值 1.0MPa 降至 0.68MPa，其后组织将低低压蒸汽管网压力由设计值 0.45MPa 降至 0.30MPa。通过渐进优化三级蒸汽管网压力，全厂 7 台蒸汽轮机(驱动气体压缩机)效率平均提高 2 个单位，节约用汽约 35t/h；按照 Aspen Plus 流程模拟软件优化测算结果，对重整预加氢脱异戊烷塔 C103、柴油加氢汽提塔 C201、加氢处理汽提塔 C201 及加氢处理分馏塔 C202 进行降压操作，节约低压蒸汽 4.1t/h。优化效果见图 7。

图 7　公司对标先进节约蒸汽效果

二是瓦斯和氢气系统优化。针对全厂瓦斯相对过剩问题，组织开展装置少产、利用优化等工作，逐渐实现了全厂瓦斯平衡，杜绝瓦斯不平衡放火炬现象。如通过降低焦化装置循环比、优化吸收稳定系统操作等措施，月少产干气量 1000t 以上。针对干气中液化气含量高的问题，通过将原来的干气中液化气含量改为常减压和催化装置的 KPI 指标，实行定量考核，2 个月后，该指标值由原来的 4%以上降至 2.5%左右。在氢气平衡方面，以制氢装置尽量少产氢为原则，通过调整重整装置加工负荷及蜡油加氢处理装置加氢精制深度来调节全厂的氢气平衡。制氢装置设计使用天然气为原料，经过技术论证，采取了以重整干气、加氢 PSA 尾气替代天然气的优化方案。在制氢装置未做大的改造情况下，实现了制氢原料的优化(在目前≤40%制氢负荷下，实现了天然气的全部停用)，实现了 3000m³/h 左右炼厂气的综合利用，实现了厂内氢气管网的产用平衡。

三是火炬系统管理优化。通过对各装置的严格检查和控制，各装置排放至火炬系统的瓦斯气量由年初的平均 4500m³/h 减至 1500m³/h 左右，全部通过气柜压缩机进行回收利用，实现了熄灭火炬的目标。在此基础上，通过制订合理的安全预案，实现了熄灭火炬长明灯的目标。

(四) 实施技术改造，突破能效对标瓶颈

技术创新是渐进追赶能效对标工作永恒的主题和不竭的动力源泉，炼化公司开启能效对标工作新常态，推行"专业管理精细化，节能管理专业化"，建立了公司层面的节能专业小组，提高能效对标工作的深度和广度。通过对标分析和技术攻关确定了多项能效对标的技措项目并狠抓分步落实，促进能效渐进提升。

1. 实施工艺节能技术改造

在确保装置安全平稳运行的基础上，先后组织实施了焦化蜡油直供加氢跨线，提高蜡油直供加氢温度、减压塔塔顶第三级机械抽真空改造、离心压缩机 3C 控制系统改造、往复压缩机无级调量控制系统改造、焦炭塔大吹汽采用智能雾化以水代汽改造、重整压缩机出口空冷风机更换高效节能叶片提高冷却效果改造、重整二甲苯塔增加侧线抽出改造等 90 多个项目，累计节能投资 12211 万元，降低能耗 171165×10⁴MJ/a，折标准油能源单耗 4.08kgEO/t。

充分发挥合同能源管理模式的优势，组织实施动力中心循环水系统改造，解决压力高、水泵效率低等问题，节电率达到 30% 以上，取得了较好的节能效果。

2. 实施设备节能技术改造

在节能设备改造方面，结合装置实际运转情况，通过设计核算对 36 台机泵实施了叶轮切削，节电 $105.53 \times 10^4 kW \cdot h$；对 24 台机泵实施了变频技术改造，节电 $3.79 \times 10^4 kW \cdot h$；对 6 台螺杆压缩机实施 HydroCOM 无级调量技术改造，节电 $206.63 \times 10^4 kW \cdot h$；对 4 台风机实施液力偶合器改造，节电 $13.22 \times 10^4 kW \cdot h$；对 10 台机泵实施永磁调速改造，节电 $10.06 \times 10^4 kW \cdot h$；对 4 台汽轮机实施 CCC 控制技术改造，平均节约中压蒸汽 $11.93 t/h$。另外，在节能设备运行管理方面，通过制订节能设备管理制度、加强节能设备运行周期考核和实施节能设备标识等措施，提高催化烟机、加氢液力透平机泵、无级调量机组、变频机泵及小转子机泵等节能设备运行同步率，节约电力消耗取得了较好的效果。

3. 实施 CFB 锅炉节能技术改造

为解决 CFB 锅炉和汽轮机发电机组长周期运行问题，公司通过聘请专家技术指导、召开专题讨论会等方式，加强 CFB 锅炉和发电机组长周期运行攻关。通过加强入炉燃料质量管理，调整并统一员工操作习惯，创造性地实现了脱硫洗涤塔、二次风机、布袋除尘器、高压风机等设备在线检修改造，有效地提高了锅炉运行周期。$1^\#$ CFB 锅炉最长连续安全运行时间达 715d，$2^\#$ CFB 锅炉最长连续安全运行时间达 423d，均为国内 CFB 锅炉连续安全运行时间的领先水平，最大化地发挥了动力中心的发电效益。

（五）高效利用资源，拓展能效对标空间

在开展生产工艺过程渐进追赶能效对标的同时，某炼化公司高度重视资源高效利用工作，先后实施了含硫污水经汽提处理后的净化水部分直接回用、部分经污水处理场低浓度系列处理后回用的措施。炼化公司的含油污水、含油雨水、生活污水经污水处理场系列处理后全部回用至循环水场作为补水替代新鲜水。在做好污水末端治理和深度处理回用实现节水减排的同时，公司进一步开展源头削减、过程优化措施，降低水资源消耗、提高利用率。

1. 梯级利用含硫污水，减少污水处理量

为解决水资源消耗，通过技术论证，对含硫污水系统进行优化改造，实施污水梯级回用。串级利用催化分馏塔含硫污水，将分馏塔塔顶粗汽油罐的含硫污水作为分馏塔、稳定塔及气压机级间水洗注水，在吸收稳定系统和分馏系统自循环利用，降低催化含硫污水约 20t/h；利用催化含硫污水替代常减压减压塔顶除盐水注水和柴油加氢低压系统注水，降低全厂含硫污水约 15t/h，有效地降低了用水成本。通过技术论证将污水处理系统的高含盐污水回用到动力中心烟气脱硫和焦化装置的除焦池中，节约新鲜水 40t/h；通过污水监控池回收利用雨水，降低新鲜水耗量约 100kt/a，详见图 8。

2. 开展区域资源优化，打造循环经济新模式

炼化公司周围有丽东化工、思远化工、环海化工等化工企业，随着公司渐进追赶能效对标工作的深入，企业的蒸汽开始过剩。为提高资源利用效率，公司加大与周边化工企业的能源互供力度，通过将企业过剩的中压蒸汽、低压蒸汽、低低压蒸汽提供给周边企业，提高了能源的利用效率，实现了互惠互利。在此基础上，又将思远化工的副产氢气通过管线引入公

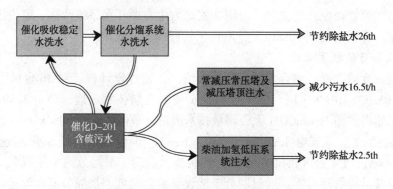

图 8　污水梯级利用，能效对标优化示意图

司的氢气管网，减少了制氢装置的负荷，降低了能源消耗，实现了能源消耗的"减法"，经济效益的"加法"。

针对公司夏季瓦斯过剩的问题，积极与地方燃气供应企业联系，实施过剩瓦斯气体接入城市燃气管网的措施，解决了夏季过剩瓦斯放火炬燃烧的问题，提高了资源的利用效率，降低了排放。

（六）搭建信息平台，驱动能效对标智慧化

采用信息技术改进和提升能效对标工作，是现代炼化企业的必由之路。某炼化公司高度重视信息化建设及系统深化应用，每年投入专项资金推进信息化技术在生产运营管理中的应用，提升预警和科学决策的能力；通过建设多项信息化项目，对能源使用过程进行及时、全面监控，实现各个环节的最优匹配；通过利用物联网、云计算等信息技术，开展数据中心和智能工厂建设，实现能源的"高利用、低排放、减量化"。

1. 建设能源管理智慧平台，实现"说得清""管得住""省得下"

某炼化公司以中国石化"建设世界一流能源化工公司"为目标，投资建设了能源管理中心，从能流"说得清""管得住""省得下"入手进行项目的建设，实现企业能源管理的能流可视化、能效最大化、在线可优化。炼化公司首先完善公司的能源计量器具配备，按照 GBT 17167—2006《用能单位能源计量器具配备和管理通则》的要求配齐配全能源计量仪表，实现了高达 98% 的能源计量配备率，为能源管理系统建设提供了数据采集保障，成为中国石化能源管理中心建设的首批推广企业之一（如图 9 所示）。建设了覆盖企业的能源供应、生产、输送、转换、消耗全过程的完整能源管理信息系统。通过建立能源日报、台账及数据库，加强能源消耗的监控分析；通过管网平衡数据的差异分析查找管网存在的问题，将新鲜水、氮气、燃料气等管网的不平衡率由 10%~30% 降至 5% 以内。用准确的数据反映用能现状，用可靠的分析指导用能优化，实现了对水、电、汽等能源介质"说得清、管得住、省得下"的目标。通过 ERP 大集中项目，实现了对能源介质进行物料化管理，全过程管控采购、生产、消耗、销售等环节，将生产管理、财务控制、资产管理等结合起来，使节能管理向纵深发展。能源数据统计、指标计算及监控、能源评价分析和动力在线优化等功能极大地提升了企业的能源精细化管理水平，减轻了冗繁的工作，实现了能效最大化、能流可视化、在线可优化。

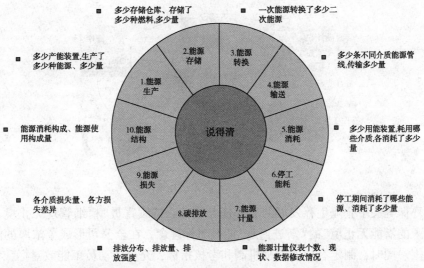

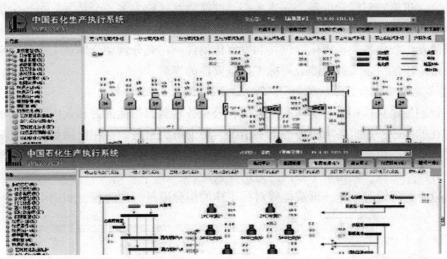

图 9　能源管理智慧平台

2. 利用优化软件对装置进行在线实时优化

通过炼油全流程优化 RSIM 系统开展生产过程模拟(见图 10),运用"分子炼油"的理念,结合反应动力学原理,对各炼油组分的加工路线进行优化选择,对装置原料组成进行优化切割,对操作参数和产品质量进行优化控制,达到精确化生产管理的目的,实现生产过程的动态优化。公司还借助 MES 系统积极查找并解决生产运行中的问题,使其成为生产精细管理的助推器。大力推行先进控制系统(APC)建设,目前,公司主要生产装置均已实现 APC 先进控制,占装置总数量的 80%以上。通过 APC 先进控制技术应用,降低了受控变量波动方差,保障了装置安全平稳优化运行,在降低装置能耗方面取得了明显成效。

(七) 文化引领,考评跟进,营造能效对标的氛围

1. 培育"渐进追赶"能效对标文化

炼化公司充分利用宣讲、培训和电视新闻、报纸、宣传栏、微信平台等媒介,做好节能

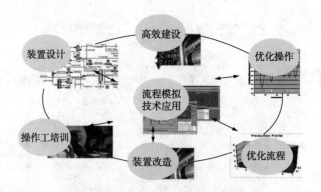

图 10 流程模拟技术应用情况

低碳、绿色环保等关乎企业生存发展的形势任务教育，持续宣贯"精细管理无止境、能效对标无止境、人的潜能无止境"的"渐进追赶"能效对标理念，在全公司形成了浓厚的能效对标节能管理氛围。同时，制定有效的奖励机制和考核指标，充分调动员工能效对标、争创效益的积极性，促进能效对标管理理念深入人心，使能效对标成为每一个单元、每一个班组、每一个岗位的自觉行动和工作习惯。每年的节能宣传周期间，均组织开展全员能效对标合理化建议评议活动，收集各类合理化建议，刊发宣传稿件，在充分调动全体员工参与管理积极性的同时，进一步加深了大家对能效对标工作重要性的理解。

2. 建立能效对标动态考核机制

公司定期搜集对标相关企业的实时数据，公布各装置的指标进展和业内先进水平，分析各装置存在的差距，通报各项措施的落实情况，协助解决追赶中存在的困难；同时对追赶指标进行动态优化，根据集团公司同类装置先进水平及前三个月的实际运行数据，对指标进行动态调整并严格考核，调动员工参与追赶的积极性。

通过以上管理改进措施，形成能效对标工作的指标追赶管理流程，如图 11 所示。

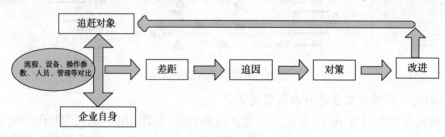

图 11 "渐进追赶"能效对标管理流程

某炼化公司将能效对标管理纳入公司的绩效考核、加大能效对标工作的奖惩力度，充分调动广大职工参与能效对标工作的积极性和主动性，以装置保专业，以月度保年度，对月度能耗考核按"确保""力争"和"奋斗"三档指标进行递进式考核，能效对标考核权重由原来的5%提高到25%~30%（具体见表2）。及时跟踪行业同类装置先进水平和运行参数，结合装置历史最优、前一季度的实际运行工况以及季节变化等影响因素，进行动态滚动修订能耗考核指标。通过建立能效对标动态考核机制，促进了指标不断合理提升，通过强化考核，将节能指标按部门、装置、班组及岗位逐层分解落实，层层传递节能压力，形成了"千斤重担众人挑"的局面。

表 2 季度装置能耗、氮气消耗等动态考核指标   kgEO/t

装置	奋斗值	力争值②	力争值①	确保值	备注
常减压装置	8.5	9.00	9.50	9.90	
焦化装置	22.50	23.50	24.50	26.50	
酸性水汽提			6.30	8.10	
溶剂再生			7.20	8.20	
1# 硫黄			-50.00	-20.00	
2# 硫黄			-85.00	-60.00	
催化装置	37.50	38.50	39.50	41.50	
气分+双脱		24.6	25.8	27.50	
聚丙烯装置		98.00	105.00	114.0	
MTBE 装置			115.00	145.00	
重整预加氢	42.0	43.5	45.00	47.0	
芳烃抽提		24.00	25.00	26.5	
制氢装置			750	1050	
石脑油改质			23.00	31.50	
柴油加氢	3.00	3.30	3.7	4.2	
蜡油加氢	4.20	4.50	5.20	5.80	
加氢裂化		23.00	28.00	42.00	
煤油加氢			3.00	3.60	
苯乙烯	500.0	530.0	580.00	615.00	
S Zorb		4.30	4.90	5.30	
储运		1.15	1.35	1.70	
循环水场		0.036	0.043	0.049	

① 单元能耗考核加扣分合计不超过 2 分。

② 单元的考核指标因加工负荷、回炼物料大幅变化或其他客观因素引起的统计能耗完成差异将酌情考核。

三、特大型炼化企业渐进追赶能效对标管理的实施效果

(一) 经济效益明显

通过持续不断地开展"渐进追赶"能效对标工作，某炼化公司的轻油收率、高附加值产

品收率、综合商品率、加工损失率、综合能耗、原油储运损耗率、万元产值能耗等指标均有较大幅度提升。炼油综合能耗由设计的 74kgEO/t 下降到 2020 年的 56.04kgEO/t，降幅达 24%；万元产值能耗由 2008 年的 0.453t 标煤/万元，下降至 2020 年的 0.305t 标煤/万元，累计实现节能量 926kt 标准煤，年产生效益 3858 万元。用相同价格体系与"世界一流炼油厂"对比，总占用资本回报率、净现金利润、能耗水平和加工损失率均达到或超过"世界一流炼油厂"水平。

（二）能效管理水平显著提升

通过持续开展"渐进追赶"能效对标活动，公司上下逐渐形成了适合企业实际的能源管理机制。公司成为本市第一家通过国家能源管理体系审核认证的"十二五"国家万家企业节能低碳行动的单位。公司的《渐进追赶能源管理模式》被国家发改委推荐参加国家"双十佳"最佳节能实践并获选，见图 12。

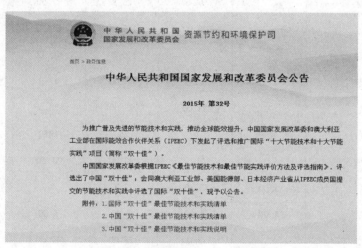

国际"双十佳"最佳节能技术和实践清单
（节能实践）

序号	实践名称	提名国
1	某炼化公司"渐进追赶"能源管理模式	中国
2	即时供能生产方式(JIT)	日本
3	神华国华电力建立技术节能长效机制	中国
4	中新天津生态城"零能耗"办公建筑	中国
5	航班优化调度	澳大利亚
6	电力机组优化控制	澳大利亚
7	工厂尖峰负荷管理与能效提升	日本
8	LNG冷能利用	日本
9	减少设备空转的生产管理	澳大利亚
10	河北省迁西县低品位工业余热用于城镇集中供热	中国

图 12　国际"双十佳"最佳节能实践评选公告

（三）实现能效领跑并产生辐射带动作用

通过实施"渐进追赶"能效对标管理，公司的能源消耗量逐渐下降，减少了二氧化碳等温室气体的排放量，取得了较好的社会效益。某炼化公司先后荣获山东省节能先进企业、中国石油和化学工业联合会"能效领跑者"炼油第一名等荣誉称号。更为重要的是作为行业能效领跑者，国内炼化企业纷纷到炼化公司学习参观，国际大型炼油企业 BP、巴斯夫、沙特阿美、哈萨克斯坦阿特劳炼油厂等也到炼化公司参观交流，为中国炼油工业走出去，参与"一带一路"建设做出了贡献。

大型高含硫原油加工企业 "绿色工厂"的创建

（王寿璋　陈　刚　齐本东）

一、背景

石化行业是关系国计民生的重要行业，不仅为国家提供能源保证，而且为丰富人民的物质文化生活提供各种各样的产品保障。经过长期的发展，石化行业急需走出传统的发展模式，进行转型升级，实现绿色可持续发展。新建炼油企业普遍采取大型化、集约化发展模式，通过优化设计方案，提升运行管理水平，使企业走上可持续发展道路。但随着国家能源安全战略、生态文明建设的要求越来越高，如何探寻一条高效的"绿色工厂"管理方法，抢占绿色低碳发展的制高点，是炼化企业亟待解决的问题之一。

（一）建设资源节约型、环境友好型社会，推进生态文明建设的要求

十九大以来，中国明确把生态环境保护摆在更加突出的位置。我们既要绿水青山，也要金山银山。宁要绿水青山，不要金山银山，绿水青山就是金山银山。建设生态文明是关系人民福祉、关乎民族未来的大计，是实现中国梦的重要内容。作为国家第一个千万吨级高含硫原油加工的能效领跑者标杆企业，推动国家经济社会持续发展，保障国家能源安全，加快推进生态文明建设是我们重大的政治责任和基本任务，更应该从被动治理转向主动谋划，积极探索建设一条以"奉献清洁能源，践行绿色发展"为理念，以提供更多优质生态产品为己任的"清洁、高效、低碳、循环"的绿色发展之路，为国内炼化企业树立新的绿色制造标杆。

（二）应对石化行业优化能源结构、增加清洁能源供给的需要

绿色制造是解决国家资源和环境问题的重要手段，是国家实现产业转型升级的重要任务，是实现企业绿色发展的有效途径，同时也是企业主动承担社会责任的必然选择，更是企业深入贯彻党的十九大精神。全面践行"绿水青山就是金山银山"的理念，打好污染防治攻坚战和打赢蓝天保卫战。新建炼化企业普遍采取大型化、集约化发展模式，通过优化设计方案，提升运行管理水平。但随着国家能源安全战略、生态文明建设的要求越来越高，国际油价不断地上升，能源消耗成本占企业运营成本的比重不断加大，企业的绿色发展工作面临着原油性质不断重质化、成品油质量不断升级、环保排放要求不断提高等诸多挑战。

（三）建设世界一流炼化企业的要求

创建世界一流企业是一个传承创新的系统工程，是企业实现自身发展的必然要求，也是优秀企业履行社会责任的必由之路。按照集团公司的统一工作部署，要求把我公司"建设成具有国际先进水平的炼化企业，管理成具有国际先进水平的炼化企业"，公司以此为契机，提出了"共创世界一流炼化企业"的企业愿景。要实现这个愿景，创新绿色生产管理方法是企业的必然要求。

二、大型高含硫原油加工企业"绿色工厂"创建的内涵和主要做法

"清单管理法"是指针对某项职能范围内的管理活动，分析流程，建立台账，并对流程内容进行细化量化，形成清单，明确控制要点，检查考核按清单执行。它方便快捷地反映出动态化的痕迹，能追溯整个管理过程的来龙去脉。"清单管理法"的特点主要体现在两个方面：一是具有鲜明的导向性和计划性。它是以组织整体目标和组织根本任务为依据，以部门及其人员的承担职责和实际能力为着眼点，以现实阶段工作预期为出发点，将具体工作清单化，督促部门人员按时按量按质完成。二是具有可控制性和可追溯性。组织可以通过了解部门工作的进展情况，随时进行调控，并可根据需要，对工作项目的最终结果和其先期过程进行追溯考量，以总结成绩找出不足等。总之，"清单管理法"可以实现管理的动态化，以保证工作过程和结果的效度相对最大化。为把公司建设成"清洁、高效、低碳、循环"的绿色工厂，采用清单式管理法是科学有效的。某炼化公司采用清单式管理法创建"绿色工厂"的主要做法如下。

公司提出了六大战略目标清单：从发展规划入手，调整产品结构，从源头提升企业绿色基因；建立清洁、节约生产运营体系，实现生产清洁化、低碳化、循环化，资源综合利用率达到国内同行业领先水平；大力发展绿色产品，打造绿色品牌，实现企业产品向环保型、低碳化发展；实施绿色采购，形成绿色供应链；持续科技研发，用绿色技术支撑绿色工厂建设；推动绿色文化培育，形成绿色工厂的浓厚氛围，见图1、表1及表2。

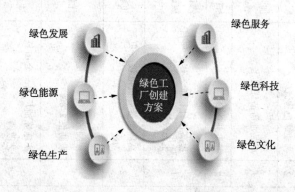

图 1 绿色工厂创建六大战略

表 1 绿色工厂创建任务清单

行动计划	序号	任务名称	工作内容	计划完成时间	责任部门(单位)	责任人
总体要求	1	2019年通过绿色企业创建验收	按照实施方案要求开展绿色企业创建工作	2019年	安全环保处	杨增良
绿色发展	1	动态调整产业结构	实验结构调整产业结构,建设2.2Mt/a浆态床渣油加氢项目及配套系统	2020年	发展计划处	穆海涛
	2	构建绿色物流	配合中航油管道公司,实施炼化公司至青岛新机场喷气燃料管线建设项目	2019年	发展计划处	穆海涛
绿色能源	1	成品油清洁优质化	加强过程质量管理,规范半成品质量调合、油品调和、沉降脱水、产品出厂等环节业务管理,应用产品质量预警提醒系统,夯实质量管理基础	2020年	发展计划处	穆海涛
	2	开发新能源	MTBE装置叠合改造	2021年	发展计划处	穆海涛
绿色生产	1	提高设计标准,建立项目生态设计机制	修订制度中节能、环保、降碳内容,新、改、扩建项目的节能专篇中对碳排放进行评价分析,可研阶段至少提供两个不同的节能环保降碳方案,从项目工艺技术、设备选型等方面进行比选排队,论证清洁生产相关措施	2019~2023年	发展计划处	穆海涛
	2	高耗能落后机电设备更新淘汰	更新4台应淘汰变压器和38台在用高耗能电动机	2019年	电气仪表中心	马祖涛
	3	控制进装置硫含量不超过设计防腐值2.8%	优化原油采购品种搭配,每船和每罐原油均进行硫含量、水含量简评分析	2019~2023年	发展计划处、生产技术处、检验计量中心	穆海涛、陈刚、林立根
	4	实施炼油厂油品全加氢工艺改造	催化汽油吸附脱硫装置进行消瓶改造,加工能力由1.5Mt/a提高至1.8Mt/a	2019年	发展计划处	穆海涛
	5	加强装置无故障运行管理,装置非计划停工为零	优化生产加工方案,加强装置平稳运行,报警、工艺联锁、装置巡检,工艺防腐和生产预案管理,强化考核评比	2019~2023年	生产技术处	陈刚
	6	火炬气100%回收,加工损失率≤0.385%	做好全厂生产平衡,提高氢气利用率,对火炬系统阀门进行检查更新,消除阀门内漏造成的损失	2019年	生产技术处	陈刚

续表

行动计划	序号	任务名称	工作内容	计划完成时间	责任部门（单位）	责任人
	7	原油储运损失率≤0.13%	做好原油进厂工程损失管理，统一船舶密度标准，优化计量管理信息系统增上原油水运和管输进厂计量管理模块	2019年	发展计划处、生产技术处、检验计量中心	穆海涛、陈刚、林立根
	8	能效提升计划	实施催化烟气轮机节能改造，苯乙烯循环水系统节能改造，重整"四合一"加热炉增加余热回收节能改造项目，硫黄装置节能优化项目	2019年	发展计划处、生产技术处、设备工程处	穆海涛、陈刚、常培廷
	9	提升公司能源管理体系运行水平，炼油单因耗能耗指标继续保持国家原油加工行业能效"领跑者"水平	实施新增厂内物料和能源计量仪表项目，提高公司能源计量配备率和计量精度；稳定动力中心循环水系统合同能源管理项目运行	2019~2023年	生产技术处	陈刚
	10	推进节水技术改造	实施苯乙烯循环水系统节水改造、炼油循环水系统节水改造项目	2019~2023年	设备工程处	常培廷
	11	非常规水资源利用率：2019年≥51%，2023年≥57%	合理利用城市中水、含油污水、部分高含盐污水、夏季雨水处理后进行回用	2018~2020年	设备工程处	常培廷
	12	动力中心机组供电标煤耗降至310g/（kW·h）以下	实施动力中心降低供电标煤耗改造项目，锅炉一次风机节能优化6个项目，降低动力中心机组供电标煤耗至310g/（kW·h）以下	2019~2020年	设备工程处	常培廷
绿色生产	13	外排废气达标率100%	实施动力中心开工锅炉低氨燃烧改造，催化烟脱装置提标改造	2019年	安全环保处	杨增良
	14	延迟焦化装置臭味治理	实施焦化装置密闭除焦项目	2019年	安全环保处	杨增良
	15	露天堆场烟尘控制	实施石油焦堆场环保提升项目	2019年	安全环保处	杨增良
	16	外排废水达标率100%	加强污水分级控制，明确污水污染物控制指标，实施污水场含盐水曝气池改造项目	2019~2023年	安全环保处	杨增良
	17	土壤地下水污染防治	开展场地环境土壤和地下水监测工作，并根据监测情况制定整改方案，修订污染地块风险管控方案，完善土壤污染防治	2019~2023年	安全环保处	杨增良
	18	危险废物安全处置率100%，一般工业固体废物安全处置率100%	定期开展固体废物识别排查工作，强化固体废物规范化管理，提高工业固体废物综合利用率；稳定碱渣处理系统，延长焦化炭烧运行，委托有资质单位对危险废物进行处置	2019年	安全环保处	杨增良
	19	危险废物暂存能力提升	实施新建危险废物暂存库项目	2019年	安全环保处	杨增良

表 2　绿色企业行动项目清单

行动计划	序号	项目名称	项目主要内容（含工作量、技术路线）	预期效果	投资/费用（万元）	计划完成时间	责任部门（单位）	责任人
绿色发展	1	结构调整环保提升项目	新建 3 套装置：新建 2.2Mt/a 浆态床渣油加氢（RIPP 技术，已完成百万吨级工艺包，含溶剂脱沥青）、1.0×10⁵m³/h 天然气制氢、110kt/a 硫黄回收装置及配套系统。改造 4 套装置：1. 双脱扩能改造；2. 蜡油加氢处理增加第二反应器，适应加工浆态床重质改质油需求；3. 催化裂化进行 LTAG 改造，增产汽油；4. 加氢裂化进行增产喷气燃料改造	浆态床渣油加氢及配套系统总投资约 142 亿元，可实现柴油全部为国 Ⅵ 车柴的油品质量升级要求，高硫石油焦全部自用后不再出厂，满足环保提标要求。按 2017 年中国石化平均价格测算，可年增效益 13 亿元，增量法税后内部收益率为 31.09%	416000	2020 年 12 月	发展计划处	穆海涛
绿色能源	2	新机场喷气燃料管线建设项目	建设莱炼化公司至青岛新机场喷气燃料管线及配套设施	满足青岛胶东国际机场 2.0Mt/a 喷气燃料的需求	无投资（管道公司投资）	2019 年 12 月	发展计划处	穆海涛
	1	MTBE 装置升级改造项目	MTBE 装置叠合改造	优化公司汽油产品组成	5000	2020 年 12 月	发展计划处	穆海涛
绿色生产	1	1158-3 变电所 2 台变压器更换改造项目	更换 1158-3 变电所 2 台变压器	优化公司汽油产品组成				
	2	1158-1、1158-2 变电所 4 台变压器更新改造	更换 1158-1、1158-2 变电所 4 台变压器	淘汰高耗能变压器				
	3	S Zorb 催化汽油吸附脱硫装置消瓶改造项目	更换反应器顶部的反应器过滤器（ME-101），进料换热器增加 2 台（E-101G/H）及其他局部消瓶改造	淘汰高耗能变压器				

续表

行动计划	序号	项目名称	项目主要内容（含工作量、技术路线）	预期效果	投资/费用（万元）	计划完成时间	责任部门（单位）	责任人
	4	储运罐区装船泵切削叶轮节能改造	2220-P-005/007，2221-P-002/003，1209-P-003/015，1202-P-012 叶轮切削，其中 1209-F-003 新作备用叶轮	储运罐区装船泵改造后，在满足现有运行条件下，降低扬程，流量可调，降低泵出口压力，预计年节约电量 $1.5×10^5$ kW·h，年节能量为 49tCE	60	完成	生产技术处	陈刚
	5	储运罐区柴油加氢原料泵增加变频	1203-P-001C 增加变频	预计年节约电量 $1.0×10^5$ kW·h，年节能量为 33tCE	18	完成	生产技术处	陈刚
绿色生产	6	双脱装置机泵增加水磁调速	催化贫吸收油泵 P205、补充吸收剂泵 P304、双脱精制汽油泵 P305 增设永磁泵 各一台机	三台机泵增设永磁调速，可能节 20%。其中贫吸收油泵预计年省电量 $1.857×10^5$ kW·h，补充吸收剂预计年节省电量 $1.176×10^5$ kW·h，精制汽油泵预计年省电量 $9.8×10^4$ kW·h，三台泵预计年省电量共 $4.013×10^5$ kW·h。按工业用电 0.5 元计算，增加水磁调速后预计年节省费用 20.06 万元，若投资按 40 万元计，预计两年可有投资回报	40	完成	生产技术处	陈刚
	7	气分装置湿空冷管道泵改造	气分装置湿空冷喷头改进，12 台管道泵泵壳、叶轮型式改造，采用双相钢材质	预计年节约电量 $8.4×10^4$ kW·h，节能量为 28tCE	20	完成	生产技术处	陈刚
	8	动力中心空压机疏水阀改造	拆除原浮球式疏水阀，安装 PNLD II 气动无损阀	动力中心 3 台空压机疏水阀改造后，改善空压机疏水状况，提高运行效率。预计年节约电量 $7.6×10^4$ kW·h	10	完成	生产技术处	陈刚
	9	化学水站中水优化利用项目	中水管线至一级除盐水外供泵入口母管加联通	降低一级除盐水外供系列费用，预计年节能降耗费用约 157 万元	30	2019 年 9 月	生产技术处	陈刚

续表

行动计划	序号	项目名称	项目主要内容（含工作量、技术路线）	预期效果	投资/费用（万元）	计划完成时间	责任部门（单位）	责任人
绿色生产	10	硫黄装置节能优化项目	1. 取消在线加热炉，改为蒸汽加热器，提高能源利用率；2. 将机械式疏水器改为凝结水罐，减少蒸汽损耗	预计燃料气消耗降低6.09kt/a，中压蒸汽增加消耗53178t/a，年节能量为1.58ktCE	948	2019年9月	生产技术处	陈刚
	11	溶剂再生装置节能优化项目	增加换热器，提高换热终温，降低能耗	预计减少低低压蒸汽消耗约4956t/a，年节能量为4625tCE	164	2019年9月	生产技术处	陈刚
	12	催化装置烟脱机泵增加永磁调速项目	通过增加2台永磁调速，降低机泵转速，达到调整流量目的，避免了能量浪费	预计年节约用电量3.0×10⁵kW·h，节能量为37tCE	30	2019年12月	生产技术处	陈刚
	13	催化装置增压机更换小转子节能项目	增压机K103B更换小转子	预计年节约用电5.0×10⁵kW·h，节能量为61.5tCE	50	2019年12月	生产技术处	陈刚

（一）制定绿色发展规划目标清单

1. 动态调整产业结构

优化产业结构，推进结构调整环保提升项目。根据国家提出的地方建设新旧动能转换综合试验区的要求，实施结构调整环保提升改造，建设浆态床渣油加氢及配套系统，减少高硫石油焦产量，实现高硫石油焦零出厂。

2. 构建绿色物流

充分利用管道优势，配合地方新机场管线建设，大幅降低公路、铁路喷气燃料输送占比。充分利用大船出口优势，充分发挥公司地处沿海、临近港口、海运便捷的天然优势，依托现有储运设施和油港一期油码头、液体化工码头，统筹考虑利用成品油首站库容，对公司储运设施和油港公司码头进行消除瓶颈改造，增加公司成品油出口能力。

（二）能源生产和使用绿色化目标清单

1. 成品油清洁优质化

目前公司生产的汽油执行 GB 17930—2016《车用汽油》标准，已具备全部生产车用汽油（ⅥA）条件；普通柴油执行 GB 252—2015《普通柴油》标准；车用柴油执行 GB 19147—2016《车用柴油》标准。公司内贸出厂汽柴油 2018 年达到国Ⅵ标准要求，船用燃料油硫含量低于 0.5%（质）。

2. 开发新能源

根据国家《关于扩大生物燃料乙醇生产和推广使用车用乙醇汽油的实施方案》，2020 年全国范围基本实现车用乙醇汽油全覆盖的目标，开展乙醇汽油方案编制工作，一是外购部分烷基化油，停用 MTBE 装置；二是将 MTBE 装置改造为碳四烯烃叠合装置，生产叠合汽油，满足乙醇汽油生产要求。

（三）生产过程绿色化目标清单

1. 源头减量化升级改造

源头把关结合总部管理要求，开展公司相关制度符合性的排查工作，并同步对公司制度中节能、环保专篇审查分工等进行修订，要求合作的设计单位、评价单位同时学习宣贯。在新、改、扩建项目的节能专篇中要对碳排放进行定性和定量相结合的评价分析，从设计源头符合清洁生产，并达到设计高水准，可研阶段中应至少提供两个不同的节能环保降碳方案，从项目工艺技术、设备选型等方面进行比选排队，深入论证清洁生产相关措施，确保项目可靠、先进。公司应用集团公司自有的节能技术先后实施了离心压缩机 3C 控制系统改造、往复压缩机无级调量控制系统改造、减压塔顶第三级机械抽真空改造、全厂除盐水系统换热优化、建设能源管理信息中心、蒸汽管网优化软件、蒸汽动力优化软件、焦炭塔大吹汽采用智能雾化以水代汽、装置空冷器增加变频、中压蒸汽管线保温效能提升、储运装船泵叶轮切削等节能改造项目，均取得了较好的节能效果。

优化原油采购品种搭配，加强原油进厂管理。合理安排轻重质、高低硫原油靠船与管输节奏，强化对周边油库原油调和输送的监督和管理，做好性质差异较大原油的混输和混炼工作，对每船和每罐原油均进行硫含量、水含量简评分析，严格控制进装置硫含量不超过设防值2.8%。

2. 生产过程清洁化管控

推广应用设备完整性管理体系,提高装置安全稳定运行周期,实现"四年一修"。加强装置无故障运行管理和考核,确保装置非计划停工为零。通过优化原油加工方案、优化中间原料流向,保证核心装置平稳运行;通过深化应用操作管理系统抓实装置平稳运行、报警和工艺联锁管理,修订并完善报警及平稳率考核办法,强化装置平稳运行的考核评比;通过加强装置巡检、工艺防腐和生产预案管理,消除非计划停工隐患,提前采取防范措施。

组织好全厂生产平衡,避免装置大幅度波动,及时调整气柜压缩机负荷,实现气柜瓦斯全部回收。通过提高装置间直供料比例,做好装车台和储运罐区油气回收设施的运行管理,优化全厂氢气管网提高氢气利用率,加强装置安全平稳运行减少生产波动,杜绝异常工况下的紧急排放,确保正常工况下,火炬气100%回收,加工损失率≤0.39%。

做好原油进厂一程损失管理,有效解决部分品种原油装港量不足和含水损失大的问题;协调管道储运公司采用体积交接计量方式,消除密度和含水分析误差对原油计量的影响,降低原油输转损失;将流量计器差调整器更换为空器差调整器,降低流量计运行不稳定带来的风险;做好计量管理信息系统完善和提升,确保原油储运损失率≤0.12%。

优化工艺运行条件,降低催化剂运行苛刻度,延长催化剂使用寿命,源头削减固体废物的产生。加强LDAR工作管理,不定期现场抽查,确保LDAR工作落实到位,降低废气无组织排放。编制VOCs治理设施的运行维护规程(包含工艺技术规程、操作法、设备操作规程),按照排污许可要求建立VOCs治理设施环境管理台账,并按时记录,确保VOCs治理设施稳定运行,罐区和污水处理场异味得到根本性治理。

3. 资源能源利用最大化

以"全局用能最优"为原则,积极采用新技术、新设备、新材料。先后实施催化烟气轮机节能改造项目,采用新开发的马刀叶型动叶片,对设备关键组件进行更换,改造后年节约能量1439t标煤;采用高效水泵、高效止回阀、局部冷却器串级改造等新设备和新技术,对苯乙烯循环水系统实施节能改造;实施重整"四合一"加热炉增加余热回收系统节能改造项目,实现排烟温度低于90℃。

持续提升公司能源管理体系运行水平。以专业达标为抓手,促进装置能耗指标提升,按月跟踪分析装置能耗目标、能源绩效参数、能源管理方案的落实情况,抓实能源管理PDCA循环。在节汽、节电、节瓦斯等方面持续做好优化运行方案的落实,投用动力中心汽轮机回注蒸汽项目,将夏季过剩蒸汽转化为电力,节约能源。抓好动力中心循环水系统合同能源管理项目的稳定运行,确保年节电量不小于$1.2×10^7 kW·h$,确保炼油单因能耗指标继续保持国家原油加工行业能效"领跑者"水平。

公司组织编制了《储运部中间罐区异味治理装置操作规程》《储运部汽车火车装车油气回收设施操作规程》等VOCs治理设施的运行维护规程,并严格执行,同时建立健全了各类运行管理台账。

持续推进节水技术改造,增设循环水管道泵,将部分水冷器改为串级运行,降低循环水用量。实施汽提净化水回用技术,将常减压、催化、加氢处理等装置注水均采用汽提净化水替代除盐水,公司含油污水经处理后回用于循环水场补水。合理利用城市中水,逐步将城市中水使用量增加到公司总用水50%以上,每年节约新鲜水2%以上。继续开展再生水回用工作，含油污水经过处理后全部回用到循环水系统，部分高含盐污水回用到焦化除焦系统，硫黄净化水回用到电脱盐、加氢注水等。结合夏季雨水较多的特点，将雨水转输至污水处理场处理后回用于循环水补水，每年回用量确保在 30~50kt。

4. 污染治理高效化

（1）打赢蓝天保卫战。强化环保设施管理，各运行部及相关专业优化动力中心 CFB 锅炉、催化烟气脱硫脱硝设施、硫黄尾气提标设施、工艺加热炉、污水处理场废气治理设施、储运 VOCs 治理设施运行，确保外排废气稳定达标排放。全力推进锅炉超低排放改造、催化裂化烟气治理和工业粉尘污染治理工作。全面完成 VOCs 综合整治及异味治理工作，完成重整中间罐区、苯乙烯中间罐区 VOCs 治理项目。

（2）打好碧水保卫战。按照"清污分流、污污分治"原则对公司各类污水分类处理、分级控制。加强污水分级控制管理，明确各运行部污水污染物控制指标，定期开展监测，每月进行现场督查并在月度绩效考核中兑现。通过强化污水分级控制管理，减少高浓度污水对污水处理场生化系统、酸性水汽提装置的冲击，保证出水水质平稳，确保外排废水达标率 100%。完成重大科技攻关高含盐废水的处置项目开工调试，催化脱硫废水、动力中心脱硫废水、循环水排污水、化学水排污水满足要求直接排海，化学需氧量≤50mg/L，氨氮≤5mg/L，总氮≤15mg/L。

（3）推进净土保卫战。与中国石化安全工程研究院（简称安工院）合作，加快场地环境土壤调查工作，目前已完成土壤污染隐患排查，制定隐患整改方案、防范拆除活动污染土壤的方案、污染地块风险管控方案，建立土壤污染防治管理体系，补充完善土壤污染事件应急预案。

（4）强化固体废物规范化管理。组织各单位（含维保单位）在全公司范围内开展固体废物识别排查工作，根据排查结果更新公司危险废物识别表，同步修订《公司固体废物污染防治管理规定》。加强督查固体废物分类收集、贮存、运输执行情况，对不符合要求的单位按照督查条例进行考核，确保固体废物管理要求落到实处。规范危险废物暂存库管理，安排专人定期维护，对入库危险废物逐个检查，称重计量，粘贴标识，定置摆放，如实记录出入库台账。实施多渠道固废综合利用，稳定碱渣处理系统、延迟焦化焦炭塔运行，提高厂内危险废物综合利用率；依照固体废物性质，积极寻找有资质综合利用单位，减少固体废物外委处置量，提高固体废物综合利用率。委托有资质单位对危险废物、一般工业固体废物进行处置，确保危险废物安全处置率 100%，一般工业固体废物安全处置率 100%。

（5）加强环境监测能力建设。按照《排污单位自行监测技术指南总则》《排污单位自行监测技术指南石油炼化工业》的要求，制定环境监测方案，保证监测频次及因子合法合规。加强环保在线监测数据管理，委托第三方专业队伍对在线监测设施进行维护，保证外排污染物在线监控系统稳定传输，数据准确率在 90% 以上。稳定在线监测数据预警系统运行，监测数据异常时，DCS 屏幕、中控室屏幕、调度室屏幕、办公楼大厅屏幕、综合楼屏幕能够及时出现报警提示，同时根据数据超标情况分级发送信息至运行部管理人员、部门管理人员、公司领导手机，确保在线监测信息及时传达至相关人员。

5. 加强碳资产管理

加快推进节能降碳项目的实施。2018 年完成储运罐区装船泵切削叶轮、储运罐区柴油加氢原料泵增加永磁调速、双脱装置机泵增加永磁调速、气分装置湿空冷管道泵改造、动力中心空压机疏水阀改造等"能效提升"项目，2018 年投用，实现节能 218tCE/a。结合公司实际推广应用集团公司温室气体减排目录技术，以节能促降碳，完成集团公司碳排放指标计划，努力降低碳排放总量和强度。配合集团公司推行"低碳示范装置"，实施碳资产和碳交易集中管理。

6. 有效防范重大环境风险

建立动态环境风险识别与评估机制。各单位每季度开展环境风险评估和识别工作，同步更新本单位环境风险源风险等级，存在环保隐患的，各单位制定风险防控方案、隐患整改方案、事故应急预案，并提报环保隐患治理项目，明确整改时间节点和责任人，同时每月汇报环保隐患整改情况。存在重大环境风险源的，按照总部"一源一案"要求，建立重大环境源档案，针对重大环境风险源，定期开展针对性预案演练，确保环境风险受控，全年不发生环境事件。

7. 深化"互联网+"与绿色生产融合

推进能源管理信息系统进一步深化应用，梳理完善装置能源计量仪表完整性，新增或更新氢气、燃料气、蒸气、水、氮气及物料共计 70 多台能源计量仪表，保证数采率≥90%；建立健全能源数据台账报表，强化数据差异分析，确保能源核算准确性，控制能源管网月平衡偏差率≤4.8%。做好碳资产管理信息平台运行，按要求开展碳盘查和碳核查。

不断优化环境信息管理系统运行，与石化盈科配合，继续完善 LDAR 管理软件 V1.0 系统、环保统计系统、VOCs 管理系统，不断提高环境管理信息化水平。相关管理人员安装"在线监测"APP，实时了解外排废水、废气污染物排放浓度，根据污染物排放浓度，及时下达调整指令，确保外排污染物稳定达标排放。

（四）生产服务绿色化目标清单

打造绿色供应链。把绿色供应链理念贯穿到整个采购过程中（包括采购制度明确、采购文件的编制、招标的评分标准等），把环保、节能等绿色因素融入整个供应链，充分利用具有绿色优势的外部资源，并与具有绿色竞争力的企业建立业务关系，使供应商集中精力去巩固和提高自己在绿色设计、绿色制造、绿色包装等方面的核心能力和业务，达到整个供应链资源消耗和环境影响最小。

绿色设计方面，供应商要考虑所制造的产品在整个生命周期的环境属性（如可拆卸性、可回收性、可维护性、可重复利用性等），在满足环境目标要求的同时，保证产品的功能、使用寿命、质量等，并将其作为采购的否决项。

绿色制造方面，在供应商资格审查上，注重供应商管理体系和实地检查，以节能、降耗、减污为目标，以管理为手段，实施工业生产全过程污染控制。

绿色包装方面，将本企业具备条件的装置（库容较大的），在采购文件中明确使用的包装物或者与供应商协商将其小包装替换为可重复利用的大包装，协助供应商自主设计与本企业库容相适应的可回收、可重复利用的包装。

（五）科技创新绿色化目标清单

1. 开发、推广绿色工艺技术

加强与科研院所合作，提升科研项目含金量，打造科技创新企业品牌。紧跟市场需求，进行高速高透 BOPP 专用料、地毯基布专用料等新产品开发的工艺技术研究，与厂家沟通，根据厂家需求及使用反馈情况，优化产品指标。优化无纺布专用料 Y38Q 生产方案，提高产量，抓好适应最新环保要求的新型高效脱硫溶剂、高效氢气脱氯剂等 6 个科研项目的开发利用。积极推广应用中国石化自主知识产权的绿色技术，如硫转移剂（石油化工科学研究院）、低温柴油吸收（大连石油化工研究院）等技术，通过技术应用提供合理化建议，使绿色技术能够进一步优化，更好地服务于炼化企业。积极摸索苯乙烯焦油至催化裂化装置回炼技术，实现苯乙烯焦油无害化综合利用。

2. 研究资源循环利用技术

研究构建有效的氢气系统综合监控平台、氢气平衡与优化软件系统，实现基于模型的优化操作及优化调度，通过氢夹点分析、超结构优化等技术制定科学的氢气管网优化改造方案，充分回收加氢处理 PSA 尾气、加氢裂化干气等低品质氢源中的纯氢，实现氢气资源的优化分级利用。

（六）企业文化绿色化目标清单

1. 建立绿色发展长效机制

统筹推进与绿色工厂相适应管理制度的建设工作。对照绿色工厂评价要求，进一步完善《公司环保管理手册》，建立从严从实环保管理长效机制，落实环保专业和专业环保职责。

2. 培育绿色文化

（1）积极开展"清洁生产月"活动。结合"六·五"环境日对绿色文化进行宣传；邀请行业专家开展环保政策、法规和绿色发展理念的培训，提高员工绿色发展意识；通过微信、报刊、宣传栏、标语等多种形式开展宣传工作，全面提高公司的绿色文化氛围。

（2）组织好节能宣传周和低碳日活动。宣贯节能降耗、绿色低碳发展文化，编制碳资产管理宣传培训 PPT 材料，各单位组织员工培训学习，提升全员降碳减排意识，加大温室气体减排力度；开展节能减排合理化建议活动，针对公司各装置生产现状，每一名员工至少提一条改善经营合理化建议，并择优进行奖励，提高员工节能减排积极性。各单位开展日常操作节能习惯讨论，在广大员工中积极倡导节约优先的生产方式和消费方式，将讨论确定的节能操作方法和习惯规范至定期工作、标准作业卡或操作规程中，进一步推动节能、降碳习惯的养成。

（3）做好环卫、绿化工作。细化环境卫生管理标准，加强考核力度，改进现场环境，实现厂区绿地覆盖率达到 10%，并适当增加植被密度，改善厂区绿化景观。继续推进义务植树宣传教育工作，义务植树数量由 2017 年的 200 棵增长至 400 棵，进一步发挥义务植树在建设生态文明、促进绿色发展中的重要作用。

3. 建设绿色品牌

推动"开门、开放"文化深入。持续开展公司公众开放日活动，以每月 1 期的频次邀请利益相关群体及媒体参加，加强沟通、交流和合作，改善企地关系，凝聚发展力量，营造改革发展和生产经营良好环境。以开展公司公众开放日活动为契机，通过 2~3 年时间，打造智慧、绿色、开放的公司形象，为美好生活加油。夯实基础，提升品牌影响，打造品牌价值，努力将公众开放日打造成公司与社会沟通的标志性品牌活动。

三、大型高含硫原油加工企业"绿色工厂"创建的实施效果

（一）经济效益明显

通过绿色工厂创建，公司的轻油收率、高附加值产品收率、综合商品率、加工损失率、综合能耗、原油储运损耗率、万元产值能耗、污染物排放等指标均有较大幅度提升。公司的炼油能耗由 2016 年的 56.19kgEO/t，下降至 2018 年的 55.30kgEO/t，实现经济效益 817.49 万元。

（二）社会效益显著

通过绿色工厂创建，公司上下逐渐形成了适合企业实际的绿色发展长效机制，公司的能源消耗量、污染物排放量逐渐下降，减少了二氧化碳等温室气体的排放，取得了较好的社会效益，提升企业核心竞争力。公司成为地方第一家通过国家能源管理体系审核认证的"十二五"国家万家企业节能低碳行动的单位，先后荣获山东省节能先进企业、中国石油和化学工业联合会"能效领跑者"炼油第一名等荣誉称号，2017 年获得中国石油和化学工业联合会首批"绿色工厂"荣誉称号如图 2 所示。更为重要的是作为行业能效领跑者，国内炼化企业纷纷到公司学习参观，国际大型炼油企业 BP、巴斯夫、沙特阿美、哈萨克斯坦阿特劳炼油厂等也到公司参观交流，为中国炼油工业走出去，参与"一带一路"建设做出了贡献。

图 2 "石油和化工行业绿色工厂"荣誉称号

第二章

装置整体优化类

催化裂化装置降本增效措施应用及效果

（刘志凯）

2020 年年初，受突如其来的新冠疫情对成品油市场的影响和冲击，汽柴油需求量大幅降低，而作为生产口罩的聚丙烯价格迅速上涨并维持在高位水平。某炼化企业炼油二部迅速反应，抓住国家疫情防控大局与生产效益最大化的契合点，全面、科学分析，以增产丙烯创效益和降低装置运行成本为方向，大力开展"精打细算增效益""百日攻坚创效""持续攻坚创效"等行动。在行动方针的指导下，集思广益、开拓创新，全面分析催化裂化装置优化可行性方案，制定了多项节能降耗、增产增效措施，实现产品结构优化，技术优化，为攻坚创效持续发力。

一、装置能耗情况及创效点分析

催化裂化装置综合能耗的主要影响因素为催化烧焦、蒸汽耗量、电耗、水耗等。其中，催化裂化装置电耗在能耗结构中占总能耗的 8%~12%，占比较大；蒸汽消耗在装置能耗中同样占有较大比例，其中主要有以下几方面：富气压缩机用蒸汽（3.5MPa）、烟机轮盘冷却蒸汽、工艺用蒸汽，因此合理优化各蒸汽用量也是降低装置能耗的重要途径。催化裂化装置水耗由除氧水、循环水及新鲜水组成，虽然占据能耗比例较低，但仍存在一定节约空间[1]。

除了采取技改技措降低能耗、节约成本外，催化裂化装置还通过优化工艺条件、产品结构的方式，最大程度增加效益。特别是在新冠疫情期间，丙烯价格大幅上涨，采取优化主催化剂配方及使用丙烯助剂的方式增产高附加值产品丙烯，使产品收益最大化。

二、主要节能增效措施与效果

（一）降低耗电措施

1. 烟机节电措施

烟气轮机是催化裂化重要的能量回收装置，其运行情况对催化裂化装置能耗具有决定性影响。2019 年大检修期间，烟机更换为马刀型叶片，该型叶片具有良好的叶栅通道流动性能，流动分布合理，没有明显的分离现象；同时较为有效地减弱了径向二次流以及端臂横向二次流，消除了脱流和回流流动，大大减小了流动损失，提高了机组经济性能[2]。同时操作中将再生压力由 202kPa 提高至 212kPa，使烟机回收能量增加，主电机功率由 1.4MW 降至 1.2MW，预计可实现每月节电约 $1.44 \times 10^5 kW \cdot h$。

2. 机泵节电措施

催化裂化装置内机泵数量众多，机泵耗电在装置能耗中占据了相当大的份额。在额定转速下，机泵的流量与叶轮直径呈正比，机泵扬程与叶轮切割前后直径比的平方呈正比，对叶轮进行切削可降低叶轮的端速，并由此直接地降低了传递到系统流体介质上的能量，降低了泵功率，从而达到节能降耗的目的。通过计算，在满足工艺条件的前提下，对装置部分机泵叶轮进行切削，并在低负荷生产期间投用全部切削后的节能泵。经统计总电流下降47A，每小时节电439.6kW·h。

此外，装置还在检修期间将增压机转子更换为直径较小的转子，在满足工艺要求的基础上，进一步降低了增压机功率，优化装置能耗，更换转子后，每小时节电约181kW·h。

（二）蒸汽降耗措施

催化裂化装置设有中压蒸汽减温减压流程，平稳生产中该流程采取热备用措施。由于装置长周期运行减温减压器老化的影响，减温减压器蒸汽通量较大，虽然可以满足热备用要求，但对中压蒸汽造成了一定浪费。检修期间通过对减温减压器控制阀彻底修复，使减温减压器热备蒸汽量下降约5t/h。在生产操作中通过优化调整反应系统提升蒸汽、雾化蒸汽、松动蒸汽与分馏系统汽提蒸汽，低压蒸汽消耗降低约7.5t/h。全年蒸汽消耗预计降低109500t。

（三）降低水耗措施

2019年大检修期间，催化烟气脱硫脱硝装置由EDV3000升级为EDV6000，增设滤清模块下部水洗流程及两台浆液冷却器。升级后的滤清模块水雾水洗强度大幅上升，一方面使烟气粉尘脱除效果更加彻底，另一方面，增设的浆液冷却器极大地降低了洗涤塔出口的烟气温度，减少了水雾夹带及水分蒸发。烟脱补水量情况如图1所示。

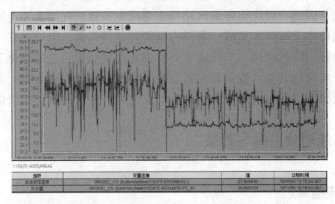

图1　烟脱浆液温度及补水量变化

由图1可见，投用浆液冷却器后上部浆液温度由投用前51.1℃降低至投用后的27.5℃，下降幅度46.18%，烟气洗涤塔补水量由平均20.8t/h下降至15.6t/h，降低25%。节水效果非常明显，预计1~12月份可节约中水约29kt。

（四）增产丙烯增效措施

丙烯作为高附加值产品，其产能对催化裂化装置效益的影响至关重要，为使丙烯收率进一步上升，达到创收增效的目的，催化裂化装置采取了以下主要措施。

（1）公司组织生产管理部和运行部与石科院进行对接，通过分析装置产品分布情况及主要产品性质，优化了主催化剂配方，采用低稀土、高择形的新配方催化剂，以期增加低碳烯烃的产量，提高液化气中丙烯浓度。

（2）加注 MP051 丙烯助剂。中国石化石科院开发的 MP 系列丙烯助剂是石科院在原有的 ZRP 系列分子筛的基础上开发的 ZSP 系列的择形分子筛。由于 ZSP 系列的择形分子筛对进入孔道的分子长短具有选择性，因此可实现在有限的 LPG 产率条件下提高丙烯对原料的产率，同时降低汽油中烯烃含量，该分子筛在增加丙烯产率的同时液化气收率增加不多，不会对装置气压机组和吸收稳定系统造成压力[3]。

1. 新配方催化剂置换与丙烯助剂的加注

催化裂化装置于 2020 年 1 月份开始加注低稀土、高择形的新配方催化剂，截至新配方催化剂系统占比为 49.29% 时，随着新配方催化剂对系统藏量的置换，通过图 2 可以看出液化气中丙烯含量由 30% 逐步升高并稳定在 40% 左右，效果明显。

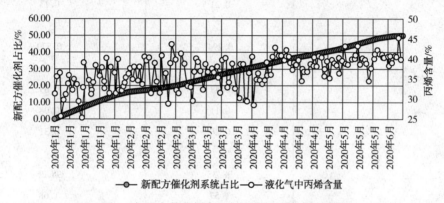

图 2 新配方催化剂占比与液化气丙烯含量变化

MP051 丙烯助剂自 2020 年 4 月 17 日起开始加注。丙烯助剂加注共分为 3 个阶段，分别是：第一阶段 4.1~4.12，装置开始恢复较高生产负荷。第二阶段 4.17~5.6，装置维持较高生产负荷，并开始少量加注丙烯助剂，罐区轻污油进提升管底部进行回炼，此阶段共加注丙烯助剂 1.8t。第三阶段 5.8~6.14，装置开始稳定加注丙烯助剂，根据统一要求降低负荷，同时采取部分工艺调整以维持较高的丙烯产量，这一阶段共加注丙烯助剂 16.2t，最终系统占比为 2.16%（图 3）。选取 4.1~4.12 作为空白期，6.1~6.14 作为总结期，助剂藏量平均为 1.8% 左右。

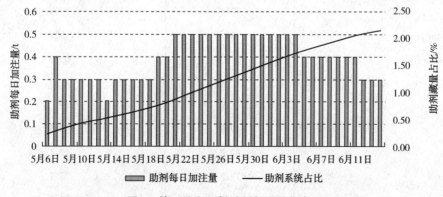

图 3 第三阶段丙烯助剂加注量与占比

2. 丙烯助剂加注期的工艺条件

总结期原料性质(见表 1)与空白期基本相当,原料密度、重金属含量基本相当,残炭略低,因此原料性质变化对增产丙烯的效果并不会产生负面效果。总结期与空白期的平衡剂活性、重金属含量和筛分的分析结果(见表 2)显示两时期平衡剂性质基本相当,说明助剂对主剂物化和反应性能无影响,操作条件情况对比如表 3 所示。

表 1 原料性质及组成

项目	空白期	总结期
时间	4.1~4.12	6.1~6.14
密度(20℃)/(kg/m³)	895.0	896.2
残炭值/%	0.21	0.13
元素质量组成/%		
S	0.294	0.329
金属质量组成/(μg/g)		
Fe	0.43	0.69
Ni	0.11	0.08
V	0.26	0.31
原料构成/%		
蜡油	98.38	98.26
轻污油回炼	1.57	1.68
焦油回炼	0.05	0.06

表 2 平衡剂性质(齐鲁分析数据)

项目	空白期	总结期
金属质量组成/(μg/g)		
Ni	100	100
V	622	609
Fe	3711	3874
比表面积/(m²/g)	94	92
孔体积/(mL/g)	0.30	0.30
粒度质量组成/%		
0~20μm	3.2	2.7
0~40μm	19.9	19.5
0~80μm	62.0	62.1
0~105μm	79.5	79.7
0~149μm	94.5	94.5
裂化活性(460℃)/%	51	50

表3　MP051使用前后的主要操作参数

	项目	单位	时间段1	时间段2	时间段3
反应系统	装置进料总量	t/h	390.7	403.2	382.4
	原料预热温度	℃	205.0	205.0	205.0
	油浆回炼量	t/h	24.8	27.8	26.9
	反应温度	℃	510.0	509.2	511.6
	反应压力	kPa	240.66	244.50	238.00
	提升管压降	kPa	61.58	60.42	58.37
	反应系统总压降	kPa	87.10	86.34	84.02
	提升管底部密度	kg/m³	491.94	477.65	466.60
	提升管中部密度	kg/m³	177.42	185.79	150.92
	再生滑阀压降	kPa	127.4	128.7	131.2
	待生滑阀压降	kPa	86.5	86.8	81.8
再生系统	再生温度	℃	680.1	678.6	679.9
	再生压力	kPa	262.59	265.91	264.09
	稀密相温差	℃	4.51	4.78	3.28
	烟气氧含量	%	3.3	2.9	3.0
	烟气CO_2	%	15.0	15.4	15.1
	烧焦罐中部温度	℃	652.2	652.1	651.8
	烧焦罐密度	kg/m³	218.45	225.19	222.06
	再生器密相密度	kg/m³	406.27	411.85	416.56
	再生器中部密度	kg/m³	56.21	56.66	56.09
	两器差压	kPa	23.27	22.54	27.39
	外取A发汽量	t/h	27.8	26.9	20.0
	外取B发汽量	t/h	26.0	25.5	20.4

　　在丙烯助剂使用过程中，加工量呈现先增加后降低的情况，但相比空白期，总结期的加工量基本相当。从操作参数上看，受装置处理量统一调整及催化剂藏量上升的影响，提升管中部、底部密度及再生器密相密度产生波动，但这对产品分布和产品质量影响不大。

　　操作上将反应温度由509℃提高至512℃，提高了裂化苛刻度；5月11日~6月1日期间投用粗汽油进提升管底部回炼，逐步提高回炼量并维持回炼量在10t/h，反应苛刻度提高有利于增产液化气组分。

3. 丙烯助剂对产品的影响

　　使用丙烯助剂对产品分布及性质的影响详见表4~表6。

表4 产物分布(丙烯收率按照实际收料计算)

项目	空白期	总结期
产物产率/%		
干气	3.50	3.58
液化气(含丙烯)	21.52	22.48
汽油	45.84	44.82
柴油	19.65	19.50
油浆	3.07	3.22
焦炭	6.10	6.08
损失	0.32	0.32
合计	100	100
丙烯(对新鲜原料)	6.70	7.08
异丁烯(对新鲜原料)	1.74	1.97
总液体收率/%	87.01	86.80
转化率/%	77.28	77.28

表5 液化气体积组成

日期	空白期	总结期
体积组成/%		
丙烷	13.8	14.0
丙烯	37.6	40.1
异丁烷	24.0	23.3
正丁烷	4.4	4.0
异丁烯	6.0	5.9
1-丁烯	5.3	4.9
反-2-丁烯	5.1	4.4
顺-2-丁烯	3.5	3.3
硫化氢	0.2	0.1
总计	100	100

表6　汽油性质

项目	空白期	总结期
密度(20℃)/(kg/m³)	736.1	733.8
烯烃	18.5	14.1
芳烃	28.1	30.2
蒸气压/kPa	60	57
研究法辛烷值	93.4	93.0
馏程/℃		
初馏点	35	38
10%	50	51
50%	89	87
90%	176	173
终馏点	204	201

备注：由于汽油辛烷值、烯烃、芳烃数据较少只取了单点数据。

随着助剂在系统内藏量的增加，汽油、柴油产率分别下降0.98个百分点、0.15个百分点，有效地缓解汽柴油库存压力。液化气中丙烯浓度增加，丁烯浓度略有下降，汽油中芳烃浓度略有增加，烯烃略有下降，稳定塔操作变化导致汽油蒸气压略有下降，辛烷值基本相当。油浆密度及固含量基本相当，说明助剂的物性良好，不会引起油浆固含量升高。

随着丙烯助剂的加注与降低氢转移，提高烯烃配方主催化剂在系统占比由四月初的35%左右，增加到总结期的49%。液化气中丙烯浓度呈现增加趋势，相比未试用助剂前，液化气收率增加0.96个百分点，丙烯产率(对新鲜进料)增加约0.38个百分点，实现新增经济效益约500万元。

通过各项节能降耗措施，装置节能效果明显，通过催化烟机更换马刀型叶片，提高再生压力等措施，提高了机组的经济性能，实现每月节电 $1.44×10^5$ kW·h。采用将全部运行机泵切换至叶轮切削后的节能泵，更换增压机小转子的方式，实现每小时节电620.6kW·h。对采取减温减压器控制阀消缺，优化提升管操作的方式，实现减少热备蒸汽浪费与节约工艺用汽共计12.5t/h。升级改造烟气洗涤塔滤清模块，节约洗涤塔补水量降低25%，预计1~12月份可节约中水用量29kt。通过升级主催化剂配方与加注丙烯助剂的新工艺，使液化气收率增加0.96个百分点，丙烯产率增加约0.38个百分点，实现经济效益500多万元。

参 考 文 献

[1] 牛驰.重油催化裂化装置能耗分析及节能措施[J].石油炼制与化工，2010，41(2)：59-63.

[2] 杨建道，阳虹，张宏武.新型大功率汽轮机中压马刀型叶片的技术开发[J].热力透平，2006，35(1)：14-17.

[3] 张宏林.催化裂化装置采用助剂增产丙烯的工业应用研究[D].上海：华东理工大学，2010.

1.8Mt/a 连续重整装置的节能优化

中国石化某公司连续重整装置原设计规模为 1.5Mt/a，2011 年扩能改造为 1.8Mt/a，以常减压装置、柴油加氢装置、加氢处理装置提供的石脑油及加氢裂化重石脑油为原料，生产高辛烷值汽油组分（C_{5+}重整生成油的辛烷值按 RON102 设计）及混合二甲苯和苯等芳烃产品，同时还副产含氢气体、脱异戊烷油、C_6抽余油、液化气及燃料气等产品。

运行部在装置开工投产后，一直致力于节能降耗的优化工作，经过多年的技改技措，重整能耗逐年降低，现将主要节能措施介绍如下。

一、加强加热炉的操作管理

加热炉是连续重整装置中最重要的单体设备之一，也是能耗最大的设备，其能耗占整个装置能耗的 60%左右。降低燃料消耗、提高加热炉的热效率是连续重整装置降低能耗的首要任务[1]。

重整装置共有 8 台加热炉，四台圆筒炉采用强制通风，重整反应加热炉为四合一方箱炉，采用自然通风，加热炉燃料为公司燃料气管网瓦斯。为提高加热炉热效率，采取以下措施。

（1）控制好装置瓦斯分液罐压力及液位，避免由于瓦斯压力大幅波动或带液导致加热炉燃烧异常，发现瓦斯压力大幅波动，及时联系调度通知相关单元调整燃料气管网压力。

（2）控制好加热炉"三门一板"的操作调整，定期对加热炉烟气采样分析氧含量，将加热炉氧含量控制在 1%~2%，保证看火窗的密闭性，防止大量冷风进入炉膛，加大加热炉的热损失。

（3）加强加热炉现场管理，定期检测加热炉炉壁外表面温度，发现有超温现象，查找是否有炉墙破损，火嘴是否偏烧，发现异常及时处理。

（4）对余热回收系统，安装吹灰系统，定期对炉管进行吹扫清理，防止由于管壁结垢降低传热效果，增加排烟损失，从而降低加热炉热效率。

（5）改善加热炉的燃烧状态，加热炉火嘴采用高效火嘴，火嘴燃烧要做到短火焰、齐火苗，根据加工负荷情况，适时增点或熄灭火嘴，保证火嘴燃烧充分，刚直有力，防止由于加工量降低，造成火焰燃烧不充分。

二、降低重整反应氢油比

连续重整装置是石化企业的重点耗能装置，工艺特点及操作水平、设备状态等诸多因素都直接影响装置的整体能耗，同时也存在着一定的节能空间。通过引用新工艺、新技术、新设备等手段，可以显著地降低装置耗能，但需要投入一定的资金，投资额较大；通过优化操作条件，比如适当降低反应氢油比，在不需要增加投资额的情况下也可使装置能耗显著降低[2,3]。

（一）优化重整反应氢油比操作条件的可行性分析

重整反应氢油比降低后会造成催化剂积炭增加，重整装置催化剂设计循环速率为1361kg/h，待生催化剂碳含量要求控制在质量含量为3%~7%，经过逐渐降低反应氢油比，控制好再生催化剂碳含量，保证重整装置的烧炭能力能满足重整反应氢油比降低的需求，故降低重整反应氢油比是可行的。通过逐渐降低重整反应氢油比，进而降低循环氢压缩机消耗，达到装置节能降耗的目的。

（二）优化方案实施及运行情况

该方案自实施以来，重整反应摩尔氢油比从3.2降低至1.90，重整所产氢气、生成油辛烷值等产品质量满足产品质量标准要求，芳烃转化率与试验前无多大变化。反应氢油比降低后，循环氢压缩机蒸汽耗量降低约2t/h，每年可节约17280t蒸汽，节能效益可观。1.8Mt/a连续重整装置重整反应氢油比降低，循环氢中压蒸汽耗量降低，操作前后参数对比，在整个实施过程中，产品质量及产品分布未受影响。

三、脱异戊烷塔塔底热源改造

（一）优化可行性分析

某公司1.8Mt/a连续重整装置脱异戊烷塔C103底温度控制在100~120℃左右，热源为1.0MPa蒸汽，而经过核算0.45MPa蒸汽就可以满足塔底热源的需求，并且可以解决全厂低低压蒸汽过剩的问题。重整循环机背压蒸汽压力为0.45MPa、温度为210℃，完全能够满足生产需求。

（二）优化实施

改造经过改造，塔底热源自重整循环机K201背压蒸汽出口引出一路热源至脱异戊烷塔C103底再沸器E107壳程入口，出口增加一台低低压凝结水缓冲罐和两台罐底泵；在改造的同时，还保留了原低压蒸汽的工艺流程，作为备用。同时，脱异戊烷塔C103采用降压操作，大大降低了C103底的蒸汽消耗量。

（三）优化效果

改造前、后C103运行参数对照见表1。

表1 脱异戊烷塔C103改造前后运行参数

项目	单位	改造前	改造后
塔C103蒸汽消耗	t/h	15~18	12~15
C103操作压力	MPa	0.4	0.25
C103底温	℃	110~130	100~105

改造后，C103 塔底由 1.0MPa 改为 0.45MPa 蒸汽加热，由于进行了降压操作，所耗蒸汽量反而减少。

（1）节省了全厂的 1.0MPa 蒸汽的消耗，充分回收利用了 0.45MPa 蒸汽，平衡了全厂的蒸汽产耗。

（2）降低了 C_5 的加工成本，增加了装置效益。

四、重整氢气增压机节能优化

（一）优化可行性分析

连续重整装置氢气增压机 1110-K202 采用沈鼓一拖二型机组（BCL707+BCL708）。原有控制系统采用 Triconex TS3000 控制系统，采用"三分程"控制重整反再系统压力。

改造前增压机 K202 的 TS3000 控制系统存在的问题如下。

（1）防喘振控制计算不准确，回流阀开度大，从而导致压缩机运行的能耗过高。

（2）三分程的中段转速控制常处于手动控制，影响装置的平稳运行，操作困难。

（3）由于喘振控制算法不精确，在温度变化的情况下运行点易进入喘振区域，而喘振控制不能精确调节，易引起循环机 K201 入口压力波动，并形成恶性循环，增加了设备和装置的运行危险性。

（4）性能控制与防喘振控制功能不清晰，相互干扰，没有有效的解耦控制，无法有效调节压缩机性能。一段、二段喘振控制间缺乏解耦协调，也造成系统整体不容易稳定。

1. 优化思路

（1）为保证反再系统压力控制平稳，同时达到节能降耗的目的，利用 2011 年 7 月停工大检修的机会实施控制系统改造，选用美国压缩机控制公司 CCC 控制系统（Compressor Controls Corporation），更换控制方案。

（2）新上一套 CCC S5 Vanguard 控制系统，采用性能控制及防喘振控制。

2. 性能控制

（1）"循环氢压缩机 K201 入口压力 PIC20801—氢气增压机 K202 入口压力 PIC21001A—氢气增压机 K202 转速控制器 SIC26404"多串级控制；

（2）采用"氢气增压机 K202 入口缓冲罐压力放空 PIC-21001B"单回路控制方案。

3. 喘振控制

采用氢气增压机 K202 的一段、二段防喘振阀（回流阀）控制器 FIC-21101 和 FIC-21102，根据性能控制曲线和极限控制来进行防喘振控制，并通过 RTL 阶跃响应、SLL 线自增益响应（即安全响应 SO）、POC 压力超驰响应等来达到快速响应控制喘振的目的。

（二）优化方案实施过程

增设一台 CCC 操作站兼工程师站。将参与控制所需的入口流量、入口压力、入口温度、出口压力、出口温度等信号经一入两出分配器分出，接入 CCC 控制系统，输出由 CCC 控制器接到喘振阀等（可不改变原有现场接线，同时 TS3000 画面不变），引入一个主控制器控制压缩机的入口压力。

重新计算并在开工期间现场实测喘振曲线，建立一段、二段喘振控制回路的解耦协调从而实施安全、高效的防喘振及性能控制。

(三) 优化效果

一级防喘振阀 FIC-21101 全部关闭(改造前防喘振阀开度在 7%左右)，减少了过度回流，达到了节能降耗的目的。

由于影响压机蒸汽耗量的因素很多，仅参照重整进料量、反应温度接近的，稳定有可比性的时间段，改造前后运行数据见表 2。

表 2　重整氢气增压机改造前后蒸汽耗量

项目	时间	重整进料量/(t/h)	反应温度/℃	K202 蒸汽消耗/(t/h)
改造前	2010 年 6 月平均值	175.0	509.7	89.07
	2011 年 6 月平均值	175.3	515.7	88.57
改造后	2012 年 8 月平均值	175.0	507.0	83.00

由表 2 可以看出：在相同处理量情况下，压缩机 K202 蒸汽消耗较改造前减少约 5~10t/h(随处理量会有所变化)。仅节约蒸汽用量一年产生的效益达 200 多万元，节能效果明显。

五、重整反应产物空冷器节能优化

(一) 优化可行性分析

夏季气温较高，重整装置在高负荷运行状态下，重整产物空冷器 A201A-N、重整氢增压机一级入口空冷器 A202A/B、重整氢增压机一级出口空冷器 A203A-D 的冷后温度过高，冷后工艺气中轻烃过多，造成重整氢循环压缩机 K201 及重整氢增压机 K202 负荷增大、耗气量增加。

优化思路：需对空冷进行改造，经过分析论证，拟定在线更换新型全三维型高效节能风机叶片，以期在电机负荷允许的情况下尽可能增大风量，同时投用喷淋系统，降低空冷 A201、A202、A203 冷后温度。

(二) 优化方案实施

更换叶片改造过程受现场施工条件及工艺条件限制，分为 2 步。

(1) 首先将 14 台 A201A-N 的风机叶片按厂家提供初始安装角度 14°逐台进行更换，得到的风量与改造前旧叶片的风量一致。

(2) 根据电机负荷限制，反复调整安装角度，最终安装、调试 A201A-N、A202AB、A203A-D 共 20 台风机，控制其运行工况在额定电流约 90%~95%区间，安装角度在 20°上下，以期达到最大风量。

喷淋改造主要是增加外部喷淋设施，喷淋介质采用除盐水，喷淋水最后回收返回循环水或者凝结水系统。

（三）优化效果

（1）新型节能叶片的改造应用，极大地改善了现场风机运行工况，降低了震动及噪声水平。

（2）从 5 月 15 日 A201A-N、6 月 5 日 A202AB/A203A-D 全部投用喷淋水系统后，A201冷后平均温度比去年同期（去年同期气温与今年平均相差只有 1~2℃）降低 2.8℃，A203 冷后平均温度则降低 4.1℃。

（3）分析对比 2012 年、2013 年的 6 月 10~28 日重整循环氢压缩机 K201、增压机 K202工艺参数，改造实施后节约蒸汽 12.87t/h。

本装置在借鉴其他同类兄弟企业运行经验的基础上，结合自身实际情况，通过加强加热炉等高能耗设备的管理，并且实施系列节能优化改造措施，有效降低了连续重整装置能耗。经过长时间的运行考察，在保证加工负荷及产品质量的情况下，以上一些措施在节能降耗方面是切实可行的。

参 考 文 献

[1] 张方方. 连续重整装置的能耗浅析[J]. 石油炼制与化工，2008，(5)：67-70.

[2] 胡海兰. 通过优化连续重整装置氢油比降低装置能耗[J]. 石油石化节能，2013，(10)：46-47.

[3] 郭彦，龚燕. 连续重整装置节能潜力研究[J]. 山东化工，2014，43(3)：147-149.

加氢裂化装置低负荷运行分析

（吕明瑾）

2020年受疫情影响，某炼化公司2.0Mt/a加氢裂化装置降低负荷运行。在公司大力开展"精打细算增效益""百日攻坚创效""持续攻坚创效"等行动的指导下，加氢裂化装置制定了一系列节能降耗的措施，现对低负荷下装置运行情况、产品质量、运行风险及节能措施进行分析。

一、装置运行基本情况

1. 装置低负荷运行背景

某公司2.0Mt/a加氢裂化装置由中国石化工程建设公司设计，采用中国石化大连（抚顺）石油化工研究院（简称FRIPP）开发的单段双剂串联加氢裂化工艺。本装置一期设计加工原料为直馏蜡油1.17Mt/a（减二线）和催化柴油630Kt/a，主要产品是液化气、轻石脑油、重石脑油、喷气燃料、柴油和尾油。其中，柴油产品可满足欧V标准车用柴油，加氢尾油是非常好的乙烯原料。

受疫情影响，炼化公司根据总部炼油事业部要求，自2020年1月31日进行生产调整，2月1日原油加工负荷由31kt/d降至25.2kt/d运行。疫情期间受产品出厂配置变化影响，最低降至22kt/d运行。根据公司要求，加氢裂化装置降至最低负荷运行。

2. 装置低负荷运行生产情况

调整前原料为40t/h减压蜡油和20t/h常三线，尾油、柴油全循环，产轻石脑油、重石脑油、喷气燃料。调整后原料变为45t/h减压蜡油，并降低裂化深度，液化气关闭去制氢流程，仅余至双脱流程，轻石脑油改至不合格汽油线，重石脑油改至重整罐区，喷气燃料维持去产品罐，柴油全循环，尾油部分循环、部分外甩罐区，调整前后物料平衡见表1。

表1　调整前后物料平衡对比

物料名称	常规负荷		低负荷	
	加工量/(t/h)	收率/%	加工量/(t/h)	收率/%
进料				
加工量	61.29	100.00	45.17	100.00
常减压蜡油热料	39.99	65.25	45.17	100.00
常三线	21.30	34.75	0.00	0.00
氢气	1.47	2.40	1.00	2.22
其中纯氢	1.43	2.34	0.97	2.16
加氢处理干气	1.84	3.00	1.52	3.38
重整干气	0.49	0.80	0.44	0.97

物料名称	常规负荷		低负荷	
	加工量/(t/h)	收率/%	加工量/(t/h)	收率/%
重整轻烃	5.63	9.19	0.29	0.65
合计	70.73	115.40	48.42	107.21
出料				
低分气	0.67	1.10	0.57	1.26
液化气	4.85	7.92	1.12	2.49
干气	0.79	1.29	0.67	1.48
酸性气	0.71	1.16	0.42	0.92
轻石脑油	15.01	24.49	3.83	8.49
重石脑油	23.08	37.65	8.47	18.74
喷气燃料	20.20	32.96	11.91	26.36
柴油	0.00	0.00	0.00	0.00
尾油(冷料)	5.38	8.77	20.85	46.17
反冲洗污油(高)	0.00	0.00	0.59	1.31
损失	0.01	0.01	0.01	0.02
合计	70.70	115.36%	48.43	107.23%

对比调整前后两种工况，从物料平衡表可以看出。

（1）调整后，纯氢耗由2.34%降至2.16%。氢耗下降的主要原因为：低负荷下改为尾油部分外甩方案，裂化深度降低，反应耗氢降低。

（2）受反应深度降低及生产方案影响，液化气、轻石、重石等轻组分收率大幅降低，收率分别自7.92%、24.49%、37.65%降至2.49%、8.49%、18.74%，其中轻石脑油在方案更改后改至不合格汽油线，3月2日改至新汽油罐区，3月5日改回不合格汽油线。

（3）由于反应深度降低，为保障产品质量，喷气燃料收率自32.96%降至26.36%。

（4）装置工艺方案改为尾油外甩方案，增产尾油，尾油收率自8.77%大幅增长至46.17%。

3. 装置低负荷运行能耗情况

以调整前后2月份能耗为例，本月加工负荷为30.7%，装置综合能耗为40.99kgEO/t，比上月升高12.91kgEO/t，装置能耗相对较高，主要因为装置按低负荷运行，因此，总体能耗偏高，具体能耗分析见表2。

表2 调整前后能耗分析对比

项目名称	1月能耗/(kgEOt/t)	2月能耗/(kgEOt/t)
水	1.31	2.30
新鲜水	0.00	0.00
循环水	1.10	1.84
除氧水	0.22	0.49

续表

项目名称	1月能耗/(kgEOt/t)	2月能耗/(kgEOt/t)
除盐水	0.11	0.17
凝结水(3.4)	−0.12	−0.20
电	12.10	16.56
蒸汽	5.05	6.22
输入39kg	13.96	21.06
输出10kg	−8.91	−14.84
燃料气	9.61	15.91
能耗合计	28.08	40.99

二、原料及产品分析

1. 原料性质

调整前后的滤后原料中残炭指标变化不大，调整后由于新鲜原料降低，循环油量加大，因此硫含量、氮含量均较大幅度下降；由于尾油由全循环改为循环部分外甩，原料密度、BMCI 值以及终馏点均不同程度下降；常三线切除后新鲜原料仅保留减压蜡油，由于减二线氯含量较高，加裂滤后原料油氯含量超标，为 1.5mg/kg（指标为 1mg/kg），滤后原料油性质见表 3。

表 3　加氢裂化滤后原料油主要性质对比

分析项目	常规负荷	低负荷
残炭/%(质)	0.17	0.16
氮含量/(μg/g)	513	244
馏程/℃		
初馏点	215	222
5%	275	265
10%	299	289.5
30%	326.5	323
50%	364	367
70%	413	404
90%	471	460
95%	526.5	491
终馏点	562	519
馏出量/%(体)		
350℃	43	42
500℃	92.8	95.9
538℃	96	99.9

续表

分析项目	常规负荷	低负荷
硫含量/%(质)	1.37	0.903
密度(20℃)/(kg/m)	859.6	847
BMCI 值	27.08	22.93
氮含/(mg/kg)	0.96	1.5

2. 产品性质

液化气受降量影响，C302 顶部负荷降低，分馏效果变差，为保证液化气组分自 C302 顶部拔出，C_5 及以上组分含量略有增加，分析数据见表4。

表4　液化气产品质量分析数据对比

分析项目	硫化氢/(ml/L)	$C_1 +$ C_2/ %(体)	丙烷/ %(体)	丙烯/ %(体)	异丁烷/ %(体)	正丁烷/ %(体)	反-2-丁烯/ %(体)	正丁烯/ %(体)	异丁烯/ %(体)	顺丁烯/ %(体)	C_5及以上/ %(体)	C_3/ %(体)
常规负荷	1	0.01	5.18	<0.01	50.83	43.9	<0.01	<0.01	<0.01	0.05	0.02	5.18
低负荷	8	0.73	29.55	<0.01	46.86	22.1	<0.01	<0.01	<0.01	0.02	0.72	29.55

轻石脑油方面根据调度统一安排尽可能降低产量，馏程明显变轻，饱和蒸气压上升，分析数据见表5。

表5　轻石脑油产品质量分析数据对比

分析项目	醋酸铅腐蚀	初馏点/℃	10%回收温度/℃	50%回收温度/℃	90%回收温度/℃	终馏点/℃	蒸气压/kPa	外观
常规负荷	合格	25	28.5	47.5	102	117.5	82.7	清澈透明，无不溶解水及固体物质
低负荷	合格	32	33.5	36.5	55.5	66	107.8	清澈透明，无不溶解水及固体物质

由于压减石脑油产量及产品喷气燃料质量指标的调整限制，重石脑油馏程明显变轻，硫、氮含量合格，分析数据见表6。

表6　重石脑油产品质量分析数据对比

分析项目	初馏点/℃	10%回收温度/℃	50%回收温度/℃	90%回收温度/℃	终馏点/℃	硫含量/(mg/kg)	氮含量/(mg/kg)	氯含量/(mg/kg)	外观
常规负荷	108.1	119.6	136.6	161.3	169.3	<0.5	0.34	0.43	清澈透明，无不溶解水及固体物质

续表

分析项目	初馏点/℃	10%回收温度/℃	50%回收温度/℃	90%回收温度/℃	终馏点/℃	硫含量/(mg/kg)	氮含量/(mg/kg)	氯含量/(mg/kg)	外观
低负荷	73.5	92	109.9	129.3	137.9	<0.5	0.31	0.40	清澈透明，无不溶解水及固体物质

随着反应深度的降低，喷气燃料在馏程变化不大的情况下，密度明显增大，烟点随之降低。喷气燃料闪点、冰点、腐蚀等指标合格，分析数据见表7。

表7　喷气燃料产品质量分析数据对比

分析项目	冰点	硫醇硫	初馏点/℃	10%回收温度/℃	20%回收温度/℃	50%回收温度/℃	90%回收温度/℃	终馏点/℃	密度(20℃)/(kg/m³)	闪点(闭口)/℃	铜片腐蚀(100℃,2h)/级	烟点/mm	外观
常规负荷	<-55.0	<0.0003	168.2	182.8	190.2	202.4	225.1	237.7	783.5	56.5	1a	36.6	清澈透明，无不溶解水及固体物质
低负荷	<-55.0	<0.0003	171.6	183.7	191.8	206.2	225.5	237.2	801.4	59.5	1a	31.3	清澈透明，无不溶解水及固体物质

更改方案后喷气燃料烟点自36mm左右逐步降至26mm左右，15日左右反弹是因为寒流期间为防冻凝临时提高反应深度所致，寒流过后喷气燃料烟点随反应深度降低而降低，如图1所示。

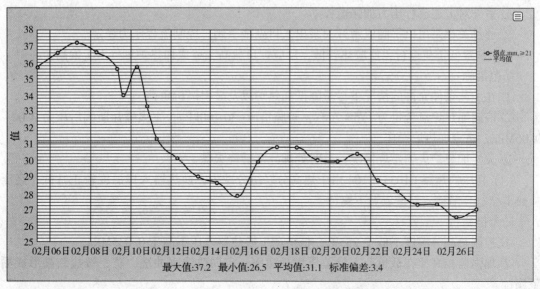

图1　喷气燃料烟点变化趋势

由于尾油部分外甩，尾油终馏点较调整前降低，同时由于反应深度降低，尾油硫含量及氮含量均小幅增长，分析数据见表8。

表8　尾油产品质量分析数据对比

分析项目	初馏点/℃	5%回收温度/℃	10%回收温度/℃	30%回收温度/℃	50%回收温度/℃	70%回收温度/℃	90%回收温度/℃	95%回收温度/℃	终馏点/℃	硫含量/(mg/kg)	氮含量/(mg/kg)
常规负荷	264	322.5	331	353.5	382.5	438	504.5	552	582	16.3	4.9
低负荷	264	303	314	344	375.5	419.5	453.5	494.5	521	22.5	9.1

三、装置低负荷运行风险分析

（1）热高分气空冷 A-101、热低分气空冷 A-102、硫化氢汽提塔塔顶空冷 A-201、分馏塔塔顶空冷 A-202 低负荷下存在偏流冻凝风险。

防范措施：

① 室内调整空冷器变频负荷，将冷后温度控制在 37~40℃，室外每次高空巡检检查各路出口温度。

② 当各支路出口温度差异较大时，及时通过百叶窗及空冷电机开关、变频空冷负荷调整。

③ 联系淄博北岳设备防护工程有限公司，对空冷进行红外检测，对检测出的偏流情况及时进行调整。

（2）装置低负荷运行，轻组分收率降低，部分轻组分流程存在憋压风险，如 P201、P203、P209、P301、P306 出口流程。

防范措施：

① 室外对上述流程压力加强监控。

② 通过关小泵出口手阀或者开大泵出入口副线手阀，控制流程压力稳定。

（3）装置低负荷运行，反应热较低，反应炉负荷高，造成加热炉烟气 NO_x 偏高。

防范措施：

① 在工艺条件允许的情况下尽量降低加热炉以及鼓引风机负荷。

② 控制加热炉氧含量为 1.5% 左右，炉膛负压 -30~60kPa，主火嘴瓦斯阀后压力 0.02~0.06MPa，稳定加热炉操作。

③ 关注加热炉火嘴燃烧情况，及时处理异常燃烧火嘴。

（4）高压换热器 E103、E104 由于热高分轻组分减少，换热器入口温度较正常低，高压换热器结盐会前移，易造成垢下腐蚀。

防范措施：

① 控制热高分温度不低于 235℃，低负荷下换热器差压不高于 0.035MPa。

② 加强监控高换在低负荷下的差压增长速率，定期改注水冲洗，防止铵盐结晶形成垢下腐蚀。

③ 若差压上升过快，必要时改高压换热器连续注水。

四、节能措施

（1）低负荷下，加氢裂化装置高压空冷注水量由 16t/h 降至 13t/h，降低除盐水消耗量。二级除盐水价格按 9.76 元/t 计算，调整后预计每月增效：3×24×9.76×30＝2.1 万元。

（2）加氢裂化在低负荷产尾油工况下，热低分油产量增加，适当开大 PT-102 流控阀开度，将热高分液控阀开度按照 10%～15% 左右控制，减少高压泵耗电量。预计高压进料泵 6kV 电机电流下降 8A，耗电量每小时降低 66kW·h，每月节约用电成本：66×24×30×0.58×30＝2.7 万元

（3）加氢裂化投用柴油热循环流程，确保防冻凝前提下尽量减少尾油冷路循环量，在高压进料泵允许条件下，将进料温度提高 10℃；同时在 R101 精制油氮含量满足工艺条件的前提下，CAT1 下调 3～5℃，降低 F101 负荷。F201 在满足 A202 防冻凝及产品质量调节需求的前提下，降低炉出口温度。预计节约加热炉燃料耗量 70m³/h。燃料气价格按 2.0 元/m³ 计，预计每月节约燃料成本：70×24×2.0×30＝10.1 万元。

（4）加氢裂化装置降量后，轻石脑油泵 P-302 由大泵切为小泵，电机电流由 75A 降至 32A。P-302 电机每小时节电 22.5kW·h，预计每月增效：22.5×24×30×0.58＝0.9 万元。

五、结论

（1）装置在低负荷状态运行，能耗相对较高。
（2）随着生产条件的变化，产品性质发生变化，均可达到合格指标。
（3）装置在低负荷状态运行存在一定风险，要落实各项防范措施。
（4）通过制定多项节能措施，预计每月节能增效 15.8 万元。

浅析某炼化公司加氢裂化
装置能耗及节能措施

（孟栋梁）

某炼化公司 2.0Mt/a 加氢裂化装置，以减二线蜡油和催化柴油为原料，主要生产液化气、轻石脑油、重石脑油、喷气燃料、柴油以及可作乙烯原料的尾油，其中通过调整工艺条件可生产价值更高的白油。

该装置由反应系统、分馏系统、吸收稳定系统、气体脱硫系统和公用工程系统组成。加氢裂化装置能量输入多，能耗高[1]，反应放出大量热，可回收利用的能量较多[2]。因此，减少设备能耗、优化换热网络、工艺流程改进[3]是降低装置能耗的重要因素。

一、装置能耗分析

本装置操作方案分为一次通过操作方案和全循环操作方案，其中装置标定能耗见表1，装置不同操作方案主要能耗对比见图1。

表1　加氢裂化装置标定能耗

项目	一次性通过标定能耗		全循环标定能耗	
	每小时用量	能耗/（kgEO/t 原料）	每小时用量	能耗/（kgEO/t 原料）
新鲜水	0t	0	0t	0
循环水	2114t	0.89	2415t	1.13
除氧水	6.02t	0.23	9.02t	0.39
凝结水	−2t	−0.02	−2t	−0.02
除盐水	19.93t	0.19	19.18t	0.21
净化水	0t	0	0t	0
电	12900kW·h	14.17	13700kW·h	16.66
3.5MPa 蒸汽	38.08t	14.16	35.7t	14.7
1.0MPa 蒸汽	−31.31t	−10.05	−31.28t	−11.12
0.5MPa 蒸汽	1.75t	0.49	1.7t	0.52
净化风	201.1Nm³	0.01	207Nm³	0.01
非净化风	0Nm³	0	0Nm³	0
2.5MPa 氮气	0Nm³	0	0Nm³	0
0.7MPa 氮气	183.7Nm³	0.01	198.23Nm³	0.01
燃料气	1.84t	7.40	1.91t	8.49

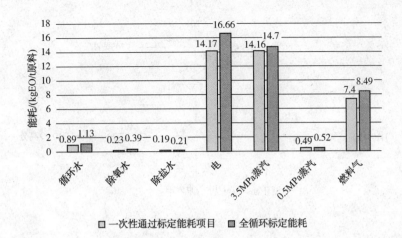

图 1 装置不同操作方案主要能耗对比图

由表 1 和图 1 可知：

（1）加氢裂化装置的主要能耗由水、电、蒸汽、燃料气共 4 大项组成。其中，电耗所占比例最大，为 40.40%；蒸汽次之，占比 38.81%；燃料气为 15.17%；水耗最低，占比 5.59%。

（2）装置运转负荷影响装置的单位能耗。装置负荷越低，单位能耗越高[4]。

（3）相比于一次性通过操作方案，全循环操作方案的能耗更大。

（4）一次性通过操作方案和全循环操作方案相比较，能耗增长幅度最大的是电能消耗。

二、节能降耗措施

（一）采用热高分工艺

国内加氢装置设计上多采用热高分与冷高分工艺，不仅可以回收循环氢气，还可以提高热量利用率，减少高压冷换设备的换热面积，大量降低了装置能耗，同时可解决稠环芳烃累积而堵塞高压空冷的问题[5]。

通过采用此工艺，加氢裂化装置能耗可降低 382MJ/t。

（二）优化换热网络

加氢裂化装置热高分气中含有大量反应热，如果与循环氢换热后直接经高压空冷冷却，会提高高压空冷的冷却负荷，使得高压设备投资增加，造成大量能量损耗。同时柴油产品中热量充足，经一系列换热后仍有大量热量存留。因此通过设计计算，优化换热网络，可提高冷低分油进塔温度，减少装置能量消耗。流程优化后，E104 可回收热量 31.7MJ/t，E204 可回收热量 3.43MJ/t。冷低分油换热流程优化见图 2。

（三）使用液力透平

装置能耗占比中 40.4% 为电耗，其中高压机泵占电耗中的 80% 左右[5]。因此加氢裂化装置进料泵设计了液力透平，有效利用了热高分与热低分之间的压力能，减少了反应进料泵

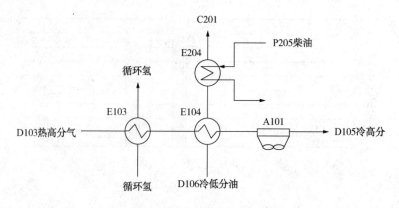

图 2　冷低分油换热流程优化图

的运转电流。液力透平投用后，反应进料泵电流可降低 30A，按照开工周期 8400h 计算，全年可节省电量 1512MW·h，按照每度电 0.6 元计算，全年可节省电费 90.72 万元。

（四）使用缓蚀剂

加氢装置进料中含有硫化物、氮化物和氯化物，经加氢反应后会生成硫氢化铵和氯化铵等铵盐沉积、结垢，从而造成设备管线阻塞，形成垢下腐蚀，严重影响装置运行。通过注入缓蚀剂，可与设备表面形成保护膜，既能减少设备管线的腐蚀损耗，也能防止换热设备管线堵塞导致换热效率降低。

（五）降低汽轮机背压

循环氢压缩机采用汽轮机驱动，使用 3.5MPa 中压蒸汽[6]，背压蒸汽并入 1.0MPa 低压蒸汽管网。蒸汽在装置能耗中占比第二，在不影响装置正常运行的情况下，根据 1.0MPa 低压蒸汽管网的实际情况，适当降低背压蒸汽压力，提高中压蒸汽利用率，从而减少能量消耗。经核算，当背压蒸汽压力降至 0.85MPa 时，全年可节省中压蒸汽 25200t。

（六）优化工艺操作，减少能量损耗

加氢裂化装置吸收稳定单元吸收解吸塔设计有两个中段回流，保证吸收解吸塔的热量平衡。其吸收解吸塔流程见图 3。

通过优化工艺操作，可在停用一中回流和二中回流的情况下，保证全塔热量平衡及物料平衡，维持吸收解吸塔的正常运行。其中 P304 和 P305 的运行功率均为 22kW，全年可节省电费 22.2 万元。在一中回流和二中回流正常投用时，E305 消耗循环水 58t/h，E306 消耗循环水 57t/h，由此数据可计算出，现有运行工况下全年可节约循环水 966Mt，可节能 9.06MJ/t。

（七）分馏系统闪蒸罐的使用

加氢裂化分馏系统设有闪蒸罐，工艺流程见图 4。

D204 闪蒸罐的投用可大量减少分馏进料加热炉 F201 燃料气的使用，分馏进料在经过闪蒸罐闪蒸后，进料中的轻组分不经分馏进料加热炉 F201 加热，从而减少了加热炉负荷，每小时可节省燃料气 458m³，按照燃料气价格 2.4 元/m³ 计算，全年可节省燃料气 923 万元。

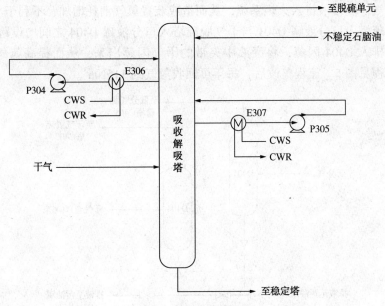

图 3　吸收解吸塔流程

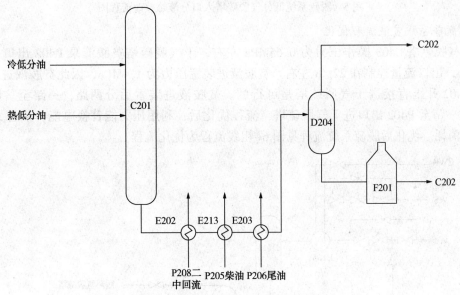

图 4　分馏系统硫化氢汽提塔流程简图

(八) 烟气余热回收系统投用

烟气余热属于二次能源，其大部分热量用于蒸汽换热，换热后的烟气温度仍有 280℃左右，此部分热量可用于与空气换热，提高空气温度，不仅可以提高能量回收利用率，还可以减少燃料气的消耗。烟气余热回收系统投用后，回收烟气余热，可节约燃料气费用 762 万元/年[7]。

(九) 脱硫系统流程优化

1. 优化脱液流程，提高氢气回收率

加氢裂化装置低分气中 70% 左右的组分为氢气，低分气脱硫塔入口分液罐 D401 脱液

时，会有部分气体随废液排入火炬系统，从而造成装置氢气消耗增加，不利于节能降耗。因此，低分气脱硫塔入口分液罐 D401 与干气脱硫塔入口分液罐 D404 之间增设跨线，D401 脱液时，废液先排入 D404 闪蒸，将废液中夹带的干气闪蒸出来，从而提高氢气的回收利用率。整改后流程见图 5。流程整改后，每年可回收氢气约 115Nm³。

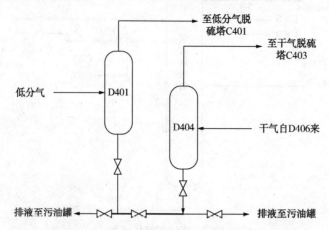

图 5　脱硫系统低分气脱硫塔入口分液罐整改流程图

2. 脱硫系统贫液流程优化

干气脱硫塔 C403 操作压力为 0.65MPa 左右，干气脱硫塔贫胺液泵 P402 出口压力为 1.4MPa，出口流量控制在 22t/h 左右。贫胺液进装置压力为 1.4MPa，因此贫胺液进装置后不经 P402 升压直接进干气脱硫塔是可行的。贫胺液进装置后分两路，一路至贫胺液罐 D111，一路至 P402 出口进干气脱硫塔，流程优化后，利用压力能替换电能，节省了 P402 的电能消耗。优化后脱硫系统流程见图 6(粗线流程为优化流程)。

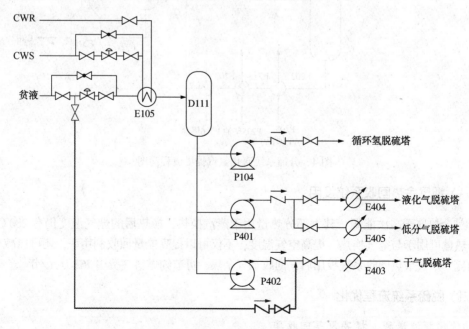

图 6　优化后脱硫系统流程

装置正常运行时，P402 电流为 40A，搭载 380V 电压，全年可省电 127.7MW·h，折算电费为 7.7 万元。

加氢裂化装置为高能耗装置，其能耗来源主要为水、电、蒸汽、燃料气的消耗。蒸汽消耗主要为汽轮机提供动力，通过调整背压蒸汽压力可大量降低能耗。电耗占比最大，通过操作调整、优化流程、采用节能设备等措施，可大量降低电耗。同时装置可回收利用的热能多，通过优化换热网络，投用烟气余热回收系统，可提高装置的能量利用率，从而减少装置能量损耗。

参 考 文 献

[1] 熊伟庭. 加氢裂化工艺节能技术及应用[J]. 石油石化节能与减排，2014，4(6)：35-40.

[2] 王军霞，尹向昆. 加氢裂化用能及节能措施分析[J]. 中外能源，2016.1，21(1)：91-95.

[3] 董兆海，袁永新，王明传. 加氢裂化装置能耗及节能分析[J]. 齐鲁石油化工，2011，39(2)：87-91.

[4] 姚春峰. 1.5Mt/a 加氢裂化装置节能降耗措施与成效[J]. 中外能源，2012，4(12)：97-102

[5] 幸蜀滨. 加氢裂化装置的能耗与节能措施[J]. 黑龙江石油化工，2001，12(3)：28-33.

[6] 韩鹏，张飞. 加氢裂化装置降耗分析及节能措施[J]. 石油石化节能，2017，7(7)：22-26.

[7] 周会理. 加氢裂化装置节能对策的实施总结[J]. 中国石化节能技术交流会论文集. 2006.

S Zorb 装置节能优化措施分析

(王玉玺)

通过对 1.80Mt/a S Zorb 装置氢气电加热器、稳定塔、加热炉以及原料换热器进行操作优化，2020 年 8 月装置能耗 3.54kgEO/t，2020 年全年累计 3.7kgEO/t，远低于设计值 6.53kgEO/t(按我公司能耗折算系数折算)，达到国内同类装置先进水平。经过不断优化操作，装置运行能耗大幅度降低，比同周期装置能耗降低 0.26kgEO/t，为公司创造了较大效益。

一 装置能耗

S Zorb 装置能耗主要包括瓦斯、电、蒸汽、循环水、新鲜水，而其中 97.8% 的能耗是电、蒸汽和瓦斯，因此装置分别从电、蒸汽及瓦斯消耗 3 方面进行了一系列的优化调整。截至 2020 年 8 月，装置 2020 年累计能耗为 4.14kgEO/t，远低于设计值，具体如表 1 所示。

表 1 2019 年 8 月~2020 年 8 月燃料及动力累计消耗

项目	折算单位	折算系数	设计消耗量	设计能耗	月平均	本月	累计
再生用净化风	Nm³/t	0	2.24	0	0.00	0.00	0.00
仪表用净化风	Nm³/t	0	1.12	0	0.00	0.00	0.00
循环水	t/t	0.1	1.511	0.151	0.3	0.35	0.42
燃料气	t/t	950	0.0042	3.99	2.2	2.62	2.73
非净化风	Nm³/t	0	0	0	0	0	0
低压凝结水	t/t	-3.65	0.0115	-0.042	-0.09	-0.07	-0.11
低压除氧水	t/t	9.2	0.0046	0.042	0.01	0.02	0.02
1.0MPa 蒸汽	t/t	76	0.014	1.087	0.77	0.31	0.8
0.45MPa 蒸汽	t/t	-66	0.006	-0.396	-0.5	-0.39	-0.51
0.7MPa 氮气	Nm³/t	0	431	0	0	0	0
电	kW·h/t	0.23	7.36	1.69	1.27	1.27	1.51
热输出	kgEO/t	-1		0	-0.31	-0.57	-0.72
合计	kgEO/t			6.522	3.65	3.54	4.14

注：负值为产出量。

二 降低能耗措施及效果分析

(一) 电

1. 停用稳定塔底泵

S Zorb 装置稳定塔塔底泵的主要作用是将稳定产品汽油输送至罐区。在装置正常生产情况下，稳定塔塔顶操作压力控制在 0.7MPa，罐区压力 0.4MPa 左右，因此停运稳定塔底泵 P203，开 P203 出入口跨线利用稳定塔压力将产品汽油自压至罐区。

塔底泵 P203 设计功率为 60kW，满负荷运行状态下，停运 P203，装置可节省电耗：60kW·h×0.23÷180t/h = 0.0767kgEO/t。

2. 优化还原氢电加热器操作

还原氢电加热器 EH101 主要是将经过加热炉对流室加热过的热氢气进一步加热至 400℃左右。该部分热氢气主要用于还原器 D102 和 D105 流化以及闭锁料斗间断调压使用。氢气电加热器 EH101 出入口流程如图 1 所示。

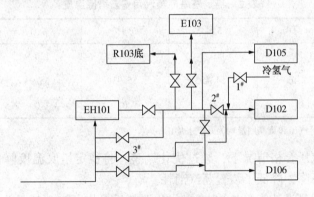

图 1　氢气电加热器 EH101 出入口流程示意

吸附剂在还原反应过程中会生成水，由于还原器空间小，导致还原器内水蒸气分压偏高，易造成吸附剂生成硅酸锌而失活[2]。为了防止吸附剂在还原器 D102 内发生大量还原反应生成水而造成吸附剂失活，生产过程中，通过降低还原器温度来防止还原器内发生大量还原反应，还原器温度控制在 260~280℃。正常电加热器 EH101 出口温度控制在 400℃左右，为了降低还原器 D102 的温度，需要开启冷氢阀门 TV2207(1#阀)，而氢气经加热炉加热后的温度(即 EH101 入口温度)达 335℃左右。为了降低 EH101 加热负荷，降低电耗，对 EH101 出入口流程进行了优化，即开 3#阀，关闭 2#阀。

装置满负荷生产时，电加热器 EH101 加热氢气总量约 2550Nm³/h，还原器 D102 流化氢气量 1500Nm³/h，D105 汽提氢气量 900Nm³/h，D106 间断用氢，用量约为 150Nm³/h。氢气电加热器 EH101 出入口流程经过优化后，D102 流化氢气不经 EH101 加热，EH101 负荷下降 58.8%。

EH101 功率为 200kW，D102 流化氢气走 EH101 跨线后可以节省装置电耗：

$$200kW·h×0.588×0.23÷180t/h = 0.15kgEO/t$$

3. 停用部分空冷器

装置为降低能耗，增设稳定塔釜稳定汽油/除盐水换热器（E206）。S Zorb 装置稳定塔塔底精制汽油经稳定汽油/除盐水换热器（E206）、空冷器（A202）、水冷器（E204）冷却到 40℃以下后再送至罐区。稳定塔的主要作用是将产物汽油中的轻组分（包括碳三、碳四组分以及 60% 以上的氢气）分离出去以确保产品汽油蒸汽压合格，在保证产品汽油蒸汽压合格的前提下，空冷器 A202 夏季停用两台，冬季停运三台即可满足精制汽油换热要求。

空冷 A202 功率为 30kW，经过调整后可节约装置电耗：

$$30kW \cdot h×2.5×0.23÷180t/h = 0.0958kgEO/t$$

（二）蒸汽

1. 降低稳定塔底蒸汽消耗

在保证产品蒸汽压合格的情况下，切出再沸器，最终将稳定塔塔底温度控制在 115～125℃时，即可保证产品汽油蒸汽压合格。降低装置能耗。2020 年 4～8 月稳定塔底蒸汽耗量见表 2。

表 2　稳定塔塔底蒸汽用量及塔底温度

项目	4 月	5 月	6 月	7 月	8 月
塔底温度/℃	121.5	119.2	119.9	120.9	120.5
产品蒸汽压/kPa	56.46	54.45	55.93	55.93	55.925
蒸汽/（t/h）	0	0	0	0	0

注：塔底温度、产品蒸汽压和蒸汽用量均为月度平均值。

在保证产品蒸汽压合格情况下，经过优化调整，将稳定塔底温度降低约 20℃，稳定塔底蒸汽用量大幅度下降，降低了装置蒸汽消耗。

稳定塔底蒸汽用量设计值为 2.26t/h，优化调整后平均蒸汽消耗量为 0t/h，经过调整后可节省装置能耗：

$$2.26t/h×76÷180t/h = 0.954kgEO/t$$

2. 蒸汽防冻防凝分级管理

冬季防冻防凝期间装置蒸汽总用量大幅升高，因此，冬季对装置蒸汽防冻、防凝进行三级管理以减少装置蒸汽用量，降低装置能耗。

（三）瓦斯

S Zorb 装置瓦斯能耗占设计总能耗的 53.6%，因此降低装置瓦斯消耗对降低装置总能耗至关重要。降低装置瓦斯用量除了提高加热炉炉效外，还可以通过提高原料换热器 E101 出口温度的方法。

1. 提高加热炉炉效

炉效高低主要取决于加热炉氧含量、负压以及排烟温度。在一定范围内，氧含量越低，则加热炉炉效越高；排烟温度越低，炉效越高。

（1）优化加热炉操作参数，具体见表 3。

表 3　加热炉关键参数控制范围

参数	设计值	实际运行控制范围
氧含量 AIC6001	3%	1.5%~2.5%
炉膛负压 PI6008	-70Pa	-40~-70Pa
排烟温度 TI6010	≤145℃	85~115℃

（2）做好余热回收系统操作。

为降低加热炉排烟温度，优化余热回收系统操作，将余热回收系统中空气跨线全关，保证所有空气均经过余热回收器进行换热，这样可以最大限度地回收烟气中的热量。为了提高换热效率，在严格监控自动吹灰系统运行的同时，要求班组每周定时进行手动吹灰一次，保证余热系统换热效率。

2. 提高原料换热器 E101 出口温度

E101 管壳程出入口温度示意如图 2 所示。生产中用瓦斯将原料汽油温度由 T_2 加热到 T_3，若能提高 T_2 温度，将在最大程度上降低装置瓦斯能耗。为提高 E101 换热效果，提高 T_2 温度，主要进行了以下优化操作。

（1）根据原料汽油变化情况，适当调整吸附剂活性，在保证辛烷值损失较低的情况下，适当提高反应温升。在装置反应器内吸附脱硫过程中伴随有烯烃加氢反应，而烯烃加氢反应为强放热反应，具体表现为反应器出口温度 T_4 较反应器入口温度 T_3 高 10~20℃，将 T_4 减 T_3 称为反应温升 ΔT。反应温升 ΔT 的高低主要取决于吸附剂活性，当吸附剂活性高，反应温升 ΔT 增加，则由 T_2 加热到 T_3 所需要的热量减少，即降低了加热炉瓦斯消耗。日常操作中根据原料硫含量变化情况及时调整再生强度，在保证辛烷值损失较低的情况下，吸附剂维持适当的活性。

（2）开工过程中，E101 管壳程管线采用爆破吹扫，防止机械杂质进入 E101 内部造成换热器后期结焦，降低换热效果。

（3）加强原料管理，保证原料直供，密切监控原料过滤器 ME104 差压情况，防止汽油中的重组分进入 E101 内部造成换热器结焦，降低换热效果。

（4）维持 S Zorb 装置较高负荷生产，换热器 E101 内管壳程介质线速较高，换热效果较好，换热后 T_2 温度高，装置瓦斯用量低。

（5）2019 年 6 月首次装置大检修扩能改造项目增设原料换热器两台 E101G/H，降低了加热炉负荷，提高了换热效率。改造后炉效及瓦斯能耗见表 4。

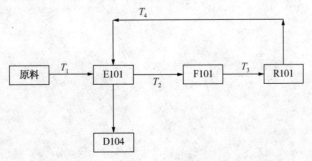

图 2　E101 管壳程出入口温度示意

表4　2020年加热炉炉效及瓦斯能耗统计

项目	1月	3月	5月	7月	8月
炉效/%	95	94.8	95	94.3	94.4
瓦斯能耗/(kgEO/t)	2.12	2.42	2.52	2.54	2.62

经过优化调整后，装置瓦斯平均能耗为2.2kgEO/t，较设计值(见表1)低1.79kgEO/t。

三、结论

通过对装置氢气电加热器、稳定塔、加热炉以及原料换热器的操作优化，装置电耗较设计值低0.42kgEO/t；蒸汽能耗较设计值低0.317kgEO/t；瓦斯能耗较设计值低1.79kgEO/t，节能效果较好。

参 考 文 献

[1] 李鹏、田建辉.汽油吸附脱硫S Zorb技术进展综述[J].炼油技术与工程，2014，44(1)：1-6.

[2] 林伟、王磊、田辉平.S Zorb吸附剂中硅酸锌生成速率分析[J].石油炼制与化工，2011，42(11)：1-4.

[3] 王玉玺.S Zorb装置节能优化措施分析[J].山东化工，2021，50(12)：161-162，+165.

延迟焦化节能降耗相关方法探究

（杨 健）

延迟焦化是全球重油加工主要过程之一。某企业延迟焦化装置现加工能力为 2.9Mt/a，采用"两炉四塔"大型化工艺技术方案，引进最新密闭除焦、顺控等技术，是国内先进并接近世界先进水平的延迟焦化装置。

随着产业的升级和对能耗要求的日益严格，粗放式的生产已经无法满足现阶段的要求。通过对装置的挖潜改造，在保证装置平稳生产和产品质量合格的前提下，对现有设备、流程和操作步骤进行优化，从而降低装置能耗。

一、节电相关方法探究

（一）辐射泵抽出一级叶轮

辐射泵为焦化装置的核心设备之一，承担着加热炉进料的重任。在装置的初始设计中，辐射泵采用三级叶轮，泵出口压力为 4.5MPa。经计算得知，泵出口压力达到 2.5MPa 即可满足加热炉进料要求。为此，在检修过程中抽出辐射泵的一级叶轮，使泵出口压力为 2.5～3.0MPa，满足加热炉进料需求。改造后辐射泵每小时可节约电耗约 200kW·h，年可节约电耗 $200 \times 8400 = 1.68 \times 10^6$ kW·h，按电费 0.52 元/(kW·h)计，年可节约费用约 87.36 万元。

（二）空冷增加变频器

由于焦炭塔的间歇性生产，不同阶段装置的负荷不同，具体体现在空冷冷后温度变化较大，部分空冷需要按需求开停。频繁的开停空冷一方面增加外操的工作量，另一方面空冷的开停导致冷后温度的大幅波动，影响装置的平稳生产。查阅相关资料，其他炼油厂采用变频器控制电机，按需求控制电机的转速，既节能又可保证装置的平稳生产。根据实际生产需求，目前在稳定塔塔顶空冷、分馏塔塔顶循回流空冷以及放空塔空冷部分加装变频器，根据生产需要调整空冷负荷，降低了装置的能耗。

（三）停用稳定塔进料泵

原设计脱吸塔压力较低，脱吸塔塔底物料经泵抽出后送至稳定塔。后操作条件改变，提升脱吸塔底压力至 1.4MPa，比稳定塔进料段压力高约 0.2MPa，压差可将物料由脱吸塔底经液控阀送至稳定塔且满足双塔的生产要求。停运脱吸塔进料泵后，每小时可节约电耗约 150kW·h，年可节约费用约 65.52 万元。

二、节约蒸汽相关方法探究

（一）优化吹短节时机

在焦炭塔底部进料阀和塔底之间的管道称为进料短节，除焦时焦炭与切焦水会进入该段管道内。生产之前需将该段管道吹扫干净，否则残留的焦炭极易堵塞管道，严重时会造成进油后管道憋压、炉管结焦的事故。为保证管道畅通，除焦结束后会对该段管线进行吹扫，将管道内的焦炭吹扫至焦炭塔内。塔底温度高低和进汽流量大小是判断短节是否吹扫通畅的重要依据。在未停切焦水泵情况下吹扫短节，切焦水会携带焦块再次进入进料短节内，导致塔底温度迟迟无法上升，吹扫时间大幅延长，浪费蒸汽。优化吹短节时机后，先停切焦水泵，后进行吹扫，此时无水及焦块，再次进入管道内，塔底温度迅速上升。每次节约用时约5min，吹短节时蒸汽用量15t/h，按20h生焦周期、每年8400h运行时长计算，单塔每年吹扫210次，4塔共节约蒸汽约 $15 \times 5/60 \times 210 \times 4 = 1200t$，按低压蒸汽105.7元/t计算，年节约成本约12.684万元。

（二）间断性投用消泡剂雾化蒸汽

为防止消泡剂喷头结焦，同时更好地将消泡剂分散到焦炭塔泡沫层上起到消泡作用，设计用蒸汽将消泡剂雾化后注入焦炭塔内。在日常生产中，消泡剂为间歇性注入，在换塔前5h注入，在换塔后0.5h停止注入，而雾化蒸汽则长期注入。经查阅相关资料后发现，当油气温度低于420℃时便不再会结焦。换塔后小吹汽阶段塔顶温度维持在380℃左右，给水时塔顶温度可下降至350℃，此时理论上停注雾化蒸汽也不会有结焦的风险。雾化蒸汽用低压蒸汽，注入管管径为 $DN25$，经计算蒸汽流量约为0.1t/h。给水、除焦、试压阶段合计约12h，按20h生焦周期，每年8400h运行时长计算，四塔间歇性注入蒸汽，每年共可节约蒸汽 $4 \times 0.1 \times 12 \times 8400/40 = 1008t$，按低压蒸汽105.7元/t计算，节约成本约10.654万元。

（三）投用 SS 智能喷雾系统

焦炭塔大吹汽的作用主要是降低焦炭塔内焦炭温度，同时汽提出焦炭内轻质油，增加液体收率，降低焦炭挥发分含量，减少焦炭收率。检修前为直接吹入低压蒸汽，检修时进行改造，增加 SS 智能喷雾系统，优化大吹汽逻辑。SS 智能喷雾系统是将1.0MPa蒸汽以及除氧水同时送入雾化器中，在喷嘴及导流器件作用下，将除氧水雾化成微米级雾滴，混合后与蒸汽以水雾的形式经原有大吹汽管线进入焦炭塔。在大吹汽期间，SS 系统根据预定程序自动控制蒸汽和除氧水流量，达到蒸汽和除氧水最优配比，节约蒸汽消耗，降低蒸汽管网波动。单次大吹汽2h用汽 $15t/h \times 2h = 30t$，投用 SS 智能喷雾系统后，单次大吹汽期间共用蒸汽12t，除氧水6.34t。年累计节约蒸汽 $4 \times 18 \times 210 = 15120t$，消耗除氧水合计约 $4 \times 6.34 \times 210 = 5325.6t$，按低压蒸汽105.7元/t，除氧水单价按12元/t计算，节约成本约 $15120 \times 105.7 - 5325.6 \times 12 = 153.4$ 万元。

延迟焦化装置流程相对复杂，各流程自成系统且互相关联。从实际生产出发，对生产过程中的流程、步骤进行优化，对设备进行改进，可显著减低装置能耗，提高装置平稳率。

喷气燃料加氢能耗组成及节能措施

（陈道宁）

喷气燃料加氢装置在保证产品质量不降低的前提下，通过工艺参数优化和技术改造，挖掘装置节能潜力，降低装置能耗，对进一步提高装置运营能力，实现绿色低碳生产具有重要意义。结合装置实际运行情况，对装置能耗进行综合分析，总结装置节能降耗措施，为装置挖潜节能指明了方向[1]。

喷气燃料加氢精制装置主要包括反应和分馏两部分。反应部分原料油和氢气的混合采用炉前混氢，冷高分流程。分馏部分采用间接汽提方案。装置换热流程采用原料和反应产物换热，生成油与塔底产品换热升温后进分馏塔的换热流程，这种换热流程热效率高且流程简单，图1为喷气燃料加氢装置流程图。

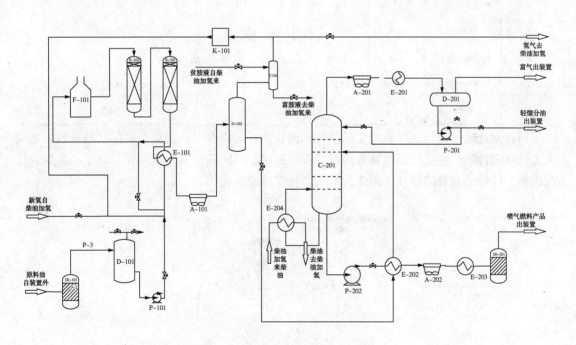

图 1   喷气燃料加氢装置流程图

一、能耗分析

喷气燃料加氢主要用能对象有水、电、瓦斯、热输入，表1给出了2018年喷气燃料加氢装置主要用能情况和实物消耗量，表2给出了喷气燃料加氢装置设计能耗。

表1 喷气燃料加氢2018年能耗和实物消耗量

项目	能耗/t	实物量/t
能耗合计	3.28	4344
水	0.11	1431652
电	0.41	2385819
瓦斯	2.14	2985.00
热进(出)料(kgEO)	0.62	815981

表2 喷气燃料加氢设计能耗表

序号	项目	消耗量		能源折算值		消耗 (kgEO/h)	单位能耗 (kgEO/t)	备注
		单位	数量	单位	数量			
1	电	kW·h	592.4	kg/kW·h	0.26	154.02	1.10	
2	循环水	t/h	164	kg/t	0.1	16.4	0.12	
3	外供热量	kW	5621				3.38	
4	净化压缩空气	Nm^3/h	150	$kg/m^3 n$	0.038	5.70	0.04	
5	燃料气	kg/h	385	kg/kg	1	385	2.70	
6	1.0MPa蒸汽	t/h	1.0	kg/t	76	76	0.54	
7	热进料	kW	1523				0.92	
	合计						8.80	

通过对比喷气燃料加氢装置实际能耗和设计能耗可以看出，装置在实际运行过程中能耗大大低于设计值。主要是因为装置运行过程中通过长时间的摸索与实践，采取了一系列的技改措施，降低了装置的能耗，图2为喷气燃料加氢能耗比例。

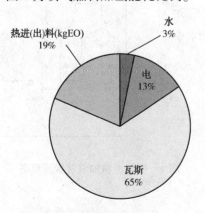

图2 喷气燃料加氢能耗比例

通过图2可以明显看出，喷气燃料加氢装置主要能耗为瓦斯，占总能耗的63%，其次是热输入和电耗，分别占19%和13%，最少的是水，仅占3%。

二、节能措施

通过能耗比例图我们可以看到对喷气燃料加氢装置能耗影响最大的是瓦斯，其次是热输入和电耗，要想降低装置能耗，应该着重从这3个方面下手。根据装置实际运行情况，喷气燃料通过以下措施对加氢装置进行改造，降低了装置能耗。

1. 提高原料温度

喷气燃料加氢装置原料主要由常减压装置的常一线直供料和罐区喷气燃料组成，其中常一线的温度在115℃左右，罐区喷气燃料在35℃左右。受制于喷气燃料加氢进料泵操作温度不大于96℃，两股原料混合进入喷气燃料原料罐，进料温度通常控制在80℃左右。

后来通过与常减压装置沟通增加了常一线进喷气燃料装置的量，将喷气燃料原料温度提高至90℃左右，节约了大量瓦斯，降低了装置能耗0.56kgEO/t。具体计算过程如下。

$$Q = m \times (T_2 - T_1) \times Cp$$

式中　Q——喷气燃料进料提高温度后增加的热量，MJ/h；

　　m——喷气燃料进料量，取120t/h；

　　T_2——提高温度后的喷气燃料进料温度，$T_2 = 90 + 273.15 = 363.15$K；

　　T_1——未提高温度前的喷气燃料进料温度，$T_1 = 80 + 273.15 = 353.15$K；

　　Cp——喷气燃料比热容，根据文献《化工工艺算图手册》465页中的图表，可以查得喷气燃料比热容为2.34kJ/（kg·K）。

$$Q = 120 \times 10 \times 2.34 \times 1000 = 2808 \text{MJ/h}$$

折算成能耗为：$e = Q/m/41.8 = 0.56 \text{kgEO/t}$

2. 增加 E101D

喷气燃料加氢装置夏季反应空冷A101冷后温度偏高，影响装置正常运行。实施喷气燃料加氢优化反应物与原料换热流程项目，2015年利旧改造更换下来的一台E101，增加至现反应产物与原料换热E101流程中。改善A101冷后温度，提高原料进料温度，减少装置燃料气消耗。增加换热器E101D后，通过运行观察可降低加热炉瓦斯耗量35m³/h。可降低装置能耗0.21kgEO/t。具体计算过程如下。

$$M = V \times \rho$$

式中　M——质量，kg；

　　V——体积，m³；

　　ρ——密度，kg/m³。

$$M = 35 \times 0.78 = 27.3 \text{kg}$$

折算成能耗为：　　$e = M/m \times 930/1000 = 0.21 \text{kgEO/t}$

3. 清洗 E101

喷气燃料原料中含有氯，加氢反应过程会生成NH_3，在适宜的条件下，设备会发生氯腐蚀、出现氯化铵结晶等引起堵塞的问题，严重影响装置的长周期稳定运行，其中氯腐蚀的主要形式有点蚀、氯化物应力腐蚀开裂、冲刷腐蚀[2]。

喷气燃料加氢E101是混氢原料油和反应器反应产物换热器，管程换热温度由235～128℃。此温度区间正是氯化铵盐结晶温度区间，因此在装置运行期间，E101由于氯化铵盐结晶造成换热效率下降，进而导致加热炉负荷增加，能耗增加，空冷冷后温度超工艺卡片等一系列问题。利用检修机会对喷气燃料加氢 E101 进行清洗，可以清除 E101 管壳程内的结晶铵盐和污垢，增加换热器换热效率，降低装置能耗，表3为换热器壳程温度变化对比。

表3　换热器壳程温度变化对比

换热器	E101D	E101A	E101B	E101C
清洗前壳程出入口温度/℃	95~100	102~118	118~170	170~203
清洗后壳程出入口温度/℃	95~146	136~157	157~194	194~220

E101 清洗管束后，换热效果大幅增加，壳程温差由5℃上涨至51℃。在反应进料量一致的情况下，F101 入口温度由 203℃上涨至 220℃，瓦斯流量由 650Nm³/h 降至 320Nm³/h，降低了装置能耗。A101 入口温度由 150℃降至 128℃，出口温度由 55℃降至 45℃，缓解了煤油加氢 A101 冷后温度高的问题。通过清洗 E101 可降低装置能耗 1.87kgEO/t。具体计算结果如下。

$$M = V \times \rho$$
$$M = (650 - 320) \times 0.78 = 241.8 \text{kg}$$

折算成能耗为：　　　$e = M/m \times 930/1000 = 1.87 \text{kgEO/t}$

4. 空冷电机改变频

航煤加氢 A-201 空冷控制喷气燃料加氢脱硫化氢塔顶回流温度。改造前，2台电机全为定速形式。冷后温度调节不灵活。通过将一台空冷电机改造为变频电机，将可以实现温度的精准调节，不仅能够实现平稳操作，而且一定程度上降低电耗。根据电机铭牌，变频电机额定功率为 15kW，现场实际操作中，反馈的频率基本维持 15~20Hz，实际运行过程中变频器的额定功率降低至 6kW，即每小时少消耗 9kW·h，每年约节省 78840kW·h 电能消耗。折合成能耗，可降低装置能耗 0.02kgEO/t。

5. 能耗趋势

通过实施一系列的节能措施，喷气燃料加氢装置能耗明显降低，理论上可降低装置能耗 2.66kgEO/t，但由于装置处理量、反应深度、炉膛热效率等其他因素影响，装置实际能耗降低 1.6kgEO/t 左右。图3给出了 2018 年喷气燃料加氢装置能耗实际值与标杆值和目标值的趋势。

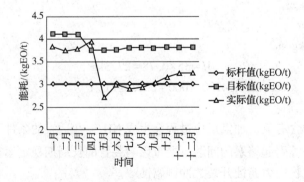

图3　喷气燃料加氢能耗趋势图

通过图 3 可以明显看出 2018 年前四个月喷气燃料加氢装置能耗较高，均高于标杆值，四月份甚至高于目标值，主要是因为换热器 E101 运行至末期，结盐比较严重，换热效率下降，加热炉瓦斯耗量增加，导致装置能耗增加。随着四月末对装置停工检修，清洗换热器 E101 后，装置能耗明显下降，一度低于标杆值，但随着装置运行换热器 E101 不断结盐，换热效率不断下降，装置能耗逐渐升高。由此可见换热器 E101 的换热效率对装置能耗有着巨大的影响，因此控制好 E101 的换热效率有助于降低喷气燃料加氢装置能耗。

通过以上分析可以看出，提高直供料的比例、增加 E101D、清洗 E101、增加空冷变频器可以降低喷气燃料加氢装置的能耗。换热器 E101 的换热效率对喷气燃料加氢装置的能耗影响较大，控制好 E101 的换热效率有助于降低喷气燃料加氢装置能耗。

参 考 文 献

［1］冯兴，郝明生．催化裂解装置能耗分析及节能措施［J］．炼油技术与工程，2020，50（07）：52-56.

［2］王军，高飞，张建文，等．煤柴油加氢联合装置氯腐蚀分析及对策［J］．安全、健康和环境，2019，19（08）：15-19，+55.

高负荷下优化产品结构，降低装置能耗

（刘荣根）

某炼化公司聚丙烯装置采用中国石化国产化第二代环管聚丙烯工艺技术，该技术采用两组串联的液相环管反应器生产聚丙烯均聚物，是一种液相本体法的工艺技术。装置以液相丙烯为原料，使用 DQC401 主催化剂、TEAL 活化剂和 DODOR-C 型给电子体进行聚合生产，最终经过挤压造粒包装为 25kg/袋的 PP 粒料，设计加工能力为 200kt/a。按照 8000h/a 的标准运行时间计算，装置的标准负荷为 25t/h。装置目前以 BOPP 膜料、镭射膜、光学膜、流延镀铝等功能性膜料以及卫材级无纺布专用料为主要特色产品。

聚丙烯装置自投产以来，经过工艺优化，装置物耗、开工率处于国内同类装置领先水平，但能耗水平仍有提升潜力。聚丙烯装置通过提高装置的加工负荷，同时多产高熔融指数的产品，以达到降低装置能耗的目的。

一、装置能耗的组成

通过分析聚丙烯装置实际消耗的动力数据，结合 2020 年的装置的消耗，可以看出主要消耗为水、电、汽三部分，其中水包含新鲜水、化工循环水、二级除盐水、凝结水，汽为公司的 0.45MPa 的低低压蒸汽，各物料消耗情况见表 1。

表 1 聚丙烯装置 2020 年度消耗表

项目		实物消耗/t	能量单耗/(kgEO/t)
水	新鲜水	476	0
	化工循环水	28587196	7.96
	二级除盐水	31281	0.15
	0.3MPa 凝结水	-51900	-0.88
电	—	63356256kW·h	67.63
汽	0.45MPa 蒸汽	93948	28.78

根据以上数据，聚丙烯装置能耗中比例最大的是电能，约占 65.25%；其次是装置的 0.45MPa 蒸汽，占 27.77%，蒸汽在冬季防冻凝时，随着工艺伴热管线和仪表伴热的投用，能耗比例相应会增加到 30%；第三是化工循环水占装置能耗的 7.68%，随化工循环水的上水温度影响也较大，夏季化工循环水的占比会达到 12.0%；而余下的三个部分仅共占 1%。聚丙烯装置降低电、蒸汽和化工循环水的消耗，是装置节能降耗的最可行的操作。

二、影响装置能耗的因素

(一)加工负荷对装置能耗的影响

聚丙烯装置设计负荷 70%~110%，2020 年 1~6 月，因受疫情和全厂平衡等因素的影响，装置的负荷波动较大，装置负荷区间在 70%~110%，具有很强的代表性，1~6 月的能耗与负荷率的关系如图 1 所示。

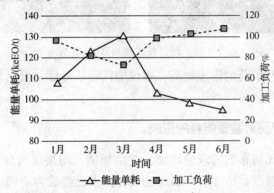

图 1 聚丙烯装置 2020 年 1~6 月加工负荷与能耗对比表

通过图 1 可以看出，3 月负荷率在 72.71% 时，能耗高达 130.77kgEO/t，2 月负荷率在 81.89% 时，能耗为 122.67kgEO/t，1 月负荷率在 95.40% 时，能耗为 108.63kgEO/t，4 月负荷率在 99.14% 时，能耗为 102.58kgEO/t，5 月负荷率在 102.28% 时，能耗为 98.23kgEO/t，6 月负荷率达到 107.70% 时，能耗为 95.10kgEO/t，随着加工负荷的提高，装置的能耗呈现逐步降低的趋势。

2020 年，聚丙烯装置年加工负荷为 97.78%，为近四年来最高负荷，得益于催化裂化装置更改催化剂的配方(增加烯烃配方)、添加丙烯助剂、提高提升管的反应温度等措施，丙烯对蜡油的收率得到提高，保证了聚丙烯的原料丙烯供应。2020 年装置的能耗为 104.75kgEO/t，也降至近年来的最低。除一季度受疫情影响，其他月份加工负荷均较高，高负荷生产，尤其在夏季化工循环水温度冷不下来的情况下，出现第一环管反应器 R201 的撤热能力不足的现象。生产拉丝料、BOPP 膜料时，装置能满足 100% 负荷的运行；高负荷生产高熔融指数产品时，第一环管换热器 E208 夹套水阀会出现 TV242A 开度处于 100% 全开状态。对于生产高氢浓度的产品时，氢气加入量较多，第一环管反应器 R201 反应剧烈，第一环管板式换热器 E208 夹套水阀 TV242A 长时间处于全开状态，反应温度难于控制，需要适当提升第一环管的操作压力、降低第一环管的反应温度，同时还需要适当降低第一环管的密度。将一环管密度由 560kg/m³ 降低至 520kg/m³，同步提高二环管的密度至 570kg/m³，通过将第一环管的反应热转移至第二环管 R202 来维持装置高负荷生产。

随着运行时间的加长，板式换热器的流道出现堵塞不畅的情况，换热能力会逐步下降，聚丙烯装置利用一季度全厂低负荷运行期间对制约装置高负荷运行的瓶颈问题进行消缺，将第一环管的撤热不足的板式换热器 E208 进行清理，同时增加 50 片板片来满足夏季高负荷高熔融指数产品的生产(见图 2)。

图 2　第一环管板式换热器 E208 拆清

聚丙烯装置随着生产负荷的逐步提高，单位能耗逐步降低。所以装置要尽量在平稳运行的基础上保持较高的生产负荷[1]。

（二）高熔融指数产品对装置能耗的影响

随着市场对卫材级无纺布的需求量增加，竞争加剧，均聚聚丙烯产品同质化现象严重，通用产品的附加值空间被严重压缩，产品的功能化开发已经成为迫切需求。炼化公司在医卫无纺布专用料的开发生产过程中积累了一定的经验，依托产销研用平台，与无纺布加工商紧密联系，2017 年采用可降解法（CRPP）开发了无纺布专用料 PPH-Y38Q。进一步按照客户需求开发低挥发分、耐气熏变色聚丙烯无纺布专用料，可以更好满足市场对产品品质的要求，在医卫、过滤材料、家纺等领域满足用户对气味感官和本色用途无纺布的要求，开发了低挥发分、耐气熏变色聚丙烯无纺布专用料 PPH-Y38QH。

由图 3 看出，在相同加工负荷情况下，高熔融指数产品的比例增加，装置的能耗降低，2018 年较 2017 年高熔融指数比例上升了 6.04%，但加工负荷下降了 0.15%，没有直观地显示出高熔融指数比例与能耗的对应关系；2020 年高熔融指数产品的比例高达 54.99%，可直观反映出能耗下降较多。

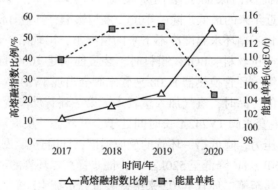

图 3　高熔融指数产品比例与能耗的关系

高熔融指数的比例增加，主要降低了挤压造粒机组的电耗，挤压造粒机组主电机功率为 7500kW，作为装置的耗电大户，可通过优化挤压造粒机组的运行进一步降低电耗。在挤压造粒负荷 W801 为 24.0t/h 的运行状况下，挤压造粒机的功率对应如表 2 所示。

表 2 不同牌号对应的挤压造粒机的功率

牌号	MFR/（g/10min）	挤压造粒机功率/kW
PPH-T03	3.0	5170
PPH-F03D	2.8	5230
PPH-FH08	7.8	4540
V30G	18.0	4060
PPH-Y38QH	38.0	3850

由表 2 可以看出随着聚丙烯产品熔融指数的升高，挤压造粒机组的功率有明显的降低，随着产品的熔融指数的升高，挤压造粒机需要的混炼强度下降，主电机的扭矩下降；熔融指数的升高，保证切粒机切粒效果，需要降低挤压机的筒体、模板和模头的热油温度，筒体和热油需要的电加热的功率降低。从生产通用 BOPP 膜料 PPH-F03D 时的 5230kW 降低到生产 PPH-Y38QH 时的 3850kW，2020 年挤压机高熔融指数的产品卫材级无纺布 PPH-Y38QH、PPH-Y38Q 产量为 118404t，占全年排产比例的 54.99%，较通用 BOPP 膜料 PPH-F03D 节约电能 6808230kW·h，约节约 340.40 万元。

表 3 高、低速挡对应的挤压造粒机的功率

牌号	挤压造粒机功率/kW	
	低速挡（184rpm）	高速挡（222rpm）
PPH-T03	5170	5320
PPH-F03D	5230	5440
PPH-FH08	4540	4690
V30G	4060	4280
PPH-Y38QH	3850	3990

挤压造粒机为保证生产不同牌号时混炼强度不同，设定了高速挡和低速挡，在熔融指数产品或低负荷运行时，可适当降低物料在挤压造粒机的混炼强度[2]，可选择低速挡运行。通过调整节流阀的开度补偿一部分混炼强度，挤压造粒机长期处于低速挡运行，通过低速挡的运行降低挤压机的电耗。如表 3 所示，对普通拉丝料 PPH-T03，高低速挡挤压机的功率相差 150kW；通用 BOPP 膜料高低速挡挤压机的功率相差 210kW，高熔融指数的卫材级无纺布专用料高低速挡挤压机的功率相差 140kW。2020 年挤压机全年维持低速挡运行，2020 年全年产量为 215459t，按照高低速挡相差 150kW 计，全年在低速挡运行可节约电能 1346618kW·h，约节约 67.33 万元。

通过优化产品的结构、合理选择高低速挡，可大大降低了挤压造粒机的电耗。

三、优化生产来降低装置的能耗、物耗

（一）优化分子筛再生频次，降低水、电、汽的消耗

装置分子筛塔再生消耗大量氮气，可通过优化丙烯分子筛干燥塔使用方法与周期，在保

证装置平稳生产的基础上，减少分子筛塔再生的次数。另外，按照分子筛的再生步骤，使用循环氮气再生时，再生升温-降温周期约 6d/干燥塔，每小时氮气消耗增加 170Nm³/h 左右。加强对氮气再生系统的优化，严格控制罗茨风机入口的补充氮气量，每小时氮气消耗可降低至 80Nm³/h 以下，减少再生塔的频次，可降低风机、电加热器的电消耗、蒸汽换热器蒸汽的消耗。

（二）优化挤压造粒机组的抽吸系统，降低物耗

挤压机单元的抽吸系统，主要作用是清除粉尘，其抽吸风量的大小直接影响到添加剂的有效加入量。以目前实际情况计，每天抽吸系统回收的添加剂细粉 1.5 袋，约 12kg。优化调整抽吸系统，将有效地减少该项损耗。另外，操作上加强对添加剂计量称设定值与实际值之间差量的控制，也是有效减少损耗的措施之一。

（三）稳定产品质量，降低风机掺混时间和风送时间，降低电的消耗

通过优化排产，在正常生产过程中，保证氢气加入量的稳定，来稳定产品的熔融指数，在进料仓熔融指数稳定的情况下，可以不进行掺混或减少掺混时间来节约用电。在包装送料过程中，更换了效率更高的风机，提高风机的出口压力，同样降低了风机的运行时间，也减少了包装送料时间，节约电能。

（四）优化环管的操作条件，提高单程转化率

降低单位能耗还可以通过提高单程转化率来操作[3]。具体到装置中，就是在同样的丙烯进料量下，提高聚丙烯的产出量。可以通过增加催化剂浓度、延长反应时间和提高反应温度及压力等方法来提高单程转化率。实际操作中采取降低进入反应器丙烯量，提高反应器密度的方法来实现。

四、结论

（1）聚丙烯装置可通过提高加工负荷来降低装置的能耗。

（2）生产高熔融指数的卫材级无纺布，不仅降低了的装置的能耗，而且产品较通用膜料的有较高的产品附加值，更加有利于公司降本增效。

（3）挤压造粒机组长时间低速挡运行，较高速挡更加有利于挤压造粒机组的节电。

（4）通过对分子筛再生等多方面的优化操作，可降低装置能耗，同时也可以降低装置的物耗。

参 考 文 献

[1] 白明忠. 聚丙烯装置高负荷试验与扩能改造[J]. 当代化工，2001，20(3)：140-142.

[2] 贺凌滨. 聚丙烯装置节能降耗与改进措施. 合成树脂及塑料，2003，20(1)：31-35.

[3] 周代军，柯于烽，易礼斌. 70kt/a 环管聚丙烯装置生产工艺优化[J]. 合成树脂及塑料，2004，21(3)：33.

聚丙烯装置节能分析与优化

（陈　锋）

聚丙烯装置自投产以来，经过工艺优化，装置物耗、开工率处于国内同类装置领先水平，但能耗水平仍有提升潜力，通过对影响能耗因素进行分析，制定优化措施，提升了装置能耗水平。

一、装置能耗的组成

统计 2021 年 2 月份聚丙烯装置的月度能耗报表（表 1），并进行分析。

表 1　炼化公司聚丙烯装置能耗报表

项目		实物消耗/t	单耗/t	能量单耗/（kgEO/t）	
水	新鲜水	39	0		0
	化工循环水	2375692	119. 54		7. 49
	二级除盐水	2759	0. 14		0. 14
	0. 3MPa 凝结水	−4322	−0. 22		−0. 83
电	工业用电	5449833kW · h	274. 22kW · h/t		65. 85
汽	0. 45MPa 蒸汽	7693	0. 39Nm³		26. 67

如表 1 所示，整个装置的能耗中，占比例最大的是工业用电，其次是 0.45MPa 蒸汽，第三是化工循环水用量，而其他的几个部分几乎可以忽略不计。聚丙烯装置降低电的消耗，是装置节能降耗最可行的操作。

二、装置节能分析与优化

（一）装置用电分析及优化

PP 粒料掺混风机 C902A，其额定功率为 200kW，在装置标准负荷下，每 12h 需启动一次进行粒料掺混，运行时长为 4h。通过操作实践，我们观察到如果装置反应足够平稳且产品挥发分脱除较好时，完全可以停止掺混操作而不影响化验结果。

另外，挤压造粒机主电机功率为 7500kW，作为装置的耗电大户，可通过优化挤压造粒机组的运行进一步降低电耗。

现从装置数据中摘取半年的挤压机运行参数，从中找出了平稳运行时相同牌号、相同负荷、不同挡位的 4 组数据，分析它们运行时功率的大小，列出表 2，并画出柱状图（图 1）。

表2 同一牌号同一负荷不同挡位的功率

牌号	高低速挡	功率/MW	负荷/t
PPH-F03D	高	5.44	24
PPH-F03D	低	3.94	24
PPH-T03	高	5.2	23
PPH-T03	低	5.08	23
PPH-FH08-S	高	4.689	24
PPH-FH08-S	低	4.238	24
PPH-MM60-S	高	3.725	23
PPH-MM60-S	低	3.542	23

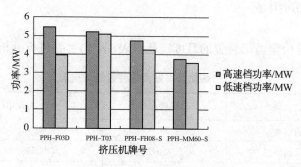

图1 各牌号不同挡位的功率

从图1分析可以清晰地看出挤压造粒机采用低速挡运行更加节能,以生产PPH-F03D,负荷24t/h为例,挤压机高速挡运行时,功率为5.44MW;而低速挡运行时,挤压机功率为3.94MW。每月可使耗电量减少1.08×10^6 kW·h。

表3 不同MFR对应的挤压机的功率

牌号	MFR/(g/10min)	挤压机功率/kW
PPH-T03	3	5170
PPH-F03D	2.8	5230
PPH-FH08	7.8	4540
V30G	18	4060
PPH-Y38QH	38	3850

由表3可以看出随着聚丙烯产品熔融指数的升高,挤压造粒机组的功率有明显的降低,随着产品的熔融指数的升高,挤压造粒机需要的混炼强度下降,主电机的扭矩下降。熔融指数的升高,保证切粒机切粒效果,需要降低挤压机的筒体、模板和模头的热油温度,筒体和热油需要的电加热的功率降低。从生产通用BOPP膜料PPH-F03D时的5230kW降低到生产PPH-Y38QH时的3850kW,2020年挤压机高熔融指数的产品卫材级无纺布PPH-Y38QH、PPH-Y38Q产量为118404t,占全年排产比例的54.99%,较通用BOPP膜料PPH-F03D节约电能6808230kW·h,约节约340.40万元。

在实际生产中,开大节流阀能够保证物料全部熔融,出料压力稳定,也是降低能耗的措施[1]。

（二）蒸汽用量的优化

装置蒸汽消耗量较高，主要是因为聚丙烯装置为液相本体工艺，丙烯同时作为反应物和输送介质，输送丙烯汽化闪蒸回收消耗大量蒸汽。

T701 为 CO 汽提塔，塔底再沸器 E702 管线夹套现为蒸汽加热。如果能改为使用凝液加热则大大节省了装置的蒸汽用量。以这段管线为对象进行了热量衡算。

由生产数据可知：蒸汽入装置温度 $T_s = 152℃$，凝液温度 $T_{in} = 98℃$，E702 蒸汽用量 $m = 600kg/h$，E702 丙烯入口温度 $T_1 = 50.5℃$，出口温度 $T_2 = 65.3℃$。

查蒸汽表可知 152℃蒸汽的蒸发焓 $h_{fg} = 2108.1kJ/kg$，水的比热容 C_p 为 4.2kJ/kg·℃，蒸汽加热时换热器的热负荷：

$$Q_1 = mh_{fg} = 600kg/h \times 2108.1kJ/h = 1264860kJ/h = 351.35kW$$

已知传热公式：

$$Q = U \times A \times \Delta T_m$$

式中　A——加热面积，m^2；

　　　Q——换热量，W；

　　　U——传热系数，$W/(m^2·℃)$；

　　ΔT_m——算术平均温差，℃。

先计算出算术平均温差 ΔT_m：

$$\Delta T_m = \frac{T_{in} + T_{out}}{2} - \frac{T_2 + T_1}{2}$$

式中　ΔT_m——算术平均温差，℃；

　　　T_{in}——凝液入口温度，℃；

　　　T_{out}——凝液出口温度，℃；

　　　T_1——液相丙烯入口温度，℃；

　　　T_2——液相丙烯出口温度，℃。

代入数据，得出 $\Delta T_m = \dfrac{T_{in} + T_{out}}{2} - \dfrac{T_2 + T_1}{2} = \dfrac{98 + 65.3}{2} - \dfrac{65.3 + 50.5}{2} = 23.75℃$

由换热器的设计书可知：总传热系数 $U = 2500W/(m^2℃)$，换热设计面积 $A = 15.2m^2$。所以可以计算出凝液加热时换热器的热负荷：

$$Q_2 = U \times A \times \Delta T_m = 2500 \times 15.2 \times 23.75 = 902.5kW$$

$Q_2 > Q_1$，所以 E702 用冷凝液代替蒸汽加热是可行的。

再使用换热量公式：

$$Q = mC_p\Delta T$$

式中　Q——平均换热量，kW；

　　　m——二次侧流体的平均流量，kg/s；

　　　C_p——二次侧流体的比热容，$kJ/(kg·℃)$；

　　ΔT——二次侧流体的温升，℃。

则可以算出凝液的经济流量 $m = \dfrac{Q}{C_p \Delta T} = \dfrac{351.35}{4.2 \times (98 - 65.3)} = 2.56 \text{kg/s} = 9.2 \text{t/h}$

如果改造成功，每月将节省蒸汽量 432t，蒸汽单耗下降 5.8%，而且凝液也得到了有效充分的利用[2]。

此外，为了确切保障大闪线的畅通，还需要通过 FIC244 对大闪线进行液相丙烯补充。丙烯 80℃ 汽化潜热为 172.95kJ/kg，0.3MPa 蒸汽汽化潜热为 2163.7kJ/kg。经计算，FIC244 流量每降低 1000kg/h，就可以节约蒸汽量 79.9kg/h，每月可以节省 57.6t 蒸汽。由此可见，在确保装置运行正常的前提条件下，应尽量将 FIC244 的量降至最低[3]。

（三）循环水用量的优化

聚丙烯装置的化工循环水用在各个换热器的循环冷却上。环管 E208 用水较多是因为它肩负着整个反应系统的热量撤除。尤其是在装置高负荷生产或者生产高融指产品时，第一环管反应剧烈，循环水阀全开，已达换热极限。

随着运行时间的加长以及化工循环水杂质变多，环管板式换热器的流道出现堵塞不畅的情况，换热能力逐步下降。聚丙烯装置利用消缺时间，将第一环管的撤热不足的板式换热器 E208 进行清理，同时增加 50 片板片来满足夏季高负荷、高熔融指数产品的生产。建议下次大检修时更换更宽流道、更大面积的换热器，增大换热能力。

经过装置的长周期运行经验，在保证安全平稳的同时可分别对各个换热器的循环冷却水进行卡量，例如 E209、E301、E304、E305、E501、E502、E606、E701、E803 等。通过以上努力，循环水用量理论上可从 3300t/h 降至 3050t/h，循环水按 0.27t 计算，每小时可节约 67.5 元，每月节约 4.9 万元。

（四）生产操作的优化

1. 优化分子筛再生频次

装置分子筛塔再生消耗大量氮气，可通过优化丙烯分子筛干燥塔使用方法与周期，在保证装置平稳生产的基础上，减少分子筛塔再生的次数。另外，按照分子筛的再生步骤，使用循环氮气再生时，再生升温-降温周期约 6d/干燥塔，每小时氮气消耗增加 170Nm³/h 左右。加强对氮气再生系统的优化，严格控制罗茨风机入口的补充氮气量，每小时氮气消耗可降低至 80Nm³/h 以下，减少再生塔的频次，可降低风机、电加热器电的消耗、蒸汽换热器蒸汽的消耗。

2. 优化挤压造粒机组的抽吸系统

挤压机单元的抽吸系统，主要作用是清除粉尘，其抽吸风量的大小直接影响到添加剂的有效加入量。以目前实际情况计，每天抽吸系统回收添加剂细粉 1.5 袋，约 12kg。优化调整抽吸系统，将有效地减少该项损耗。另外，操作上加强对添加剂计量设定值与实际值之间差量的控制，也是有效减少损耗的措施之一。

3. 稳定产品质量，降低风送时间

通过优化排产，在正常生产过程中，保证氢气加入量的稳定，来稳定产品的熔融指数。在进料仓熔融指数稳定的情况下，可以不进行掺混或减少掺混时间来节约用电；在往包装送料过程中，更新了效率更高的风机，提高风机的出口压力，同样降低了风机的运行时间，也

减少包装送料时间，来节约电能。

4. 优化环管的操作条件

降低单位能耗还可以通过提高单程转化率来操作。具体到装置中，在同样的丙烯进料量下，提高聚丙烯的产出量。可以通过增加催化剂浓度、延长反应时间和提高反应温度及压力等方法来提高单程转化率[4]。实际操作中采取降低进入反应器丙烯量，提高反应器密度的方法来实现。

通过对各种数据的分析、计算和比较，再结合实际操作经验，对于聚丙烯装置的改造效果，可以列出表4。

表 4　工艺技术改造效果预测

项目	效果	年度增效预测/元
挤压机使用低速挡	功率降低节省电量	6868800
E702 再沸器改为凝液加热	蒸汽量大大降低	276566
降低 FIC244 流量	节省蒸汽用量	73618
E208 加翅片，增大温差，换热器卡量	循环水量降低	588000

根据改造后的数据，换算成能量单耗，可得出表5。

表 5　技术改造前后单耗对比　　　　　　　　　　　kgEO/t

项目	电	蒸汽	水	年度单耗
改造前	71.21	26.38	15.03	112.32
改造后	57.11	24.42	13.89	95.12

三、总结

（1）聚丙烯装置能耗主要集中在工业用电、蒸汽、化工循环水三个方面，降低电的消耗，是装置节能降耗最可行的操作。

（2）挤压造粒机组低速挡运行比高速挡更加有利于机组的节电。生产高熔融指数的卫材级无纺布，不仅降低了装置的能耗，更有利于公司降本增效。

（3）将 E702 管线蒸汽加热改为凝液加热既能节省蒸汽用量，又能充分利用凝液。

（4）通过对分子筛再生等多方面的优化操作，可降低装置能耗，同时也可以降低装置的物耗。

参 考 文 献

[1] 范海亮. 挤出机切粒不均的原因及处理[J]. 中国塑料，1999，4：104.

[2] 斯派莎克工程. 蒸汽和冷凝水系统手册[M]. 上海：上海科技出版社. 2017.

[3] 贺凌滨. 聚丙烯装置节能降耗与改进措施[J]. 合成树脂及塑料，2003，20(1)：31-34.

[4] 王瑞群. 聚丙烯装置降本节能的方法与措施[J]. 江西能源. 2002，(2)：30-31.

基于 HYSYS 流程模拟软件的制氢装置节能方向研究

（方华龙）

氢气是许多石油化学品的重要原料之一，随着我国临氢装置技术的不断发展，对于氢气的需求也越来越大。当重整氢、乙烯裂解氢等廉价氢源不能满足炼油厂综合需求时，就需要制氢装置弥补氢气缺口。轻烃水转化制氢装置技术成熟，原料种类广泛，可以利用炼油厂多余的干气制氢；既可以降低制氢成本，又可以解决炼油厂火炬气过剩的问题。但是综合来讲，制氢装置是能耗大户，尽可能地降低制氢能耗是每个炼油厂努力的方向。本文基于 HYSYS 流程模拟软件，对某炼化公司 1# 制氢装置进行模拟优化，研究装置节能方向。

一、装置简介

1# 制氢装置是某炼化公司 10Mt/a 炼油加工流程的一套主体装置，设计产氢能力为 30kNm³/h 工业氢，年开工时数为 8400h，相当于产纯氢 22.68kt/a。

本制氢装置采用烃类水蒸气转化法造气和变压吸附氢气提纯的工艺，工艺流程简单，成熟可靠，产品氢气纯度高。装置由原料升压及预处理、转化及中温变换、中变气换热及冷却、PSA 氢气提纯、工艺冷凝水回收及蒸汽发生系统等 5 部分组成。装置原料设计为天然气或液化天然气(LNG)，以罐区提供的轻石脑油为补充原料，产品为工业氢气，氢气主要提供给全厂 2.2MPa 氢气管网；另外少量高纯度氢气送聚丙烯装置。装置副产的变压吸附尾气，全部用作转化炉燃料。另外，装置设计负荷下副产 3.5MPa 过热蒸汽 23.42t/h。

装置的产品氢气纯度为 99.9%(体)以上，氢气主要供给蜡油加氢精制装置，并与全厂氢气管网相连；少量氢纯度 99.99% 以上、CO 含量低于 $0.5×10^{-6}$(摩尔)的高纯度氢气，专线供聚丙烯装置使用。

二、用能构成分析

1# 制氢装置主要用能种类有电、循环水、除氧水、除盐水、凝结水、3.5MPa 蒸汽(过热、饱和)、1.0MPa 蒸汽、燃料气。其用能组成分析如表 1 所示。

由表 1 可以看出 1# 制氢装置主要用能点是燃料气、除氧水、电能；外送的 3.5MPa 蒸汽为其主要降耗手段。由于除氧水与装置产汽量有关不容易调整，因此装置节能降耗方向应主要放在节约电能、燃料气消耗以及增产 3.5MPa 蒸汽上。下面对装置大功率用电单位原料气压缩机，还有影响装置转化炉燃料气用量的水碳比参数进行模拟研究。

表 1　1[#]制氢装置能耗表

项目名称	2018 年数据	
	能耗/(kgEO/t)	实物量/t
装置加工量		18199
合计	582.38	
一、水		
循环水	29.687	5403110
除氧水	210.22	415937
凝结水(3.4)	-42.687	-101609
二、电	65.007	22084841
三、蒸汽		
输入 10kg	40.28	9599
输出 39kg	-589.6	-112251
四、工艺炉燃料		
燃料气	907.54	18108
五、热进(出)料(kgEO)	-38.065	-301150

三、压缩机电能消耗

电能为制氢装置主要消耗之一，通过比对结果发现公司两套制氢装置原料气压缩机用电量存在较大差距，在低负荷下 2[#]制氢压缩机无级调速系统存在明显节能优势，在压缩机 70%左右负荷下，电流仅为 60A 左右，而一制氢压缩机为保证入口压力稳定，采取多配氢的运行方式，压缩机电流一直处在 105A 左右。基于以上特利用 HYSYS 模拟压缩机负荷，计算电量消耗。

如图 1 所示，构建压缩机模型计算模型。

装置压缩机入口定义工况 1 为现阶段进料，分别为天然气、加氢 PSA 尾气、配氢三种，其在压缩机入口组成见表 2。

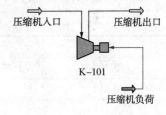

图 1　压缩机负荷计算模型

表 2　工况 1 原料组成

甲烷/%(体)	乙烷/%(体)	乙烯/%(体)	丙烷/%(体)	丙烯/%(体)	氢气/%(体)，(≤30)
65.19	3.9875	0.285	1.555	0.085	28.8975

定义工况 2 为取消装置配氢，进料仅为天然气和加氢 PSA 尾气，其压缩机入口组成见表 3。

表 3　工况 2 原料组成

甲烷/%(体)	乙烷/%(体)	乙烯/%(体)	丙烷/%(体)	丙烯/%(体)	氢气/%(体)，(≤30)
65.19	7.975	0.57	3.11	0.17	22.985

工况 1 为 2018 年 2 月份平均进料，其中天然气与加氢 PSA 尾气比例为 1∶1，配氢为 1500Nm³/h；工况 2 为模拟配氢切除情况；以工况 1 作为基准负荷 100。

工况 1 下压缩机运行情况见表 4。

表 4　工况 1 压缩机运行情况表

入口压力/MPa	出口压力/MPa	流量/(Nm³/h)
0.35	2.44	7500

通过软件计算结果见表 5。

表 5　工况 1 模拟结果

项目	工况 1		备注
入口压力/MPa	压缩机计算负荷/kW	基准负荷	
0.35	342100	100	
0.45	289100	84.51	压缩机效率 75%
0.5	267700	78.25	

工况 2 下压缩机运行情况见表 6。

表 6　工况 2 压缩机运行情况表

入口压力/MPa	出口压力/MPa	流量/(Nm³/h)
0.35	2.44	6000

通过软件计算结果见表 7。

表 7　工况 2 模拟结果

项目	工况 2		备注
入口压力/MPa	压缩机计算负荷/kW	基准负荷	
0.35	252500	80	
0.45	213700	67.71	压缩机效率 75%
0.5	198500	62.89	

通过表 5 和表 7 模拟结果可见，提高压缩机入口压力可显著地降低压缩机负荷，从而达到节能的目的。

四、水碳比

水碳比即装置原料中水分子与碳原子的摩尔比，对与制氢转化反应来说是一个重要参数。水碳比过高时，浪费了水蒸气，减少了水蒸气的外送量，增加了装置的能耗，有可能造成催化剂的纯化。水碳比低时，会造成反应不完全，炉出口甲烷含量高，轻烃转化率下降，会影响氢气的产率。目前由于装置负荷较低，为保证转化炉不发生偏流，采取高水碳比的操作方式，但是会造成一定能耗增加，通过利用 HYSYS 模拟转化反应以及余热锅炉 B-502，寻找低负荷下最佳水碳比，从而降低燃料气用量，增加 3.5MPa 蒸汽外送。

（一）转化炉反应模型

转化炉由对流段和辐射段组成，且对流段主要起加热的作用，脱硫气在辐射段内反应，因此转化炉模块采用了一个加热器模拟对流段；辐射段则选用反应器模型 REquil，平衡反应器装置平衡温距取 20℃模拟结果。

原料组成：取 1# 制氢混合原料气，其中为天然气、加裂干气、加裂液化气、配氢四部分组成。原料体积组分见表 8。

表 8 混合原料气组成

甲烷/%（体）	乙烷/%（体）	丙烷/%（体）	氢气/%（体）	C_3/%（体）	C_4/%（体）	C_5/%（体）
59.29	2.31	3.26	23.84	3.26	6.99	0.01

水碳比变化模拟结果见表 9。

表 9 转化炉模拟结果表

项目	转化气中各组分的摩尔流量/（kmol/h）			
水碳比	H_2	CO	CO_2	CH_4
3	2600.8273	268.8400	336.0500	237.8910
3.5	2765.8385	289.5200	376.7500	195.5460
4	2902.6506	308.5684	385.2554	131.5766
4.5	3012.5610	318.5288	398.1610	135.2485
5	3108.5460	329.8512	412.3140	114.9565
5.5	3196.5185	339.4561	424.3201	93.8064
6	3261.8322	347.2597	434.0746	78.5477
6.5	3310.6033	353.6213	442.0266	65.6134
7	3348.0254	359.0662	448.8327	54.2485
7.1	3359.4723	360.1516	450.1895	53.1986
7.2	3369.9773	361.1097	451.3872	51.3918
7.3	3374.2923	361.8516	452.3145	49.4966

由表 9 可以看出，水碳比在 5.5 以后产氢收益骤然下降，而每提升 0.5 水碳比约要提高配汽 3.5t/h，按燃料气热值 44042kJ/kg 来计算每小时约增加 0.17t 燃料气消耗，按 2000 元/t 燃料气价格来计算，每月增加成本 25 万元左右。增加 3.5t/h3.5MPa 蒸汽外送，按吨蒸汽 118 元计算，每月可以增效 30 万元左右。所以在满足生产需要的情况下，降低水碳比效益十分明显，综合考虑水碳比控制在 4 左右最为经济。

（二）余热锅炉 B-502 模型

B-502 出口温度一直以来是制氢瓶颈之一，由于没有后续调节手段，过高的 B-502 出口温度会导致中变反应器超温，影响生产负荷。通过模拟计算水碳比对 B-502 出口温度影响。

如图 2 所示，构建压缩机模型计算模型。

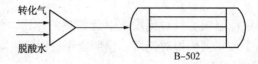

图 2　B-502 换热计算模型

为简化计算流程，将余热锅炉 B-502 看作一台换热器，管程入口为转化气和未反应剩余的水蒸气混合物，由于中变反应前后体积不变，可以用中变气流量 FI-01902 来表示其流量，未参加转化反应的剩余水蒸气后变为脱酸水，可以用脱酸水流量计 FI-02002 来计算其流量。整个换热器换热量视为固定。

转化气组成为：工况 1 定义为目前最低负荷，产氢量 25000Nm³/h，转化气量 45000Nm³/h，转化气性质见表 10。

表 10　工况 1 转化气性质表

组成	一氧化碳/%(体)	甲烷/%(体)	二氧化碳/%(体)	氢气/%(体)
	8.6	3.01	11.1	77.1
剩余水蒸气	27t/h			
入口温度	791℃	出口温度	350℃	
压力	2.30MPa			

工况 2 定义为满负荷，产氢量为 40000Nm³/h，转化气性质见表 11。

表 11　工况 2 转化气性质表

组成	一氧化碳/%(体)	甲烷/%(体)	二氧化碳/%(体)	氢气/%(体)
	8.6	3.01	11.1	77.1
剩余水蒸气	29t/h			
入口温度	800℃	出口温度	350℃	
压力	2.30MPa			

通过软件计算结果如下，工况 1 结果见表 12。

表 12　工况 1 转化气模拟结果表

固定总热量/kW	水蒸气量/(t/h)	出口温度/℃
	24	347.162
	25	348.565
	27	350
6604528.959	29	351.434
	31	352.835
	33	354.237

工况 2 结果见表 13。

表 13　工况 2 转化气模拟结果表

固定总热量/kW	水蒸气量/(t/h)	出口温度/℃
8222756.774	25	347.164
	27	348.569
	29	350
	31	351.432
	33	352.834
	35	354.233

通过比较表 12 和表 11 结果可以看出，在水蒸气充足的情况下，每吨剩余蒸气约能影响 B-502 出口温度 0.7℃左右。降低水碳比可以降低 B-502 出口温度。

5　结论

（1）在低负荷下（50%），压缩机增上无级调量系统节能效果明显，按入口压力 0.45MPa 计算，可以减少压缩机电流 35A 左右，折合每月 150000kW·h，按 1kW·h 电 1.6 元计算，每月可以节约成本 24 万元。

（2）在高负荷下如果维持压缩机入口在较高压力（0.5MPa）下，也可以达到节能的目的，但是节能效果有限，只有 10% 电流减少 10A 左右。

（3）目前 1# 制氢在 4.5 左右，可以将水碳比控制在 4.0 左右，根据计算可以降本增效每月 50 万元左右。

（4）降低配汽量对余热锅炉影响不大，适当降低对装置后续中变反应有一定好处。

苯乙烯精馏系统技措技改及高效节能措施

（吴建军）

苯乙烯装置精馏系统粗苯乙烯塔 C401 和精苯乙烯塔 C403 是产出合格苯乙烯产品的核心，采用高真空低釜温工艺，操作压力为 12~24kPa（绝），且焦油生成量小。乙苯回收塔 C402 是一座浮阀塔，共有 50 块塔板，在正压条件下操作，塔顶操作压力约 58kPa（表），操作温度约 121℃；塔底操作压力约 93kPa（表），操作温度约 162℃。该蒸馏塔实现乙苯同沸点比它低的苯、甲苯的分离。其釜液（温度约 162℃的热乙苯及部分二甲苯）经乙苯回收塔釜液泵（P-413A/B），压送至脱氢反应系统同原料乙苯汇合后进入乙苯蒸发器（E-304），成为脱氢反应器的进料。粗苯乙烯塔 C401 和精苯乙烯塔 C403 采用负压操作手段进行精馏，其目的是为了防止苯乙烯在常规精馏操作下聚合。乙苯、苯乙烯之间存在相对挥发度小，精馏分离难度大等一系列问题。为了降低塔的压差和提高塔的分离精度，粗苯乙烯塔 C401 和精苯乙烯塔 C403 均采用高效填料塔。由苏尔寿公司开发的 Mellapak252Y 高效规整填料，填料的流通量和每米填料理论板数大大提高，降低了苯乙烯精馏塔的塔高。新型规整填料的出现，显著促进了苯乙烯精馏系统的技术进步。[1]结合公司当前潜挖增效的任务，进一步对苯乙烯精馏系统进行技措技改和工艺操作条件生产优化等卡边操作，最终实现了苯乙烯精馏系统安、稳、长、满、优的高效运行。

一、精馏系统高效、经济运行的举措

在实现装置安全、稳定运行的基础上，为发挥装置的最大经济效益，管理方面推行精细化管理、工艺操作上实行标准作业制度，并积极增上一系列技改措施，实现降本增效、节能降耗的目的。

（一）中低压凝液能量综合利用增上进料换热器

如图 1 所示，圈出部分为新增进料换热流程。

苯乙烯装置 C401 进料温度在 33℃左右，与设计进料温度（53℃）相差较大；苯乙烯装置 C402 进料温度在 63℃左右，同样与设计进料温度（75℃）相差较大。以上两塔进料处塔板温度梯度不合理，造成能量损失，增加了塔底再沸器的负荷，且降低了塔的分离精度及稳定性。为合理利用能量，降低蒸汽消耗，提高各塔的操作效率，新增 C401 及 C402 进料与苯乙烯低压凝液换热流程，使得 C401、C402 进料温度得以提高，降低了塔底蒸汽用量，提高了塔的操作效率。

表 1 为凝液综合用能项目实施前后，各塔操作参数数据对比。由表 1 数据可见：投用新增换热流程后，苯乙烯 C401 进料温度上涨 40℃，塔底 0.35MPa 蒸汽消耗减少 0.8t/h；C402 进料温度上涨 22.8℃，塔底 1.0MPa 蒸汽消耗减少 0.7t/h，苯乙烯装置 1.0MPa 蒸汽用量降低 1.5t/h。项目实施后 1.0MPa 蒸汽 1.5t/h，效益十分明显。

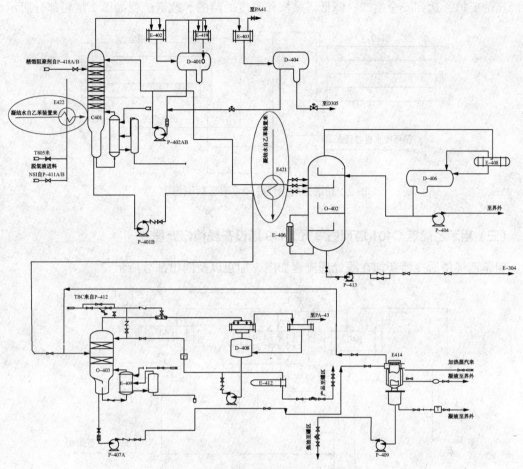

图1 精馏系统改造前后流程对比图

表1 凝液综合用能项目效益分析表

操作参数	新增换热器前	新增换热器后	变化值
C401 进料温度/℃	33	73	+40
C401 底 0.35MPa 蒸汽消耗量/(t/h)	14.7	13.9	-0.8
C402 进料温度/℃	63	85.8	+22.8
C402 底 1.0MPa 蒸汽消耗量/(t/h)	2.7	2	-0.7
苯乙烯装置 1.0MPa 蒸汽消耗量/(t/h)	9.3	8.1	-1.5

（二）精馏系统循环水流程改造

苯乙烯装置精馏区 C401 塔顶冷却器 E410、C403，塔顶冷却器 E402 为串联流程，因循环水回水温度偏高，引起管线结垢，循环水压降增大，流速降低，又加重结垢现象，最终导致循环水流量不足，冷却负荷不够，塔顶压力偏高，苯乙烯精馏部分提量受限。为解决此问题，拟将 E402、E410 循环水流程改造为并联流程。E402、E410 循环水流程改造后增大了冷却水用量，提高 E-410、E-402 水冷器冷却能力，C401、C403 塔顶冷却负荷能满足进一步降压的要求，达到安全生产、降低塔底操作温度的目的。改造流程如图2加粗部分所示。

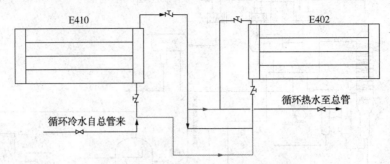

图2 精馏系统循环冷却器改造后流程[2]

（三）粗苯乙烯塔 C401 塔顶后冷气 E419 增设在线检修流程

粗苯乙烯塔后冷器新加在线处理流程如图3加粗以及圈出部分所示。

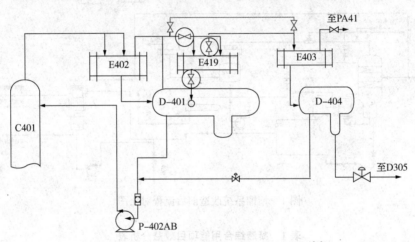

图3 粗苯乙烯塔后冷器新加在线处理流程[2]

E419 入口介质气相组成中含水为 18.6kg/h，空气为 30.1kg/h，二氧化碳为 0.7kg/h，冷后温度 45℃，在此工况下，后冷器 E419 因弱酸腐蚀容易导致内漏而迫使精馏系统停工堵漏。为了避免装置精馏系统停工，经计算核定后在 E419 出现故障后调整 E402 和 E403 循环水和冷冻水量，降低 C401 进料负荷，能够维持精馏系统低负荷运行，避免了精馏系统的停车。目前 E419 增设了在线检修流程，做到了精馏系统正常运行和 E419 检修两不误。

二、优化工艺操作条件卡边操作

（一）精馏系统 C401/403 降压操作

通过降低 C401/C403 塔压，优化各项工艺参数调整，从而降低了精馏系统能耗物耗，提高了塔的分离效率，增加了苯乙烯的产量，减少了焦油采出量，降压后各项操作指标及物耗能耗均有下降，效益相当客观，如表2、表3所示。

表 2　粗苯乙烯塔操作情况对比表

项　目	降压前(24kPa)	降压后(16kPa)
塔顶温度/℃	89	78
塔底温度/℃	108	96
回流量/(t/h)	70	65
回流温度/℃	74	54
塔顶苯乙烯含量/%(质)	0.95	0.7
塔底乙苯含量/%(质)	0.045	0.015
C401 底蒸汽消耗量/(t/h)	15.8	14.9
精馏缓聚剂消耗量/(kg/h)	18	15
精馏阻聚剂消耗量/(kg/h)	6	3.5~4
C401 底聚合物含量/(mg/kg)	2905	775

表 3　精苯乙烯塔操作情况对比表

项　目	降压前(12kPa)	降压后(10kPa)
塔顶温度/℃	79	71.5
塔底温度/℃	103	96
回流温度/℃	42	35
回流量/(t/h)	8.1	7.4
塔底采出苯乙烯含量/%(质)	38.75	32
塔底蒸汽消耗量/(t/h)	3.85	3.7
塔底采出量/(kg/h)	415	360

由表 2、表 3 数据可见：降压操作后苯乙烯 C401、C403 各项参数指标都有显著的变化，实现了苯乙烯装置开工以来精馏系统能耗、物耗、苯乙烯产品产量质量达到历史最佳，效益十分明显。

(二) 精馏系统 C401 进料经脱氢液罐静置自动脱水后再进料

由于脱氢液经油水分离后不可避免会携带部分水，再加上精馏系统为负压操作，当进料带水，塔压将会急剧上升，破坏精馏系统的平衡，如带水严重，将导致产品负压塔无法正常操作损坏设备，产品质量不合格，最终导致精馏系统停工。因此脱氢液须先经脱氢液罐静置脱水，然后再进料这样即保证了进料量的稳定性，又避免了进料带水的隐患。若反应系统突发异常情况，精馏系统采用此种供料方式，也可起到为后续处理问题提供缓冲时间的作用，短时间内精馏系统可以维持正常生产，大大降低了产品不合格和苯乙烯大罐被污染的风险。

(三) 精馏系统采用了 APC 先进控制

APC 先进控制：通俗地说，通过安装于计算机上的特殊软件与 DCS 上的 PID 调节器配合应用，对装置进行综合调节，同时满足生产中多个控制要求的技术，有时也被称为先进控制技术或先控。因为先进控制在满足了多个控制要求之后，能够根据工艺人员设置的参数，进一步实现生产综合效益的最大化，所以有时先进控制也被称作狭义的优化控制。

目前精馏系统 APC 投用率 100%，该系统运行稳定可靠，各塔质量控制指标，关键参数报警率明显下降，平稳率均有大幅的提升，进一步提升了精馏系统的经济、高效、平稳运行。

三、结束语

苯乙烯精馏系统通过技措技改和优化生产操作调整，确保了装置的稳定、高效运行，提高了装置运行水平，充分发挥现有节能、优化措施及管理制度的积极作用，加强执行力，精细化管理，发挥装置最大的经济效益。在挖掘装置现有操作条件及设施的基础上，通过电话调研、现场考察等多种方式积极学习兄弟企业先进经验，并组织工艺、设备、安全等专业定期开展技术分析讨论，充分调动基层员工的主观能动性，发挥全体职工的聪明才智及创新精神，积极增上各技改技措项目，进一步提升了各运行指标的水平。

参 考 文 献

[1] 陈邰. 苯乙烯装置精馏系统改造的应用[J]. 石化技术，2018，25(12)：263.

公用工程部节能降耗措施分析

（高福城　马　莹）

2019 年大检修前后，公用工程部增设多项技改技措，并取得较好成果，为公司增创效益。2020 年，公用工程部响应公司"持续攻坚创效"，想点子、优操作，广大干部职工积极讨论，提出各类合理化建议，做到优化增效益、攻关创效益、节约出效益。

一、公用工程部节电措施

（一）污水处理场

1. 停运提升泵 P-101

在污水处理场运行过程中，各装置含油污水通过压力进入污水处理场含油系统，首先进入调节罐，再通过提升泵将含油污水打入含油溶气涡凹气浮，通过气浮对含油污水进行初次处理。在运行过程中，因含油调节罐内液位一般处于 11~12m 之间，而含油气浮装置处于地面，因此可利用液位差重力效果，将含油污水自流至含油气浮设备中去。一般使用两台含油污水提升泵进行污水提升，根据机泵功率明细，P-101 泵额定电流为 57.6A，额定电压为 380V，日常使用时 24h 不停歇开启，总计用电 525kW·h。在 2019 年大检修的情况下，污水处理场 2020 年较 2019 年总计节省 70568kW·h。节约 4.16 万元。

2. 外排水泵 P204 联锁设置

污水处理场监控池 B-207 液位具有变化快的特点，原定机泵启停联锁为当液位达到一定值时，外排水泵 P-204A/B/C/D 自动状态下会出现同时启停，频次高，启动电流大，不利于节电。于是将 P-204A 设定为 1.8m 启泵，1.5m 停泵；P-204B 设定为 2.0m 启泵，1.6m 停泵；P-204C 设定为 2.0m 启泵，1.7m 停泵；P-204D 设定为 1.9m 启泵，1.6m 停泵。这样既避免多台泵同时启停，减少泵的启动频次，还具有节电意义。

（二）化学水站

1. 再生一级时停运一台再生水泵

化学水站的主要机泵启停来自一级阴阳床，混床，凝混的再生，公用工程部根据实际运行情况，采取一级阴阳床再生时停运射水泵，选取一个月的时间区间进行测算，一个月一级阴阳床共再生 10 次，再生水泵 P-108 泵额定电流 84.2A，额定电压 380V[1]，再生一次时间约为 2.5h，总计电 80kW·h，一个月共计省电 800kW·h，相当于普通家庭单开电视机看 8000h 左右电视。

2. 停运一台生水泵

化学水站在日常制水过程中一般采取三套一级阴阳床进行制水时，同时开启三台生水泵，当二级除盐水罐液位高后，会选择将其中一套床打小回流，产生电能的浪费。通过计算，因生水泵单台流量为 240m³/h，两台生水泵满流量为 480m³/h，完全可满足两套或三套一级阴阳床进行制水。生水泵 P-101 泵额定电流 136A，额定电压 380V，每天运行 24h 总计电 1240kW·h，每天省电 1200kW·h。因此停运一台生水泵既能保证二级除盐水罐液位，还能做到节电。

（三）循环水场

1. 炼油循环水场风机调整

炼油循环水场共有风机 7 台，其中变频调速 1 台，公用工程部根据供水温度调整风机台数，保持永磁调速风机连续运行，累积电耗较去年同期下降 2.104×10⁶kW·h，节约 124.66 万元。

2. 苯乙烯循环水泵增配液力耦合调速装置

苯乙烯循环水在给水泵 A 上增设液力耦合调速装置，并将两台 3000m³/h 的循环水泵 D、E 改为高效泵，配套高效电机。估算全年节电约 3.0×10⁶kW·h，电费节约 165 万元。

（四）精细化操作

公用工程部每日有较多的定期工作，如消防水泵的试运，旁滤反洗，凝结水罐溢流，还有部分根据生产进行调整的操作，例如循环水排污，雨水外排，循环水风机调整等。这些都涉及机泵的启停，根据本市工业用电规定，不同时间段产生的电费不同。电费区间表见表1。

表1　电费区间表

电费区间	6~8月	5~9月
尖峰时间	10：30~11：30 19：00~21：00	无
峰值时间	8：30~10：30 16：00~19：00	8：30~11：30 16：00~21：00
平均时间	7：00~8：30 11：30~16：00 21：00~23：00	
谷值时间	23：00~7：00	

因此公用工程部采取将部分日常工作进行时间定为低电费时间，采取间断式机泵启动，将消防水泵试运，旁滤反洗选择下午时间段进行，将雨水外排，循环水排污泵避开峰值运行。机泵运行区间见表2。

表2　机泵运行区间

区域	机泵名称	目前运行情况	建议运行时间
化学水站	酸碱计量泵、再生水泵	再生床子	避开峰值时间运行
化学水站	中和泵	中和池外排	谷值时间运行
化学水站	高效反洗水泵	反洗高效过滤器	谷值时间运行

区域	机泵名称	目前运行情况	建议运行时间
循环水场	炼油高浓度污水泵	炼油旁滤反洗运行	平值时间反洗
循环水场	苯乙烯高浓度污水泵	苯乙烯旁滤反洗运行	平值时间反洗
循环水场	炼油生产废水泵	炼油排污	避开峰值时间运行
循环水场	苯乙烯生产废水泵	苯乙烯排污	避开峰值时间运行
循环水场	动力生产废水泵	动力排污	避开峰值时间运行
污水处理场	油泥浮渣泵	间断运行、送浮渣时运行	选择平值时间试运
给水加压泵站	消防水泵	定期试运	选择平值时间试运
给水加压泵站	泡沫泵	定期试运	选择平值时间试运
雨水提升泵站	雨水提升泵	液位高时启运	谷值时间运行、汛期除外，避开峰值
循环水场	含油污水泵	根据液位运行	避开峰值时间运行
循环水场	生活污水泵	根据液位运行	避开峰值时间运行
化学水站	凝液反洗水泵	反洗精密、高效、活性炭	谷值时间运行
化学水站	再生水泵	间断运行、再生时运行	避开峰值时间运行
污水处理场	自流含油污水提升泵	间断运行、液位高时运行	谷值时间运行、根据液位避开峰值
污水处理场	生活污水提升泵	间断运行、液位高时运行	谷值时间运行、根据液位避开峰值
污水处理场	BAF污泥泵	根据液位间断运行	避开峰值时间运行
污水处理场	反硝化溶解泵	配制药剂后提升外罐	避开峰值时间运行
污水处理场	污油提升泵	收油作业后	谷值时间运行
供氮系统	液氮泵	根据液位运行	未外供时尽量选择谷值时间运行
污水处理场	倒水泵	含油、含盐倒水	平值时间运行
污水处理场	污油外送泵	外送污油时	根据指令时间
污水处理场	送焦化浮渣泵	送焦化时运行	避开峰值时间运行
污水处理场	混凝沉淀池排泥泵	定期工作时	平值时间运行
污水处理场	含盐回用水补水泵	装置需要时运行	与焦化沟通、避开峰值时间运行
污水处理场	硝化液配制池提升泵	配制药剂后提升外罐	避开峰值时间运行
污水处理场	稀碱液配制泵	配制提升泵	避开峰值时间运行

石化企业生产过程中能耗比较大的部分是照明系统，攻坚创效期间，公用工程部一直严格执行天亮关闭厂房照明，严禁白天时间开启照明。

二、公用工程部节能措施

（一）中水优化项目

中水优化项目是化学水站采用水质较好的城市中水代替全部新鲜水作为原料水，有效解决了因新鲜水水质下降而导致的一级阴阳床及混床系统制水量降低，从而极大地减少酸碱再生频次及用量，有利于节能降耗、减本增效，能创造较好的经济效益。

随着原水水质的变化，单套阴阳床周期制水量也得到了极大的提升，因从 2020 年 4 月实行原水全改中水，则数据取 2019 年 11 月至 2020 年 8 月每月一级床制水量平均值如图 1 所示，可以看出一级阴阳床制水量得到了极大增加，化学水站系统稳定性得到了提升。

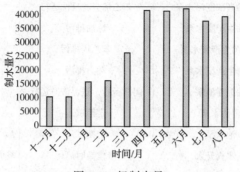

图 1　一级制水量

一级系列阴阳床的周期制水量大幅提高，再生频次大幅降低，2019 年 11 月至 2020 年 3 月一级系列阴阳床再生 99 次，化学水站酸碱耗量分别达到了 315.23t、276.48t；2020 年 4~8 月全年一级阴阳床再生仅为 37 次，化学水站酸碱耗量分别为 120.68t 和 105.37t，较上一时期年降低了 62%。酸碱费用共降低了 17.03 万元，带来巨大经济效益的同时，也达到了节约新鲜水用量的目的。中水优化项目投用前后，再生时酸用量如图 2 所示，碱用量如图 3 所示。

图 2　再生酸用量对比

图 3　再生碱用量对比

（二）雨水回用

每年 5~9 月是本地区的雨季，雨水系统会接收大量雨水。在化验分析合格后，选择将雨水进行回用，2020 年 5~9 月期间，累积回用雨水 $9 \times 10^4 m^3$，通过回用雨水，极大地减少了新鲜水的用量，2020 年全厂消耗新鲜水较 2019 年减少 300kt，雨水回用贡献了一大部分，2019 年、2020 年新鲜水用量如图 4 所示。

三、总结

综上所述，降本增效是工业企业十分必要的工作。工业企业电气节能的主要途径应该是在满足有效性、环保性、节约性、经济性的原则下，实行负荷调整，结合峰谷分时、电价和

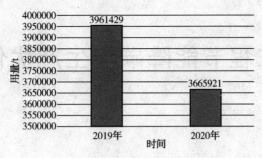

图 4 新鲜水用量

丰枯季节电价，调整厂内大容量设备的用点时间，使之避开高峰负荷时间用电[1]，降本更是企业所应该提升的地方，通过促进我国工业企业的可持续发展，进而促进我国经济的可持续发展。

参 考 文 献

[1] 邢仁周. 浅谈工业企业节电工作[A]. 河南科技，2014.04.

公用工程节能降碳与生产优化总结

（苏昊真）

一、前言

2019 年大检修后，公用工程部新上了两个节能技措：中水优化项目和苯乙烯循环水节能优化项目。2020 年，公用工程部积极响应公司提出的"百日攻坚创效"活动，干部职工提出各种合理化建议，有些价值很大，成为节能降耗的"金点子"。

二、2019 年检修后的节能项目

（一）中水优化项目

中水优化项目的目的是将城市中水作为一级除盐水直接外供，可降低一级阴阳床制水负荷，减少阴阳树脂再生次数，从而达到节约再生剂及再生所需二级除盐水同时减少再生废水排放的目的。

项目投用前后每月化学水站电耗趋势如图 1 所示，8 月检修后化学水站开工后，电耗明显低于检修前。说明城市中水优化项目投用的，整体电耗下降。

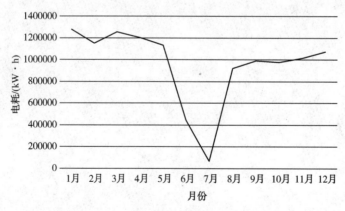

图 1　2019 年各月化学水站电耗

2019 年及 2018 年同期化学水站制水单位电耗趋势如图 2 所示，检修后单位能耗也低于检修前，且明显低于 2018 年同期能耗，此结论与图 1 的一致。说明通过中水代替一级除盐水，化学水制水得以减少，从而使得单位电耗降低。

但由于中水的氯离子高于一级除盐水，对装置空冷用水产生一定影响，为保证设备安全，于 2020 年 1 月 8 日，停用中水优化改造项目，一级除盐水外供改回一级除盐水。此项目还需进一步研究。

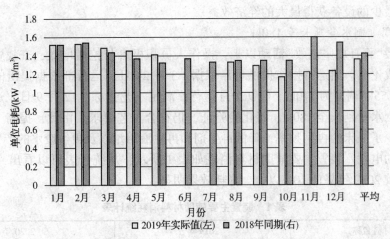

图 2　2019 年及 2018 年同期化学水站制水单位电耗

（二）苯乙烯循环水节能优化项目

该项目于大检修完工并于 2019 年 10 月正式投用，投用后节电效果显著。具体为设备的升级改造：在流量为 2000m³/h 的循环泵 A 上增加液力耦合调速装置，将两台 3000m³/h 的循环水泵 D、E 改为高效泵，配套高效电机。估算全年节电约 $3.0×10^6$ kW·h，电费节约 165 万元。

三、2020 年开展的各项节能降耗措施

（一）化学水实施的节能降耗措施

由于此前的中水优化项目停用，为能继续保持较低的消耗，运行部采取了 4 项措施。

1. 化学水一级制水全部改由中水制水

化学水站的药剂消耗及电耗受城市中水用量影响较大，中水使用比例较高时床子再生频率少，则再生消耗及制水电耗降低，中水使用比例低时则消耗高。因此，化学水站进水要尽量用中水，3 月 30 日，化学水一级制水全部改用中水制水。

2. 化学水一级阴阳床试验停运一台生水泵，调整各套阴阳床制水量

一级阴阳床在三套制水时一般开三台生水泵，有时二级除盐水罐液位高后，其中一套床会打回流，这样就会产生电能的浪费。为避免这个问题，操作人员通过物料平衡得出一级制水在 450m³/h 时，二级除盐水罐可保持液位稳定。提出在三套床制水时，适当降低每套床的处理量，从 200m³/h 降到 160m³/h，则三套床总处理量为 480m³/h，与所需的 450m³/h 相近，这样就能保证二级除盐水罐液位不至于长得过快而迫使一个一级床长时间打回流。根据生水泵的额定流量为 240m³/h，可以在三套床制水时用两台生水泵供水，经试验，完全可行，于 3 月 30 日开始实施。当三套床中有一个失效停床再生后二级罐液位较高，则保持两套床运行，将每套床的负荷及时调整为满负荷 220m³/h，此 440m³/h 的制水量与所需的

450m³/h 也相近，使得二级除盐水罐液位得以保持。这样就能保证二级除盐水罐液位总体保持稳定，用最少的设备获得最大的经济效益。

3. 混床周期制水量延长至 180kt

公司开展"百日攻坚创效"活动以来，操作人员积极参与挖潜增效，查找资料，进行工艺计算并形成论文，给运行操作提供可靠依据。3 月 24 日，运行部根据提出的建议将混床制水终点由 155kt 调整为 170kt。经 9 个月运行，满足工艺指标。12 月 9 日，运行部进一步将混床周期制水量延长至 180kt，经化验验证，仍符合工艺要求。由此，提高了混床的制水利用率，减少了混床的再生频率，降低再生剂和再生液用量以及再生废水的产生，同时减少各再生机泵的电耗。装置主要辅助材料消耗如表 1 所示，从统计表可以看出，2020 年再生用酸碱消耗较 2019 年降低 10%以上，降耗效果明显。

表 1　装置主要辅助材料消耗统计表

原材料名称	2019 年	2020 年
酸/t	1048.990	911.44
碱/t	951.120	844.77

4. 优化一级阴阳床再生程序

通过实践发现一级阴阳床再生时可以不需要启运再生水泵，通过二级除盐水罐自压，得到与启泵下等同的再生及清洗流量。在大检修后，为进一步降低再生电耗，运行部修改了一级阴阳床再生程序，再生过程中再生水泵全程不启动，有效降低能耗。

通过这 4 项措施，今年在停用中水优化项目后，化学水站各项消耗并没有明显变多，得到了有效的控制。

（二）循环水场实施的节能降耗措施

1. 增大清洁雨水的回用

2020 年夏季雨水较多，在化验合格后，采取及时回用的措施，循环水场节约了大量新鲜水补水。全厂新鲜水年度来水如表 2 所示，从表可以看出，2020 年全厂消耗新鲜水较2019 年减少 300kt。检修后 2019 年 8 月~2021 年 1 月回用水流量 DCS 趋势如图 3 所示，可以看出，2020 年 6~9 月回用水平均流量约为 210m³/h（细实线），较 2019 年同期 180m³/h（粗实线）多 30m³/h 左右，大流量回用的时间持续较长，整个雨季就多补了回用水近 100kt，占 2020 年节水成果的三分之一。

表 2　全厂新鲜水年度来水

年　　度	2019 年	2020 年
新鲜水/t	3961429	3665921

2020 年循环水场补新水率如图 4 所示。5~9 月虽然赶上夏季最热，循环水蒸发量最大，需要补水最多的时候，但是因为炼油循环水和动力循环水在这几个月中及时补了大量回用水代替新鲜水补水，补新水率的数据并没有比其他月份高很多，特别是 6 月和 8 月，因为这两个月下雨较频繁，雨水回用突出，反而比相邻的月份数据更低。

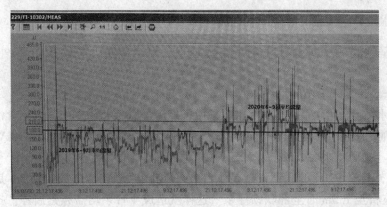

图3　检修后2019年8月~2021年1月回用水流量趋势图

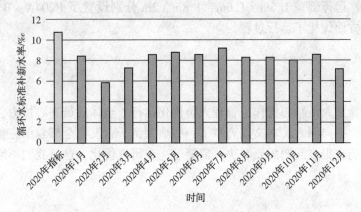

图4　2020年循环水场补新水率

2. 循环水系统适当降压运行

检修前及检修后很长一段时间，炼油循环水为防止装置有循环死区，都保持较高给水压力。这样就需要额外多开一台循环水泵，增加一台泵的电耗。随着入冬后换热器热负荷较夏天变小，所需循环水循环量变小，运行部及时停运一台炼油循环水泵P02，适当降低外供压力，由之前的0.44MPa降到现在的0.42MPa，2021年1初DCS画面截图如图5所示。目前系统运行正常。P02的功率是450kW[4]，每天可节约电1×10^4kW·h。

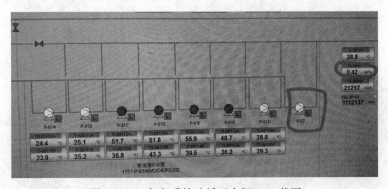

图5　2020年冬季炼油循环水场DCS截图

（三）污水处理厂实施的节能降耗措施

"百日攻坚创效"中污水提出了两个"金点子"：停运含油污水泵 P101 和外排水泵 P204 改联锁设置。

1. 停运含油污水泵 P101

类似化学水站停再生水泵，含油污水也采取了停运含油污水泵 P101，利用含油调节罐 T101 的自压，将含油污水进行后续处理。P101 的功率是 30kW，这样每天节约用电 720kW·h。

2. 外排水泵 P204 改联锁设置

先前污水外排泵 P204 的联锁设置是 4 台泵在外排监控池 B207 液位到 2m 是全部联锁启泵，B207 液位将至 1.5m 时全部联锁停泵。这样就造成 4 台泵均需频繁启停。操作人员觉得如果能避免 4 台泵的频繁启停，一方面可以节能，另一方面对机泵的寿命也有好处。因此建议修改联锁设定。运行部按 1.5m、1.6m、1.8m、2m 分别设置了 P204A、B、C、D 的启停液位，从更细的方面优化了运行过程。

四、总结

公用工程部操作人员精心操作，管理人员优化运行，全体成员齐心协力，不断将节能减排工作做细做实，推向深入。本文仅列举了一些典型例子，没有全部总结完整。当然，我们不会满足现状，仍有很多问题需要解决，需要进一步研究优化，这是我们不断追求的目标。

第三章

工艺技术优化类

"双碳"背景下燃料气管网的优化

（简建超）

一、燃料气构成简述

公司各装置塔顶干气经脱硫后部分进入燃料气管网作为加热炉燃料使用，部分作为制氢装置原料，但无法满足全厂使用需求，公司长期存在燃料气和制氢装置原料不足的问题，正常情况下每天需要外购天然气量约 450km³。在碳达峰、碳中和背景下，市场对于天然气的需求大幅度增加，引起天然气价格相应提高。同时，受 2020 年疫情影响，产品价格体系发生较大变化，在此情况下，有必要对公司的燃料气结构进行优化，降低燃料气消耗，减少外购天然气量，降低公司燃动成本费用。

二、优化措施

（一）S Zorb 装置干气加工路线的优化

1. S Zorb 干气组成分析

近期 S Zorb 装置稳定塔停止回炼醚后碳四，塔顶干气的组成发生较大变化，如表 1 所示，S Zorb 干气中氢气体积含量上升到 80% 左右，同时 C_4 及以上组分体积含量由 25% 左右降低到 14% 左右。

表 1　S Zorb 干气组成表

项　目	此前工况		当前工况	
	体积分数/%	质量分数/%	体积分数/%	质量分数/%
氢气	68.52	7.86	78.66	12.68
氮气	3.41	5.44	2.77	6.20
氧气	0.61	1.12	0.64	1.63
甲烷	1.43	1.31	1.90	2.44
乙烯	0.05	0.09	0.08	0.18
乙烷	0.83	1.43	1.02	2.45
丙烯	0.26	0.63	0.41	1.38
丙烷	0.51	1.27	0.46	1.61
C_4 组分	22.43	73.43	7.80	36.13
C_5 组分	1.72	7.05	6.04	34.85

2. 三种加工路线比较

（1）方案一：直接进燃料气管网

以天然气作对比，其热值为47.39MJ/kg，目前价格为2633元/t；根据S Zorb干气组成计算其热值为51.35MJ/kg，相当于价值为2853元/t。

（2）方案二：做制氢原料

模型测算1.0t S Zorb干气进制氢装置可以生产0.345t氢气和2.28t尾气，氢气价格按10805元/t计算，制氢尾气根据其热值计算出价格为424元/t，扣除配汽及加工费用之后，相当于S Zorb干气价值为3722元/t。

与天然气和液化气制氢相比，S Zorb干气制氢的氢气收率略高，主要原因在于目前其氢含量较高。

（3）方案三：返回催化D201

S Zorb干气返回催化D201时，氢气及C_1、C_2组分经过吸收稳定系统之后到乙苯装置脱丙烯系统，最终进入燃料气管网；液化气组分经过吸收稳定系统之后到气分、双脱、MTBE装置，最终进入醚后C_4产品中。

模型测算1.0t S Zorb干气最终分别生成0.27t燃料气和0.73t液化气，扣除加工费之后，计算出S Zorb干气价值为2562元/t。

3. 方案选择

当前工况下测算S Zorb干气加工路线的价值排序如下：制氢原料(3722元/t)>进燃料气管网(2853元/t)>返回催化(2562元/t)。因此，将S Zorb干气由做燃料气改为做制氢原料，减少燃料气管网中氢气组分含量约600Nm³/h。

（二）适当降低减压深拔

减压深拔的主要目的是将渣油中的重蜡油组分拔出，经加氢处理之后做催化原料，增加全厂汽油产量，减少石油焦产量。但在当前低油价情况下，减压深拔的增效效果大幅度降低，因此通过模型测算适当降低减压深拔时的效益以及加工成本的变化情况。

测算得出，当降低减压炉出口温度为8℃，每月出口汽油和出口柴油产量分别减少约3422t和1816t，石脑油和石油焦产量分别增加约2568t和3000t。另外，燃料气消耗减少约600Nm³/h，每月减少燃料气用量337t，可相应降低天然气进厂计划。综合效益约为75万元/月。

从成本费用方面计算，制氢天然气和减压炉燃料气减少、装置操作费用降低，可降低公司成本费用指标，同时可降低全厂能耗指标约0.3个单位。

（三）焦化装置优化循环比提高加热炉出口温度

根据国外专利技术，当用焦化轻蜡油组分代替重蜡油作为循环油时，有利于降低石油焦收率，提高液体收率。公司焦化蜡油的性质相对较好，终馏点仅为470℃左右，同时在目前低油价情况下，焦化蜡油经加氢处理之后做催化原料并不具有效益优势，因此可考虑将部分焦化蜡油代替循环油，减少石油焦产量。在此基础上，由于焦化加热炉进料性质得到改善，为提高加热炉出口温度创造了有利条件，因此可以通过适当提高加热炉出口温度来进一步减少石油焦收率，同时多产焦化干气补充燃料气管网。

因此焦化装置从放空塔补充 5~8t/h 的蜡油进入原料代替重循环油，同时优化循环比，将加热炉出口由 495℃ 提高至 498℃，经此调整后，干气收率增加 0.58%，液化气收率增加 0.28%，汽油收率增加 0.86%，柴油收率增加 2.51%。

（四）优化吸收稳定系统操作增产干气

通过优化调整焦化装置吸收稳定系统操作，将补充吸收剂量由 65t/h 降低至 60t/h，吸收剂量由 45t/h 降低至 42t/h，干气 C_3 含量较上周提高 1.8 个百分点。

（五）制氢装置原料优化

一制氢装置调整操作，全部接收 S Zorb 装置的干气做原料；同时在保证加氢 PSA 尾气中硫化氢稳定，不超标的情况下，多用加氢 PSA 尾气，少用天然气，节约天然气 $2×10^4m^3/d$。二制氢在保证压缩机的最低负荷前提下提高液化气用量，共少用天然气 $3×10^4m^3/d$。

（六）重整装置调整原料初馏点

当重整装置满负荷运行且原料过剩时，需适当提高精制油初馏点，以提高原料芳潜，达到在保持装置负荷不变的情况下提高液收并增产氢气的目的。而目前重整装置负荷较低，同时乙苯装置存在原料不足的情况，则可考虑适当降低精制油初馏点，将拔头油中的 $C_6 \backslash C_7$ 组分进重整反应，以增产苯并副产部分氢气和燃料气。

测算结果表明，当将精制油初馏点由 80℃ 降低至 72℃ 左右时，全厂产品结构变化为：每月少产石脑油 3625t，多产汽油 1714t，多产苯 580t。

在成本费用指标方面，由于重整装置增产氢气，制氢装置负荷相应降低，可减少外购天然气原料并降低制氢装置操作费用；同时由于增产了重整干气做燃料气，外购天然气补燃料气的量可进一步减少 605t。

（七）催化装置停止回炼重芳烃

重整装置 C205 底重芳烃中汽油和柴油组分约各占一半，进催化分馏塔进行分离以多产汽油，但出口汽油比出口柴油净价低 460 元/t 左右，因此直接进入柴油产品中更合适，同时有利于降低全厂能耗及操作费用。

若按 6t/h 重芳烃其进催化回炼，计算全厂增加的能耗及操作费用如下。

（1）重芳烃进催化分馏塔后，分离为 3t/h 汽油组分从塔顶馏出，再进吸收稳定系统，另外 3t/h 柴油组分进入催化柴油中，做柴油加氢原料。期间能耗约为 380kW，能耗为 33kgEO/h，折算为费用为 51 元/h；

（2）3t/h 催化汽油进 S Zorb 装置加工，能耗按 4kgEO/t 计算，需要增加能耗 12kgEO/h；变动操作费用按 18 元/t 计算，需要增加成本费用 54 元/h；

（3）3t/h 催化柴油进柴油加氢装置加工，能耗按 3kgEO/t 计算，需要增加能耗 9kgEO/h；变动操作费用按 24 元/t 计算，需要增加成本费用 72 元/h。

综合起来，当将 6t/h 重芳烃由进催化回炼改为直接进入柴油时，全厂能耗降低 54kgEO/h，成本费用减少 177 元/h。因此通过新增临时跨线，在生产车用柴油期间将重芳烃改进柴油组分，停止进催化回炼，实现减少出口汽油产量同时降低加工成本费用的目的。

三、取得的效果

通过实施一系列生产优化措施，实现了减少天然气用量、降低加热炉瓦斯消耗、减少燃料气中氢气组分等目的，取得了较好的降低成本费用的效果：

（1）外购天然气用量由正常的 $45 \times 10^4 m^3/d$ 降低至 $25 \times 10^4 m^3/d$。每月减少天然气进厂量 4500t 左右，减少的天然气按通过炼油厂干气或液化气来补充考虑，价差按 360 元/t 计算，节约成本 162 万元/月。

（2）通过装置节能优化操作，全厂吨油耗燃料气量由 37.56kg/t 降低至 35.86kg/t，按原油加工量 920kt 计算，每月节省燃料气 1564t。

（3）将 S Zorb 干气由做燃料气改为做制氢原料，减少燃料气管网中氢气组分含量约 $600Nm^3/h$。

沥青生产助力常减压装置节能创效

(牛加奋)

在新冠疫情造成成品油市场活力不足的情况下，常减压装置紧盯沥青市场，充分挖掘潜能，通过扩大沥青生产能力、多油种试生产沥青以及突破性生产 90 号沥青，做到了降本与增效同步进行，为公司节能降碳、优化生产做出了一定的贡献。

一、沥青生产创造效益

由于汽油、柴油和喷气燃料受疫情影响，需求量较低，市场供应过剩，而沥青受影响较小，因此，根据价格测算，装置多产沥青有利于增效。2020 年至今，装置多次生产沥青，效果显著。据统计，全年沥青销售出厂 369kt，环比提高 55%，创公司成立以来新高。在出口喷气燃料、出口柴油价格低迷的情况下，生产沥青为公司压减柴油、喷气燃料和石油焦产量提供了有效途径，也为今后在市场异常情况下转变生产思路、调整产品结构以增加效益建立了可行的方案。

2020 年，装置严格执行压减喷气燃料、增产沥青和高附加值产品方案，在汽油、喷气燃料收率都降低的情况下，增产沥青创效约 3900 万元，有效弥补了汽柴油出厂带来的亏损，为完成年度目标做出了贡献。

1. 多油种试生产沥青

石油沥青质量好坏主要取决于原料性质，一般认为高硫环烷基及中间基原油胶质、沥青质含量高，较适合生产沥青。进口原油中科威特原油，伊朗重质原油及沙中原油等可以直接用减压深拔的方法生产沥青[1]。以往装置生产沥青，基本上都是用科威特原油，并且多年来也积累了丰富的生产经验。但沥青市场需求量大，也存在周期性变化，为了提高对接市场的能力，装置需要主动适应，通过试生产找到使用非科威特原油生产沥青的最佳方案。为此，2020 年装置多次对多油种进行试生产，积累了较多的经验。

下面以 2020 年 7 月 16~17 日，以巴士拉：卡夫基：扎库姆按照 4：4：2 的比例，试生产 70# 道路沥青为例，说明试生产的具体操作。

根据原油性质(巴士拉与卡夫基等量混合后密度为 865.6kg/m³，含水量为 0.025%，硫含量为 2.7%，酸值为 0.17mgKOH/g；扎库姆密度为 855.5kg/m³，含水量为 0.025%，硫含量为 1.96%，酸值为 0.16mgKOH/g)，按照表 1 关键参数指标进行操作调整。

调整到位后，采样发现针入度 65 左右，不符合沥青指标，因此，将减压炉出口温度降低至 405℃，沥青针入度变为 71 左右，各项指标均符合要求。具体调整过程中沥青样品分析结果如表 2 所示。

表1　装置关键参数指标

关键操作参数	单　位	指　标　值
常压炉出口温度	℃	363
减压炉出口温度	℃	407
减顶真空度	kPa	1.9±0.2
减三线下回流量	t/h	180
吹汽	t/h	0.9~1.1
减压塔塔底温度	℃	355±2
常压塔过汽化油量	t/h	20~30
减三线抽出温度 TI-11314	℃	>303
减二线液位	%	70~80
减三线液位	%	70~80
减三集油箱下气相温度 TIC-11306	℃	340±3

表2　减底渣油(沥青)化验分析结果

采样日期	阶　段	针入度(25℃，100g，5s)/0.1mm	软化点(环球法)/℃
2020-7-16 07：00：00	未调整时	46	52.1
2020-7-16 07：30：00		46	52.3
2020-7-16 19：00：00	减压炉出口 407℃	65	47.5
2020-7-16 20：00：00		64	48
2020-7-16 21：00：00		64	47.7
2020-7-17 03：00：00	减压炉出口 405℃	72	/
2020-7-17 04：00：00		71	/
2020-7-17 05：00：00		71	47

如表3所示，通过多油种的试生产，摸索出了一定的规律。关键操作参数与科威特原油生产沥青(综合多批次数据范围)相比，基本上在其范围之内，由此可见，装置完全可以适应不同油种生产沥青，这为进一步提高沥青产量打好了基础。

表3　试生产数据对比

原油	密度/(kg/m³)	减压炉出口温度/℃	减顶压力/kPa
科威特	868.8	396~412	1.44~2.66
科威特：沙中	868.5	403	1.85~1.97
沙中：沙重	875.7	396~399	1.68~1.97
沙轻：沙中	868.7	415~419	2.21~2.49
巴士拉：卡夫基；扎库姆	865.6；855.5	405	2.12~2.24

2. 首次生产90号沥青

生产高软化点沥青的成熟工艺是氧化工艺[2]，减底直馏并不常见。2020年9月15~17日，装置使用科威特原油(密度为873.3kg/m³，含水量为0.025%，硫含量为2.77%，酸值为 0.15mgKOH/g) 首次对口生产 90 号沥青 12kt。装置经过了原油评价、方案制定、调整操作等过程，一次性成功生产出 90 号沥青，为今后的生产积累了经验，也为扩大市场打下了基础，具有重要意义。

由于 90 号沥青的生产需要更大幅度地降低减压深拔效果，造成减底渣油量增多，因此，为了平衡减压塔物料，将装置加工量降至 29000t/d。经过调整，沥青合格时的关键操作参数如表 4 所示，可见减压炉出口温度控制在 397~400℃ 之间、常压炉出口温度控制在 363℃、减顶残压控制在 1.75~1.89kPa 之间、减三线下回流流量降低至 160~165t/h 之间是合适的，也是生产合格 90 号沥青的必要条件。

表 4 生产 90 号沥青关键参数

操作参数	时　间					
	9 月 15 日		9 月 16 日			9 月 17 日
	12：30	16：30	8：30	16：30	20：30	4：30
加工量/(t/h)	1232	1235	1233	1232	1234	1232
常压炉出口温度/℃	363	363	363	363	363	363
减压炉出口温度/℃	397	397	398	399.5	399.5	399.5
减顶压力/kPa	1.8	1.77	1.85	1.82	1.8	1.78
减三线下回流量/(t/h)	161	164	165	164.8	165	165
针入度(25℃)/(0.1mm)	87	90	90	90	90	88

另外，2020 年在相近加工量情况下，用科威特原油生产沥青三次，除上述 90 号沥青外，5 月份生产两次 70 号沥青。对比关键操作参数如表 5 所示，可见生产 90 号沥青时，减二线收率变化不大，而减三线收率降低约 3%，混合蜡油收率降低约 2%，渣油总收率增加近 3%，燃料气消耗降低约 200Nm³/h。

表 5 三次沥青生产的关键参数对比

操作参数		5 月 8~10 日	5 月 20~22 日	9 月 15~17 日
原油种类		科威特	科威特	科威特
加工量/(t/d)		29700	29700	29000
减二线	流量/(t/h)	245	260	265
	收率/%	19.80	21.01	21.93
减三线	流量/(t/h)	135	125	85
	收率/%	10.91	10.10	7.03
混合蜡油收率/%		30.71	31.11	28.96
渣油	去罐区量(沥青)/(t/h)	285	290	310
	收率/%	23.03	23.43	25.66
	直供焦化量/(t/h)	50	50	50
	收率/%	4.04	4.04	4.14
渣油总收率/%		27.07	27.47	29.8
燃料气	流量/(Nm³/h)	5100	5100	4900

根据上述总结与分析,生产 90 号沥青,在创收的同时,能够更好地降低能耗。在当前市场环境下,轻油收率的降低、渣油收率的提高更有利于降本增效。

二、降本效果明显

当减压炉出口温度降低 8℃左右,在减顶真空度基本不变的情况下,减压深拔的效果将大幅度降低。根据 Petro-SIM 有关全厂模型的测算,当装置加工量不变,减压炉出口温度降低 8℃,将引起全厂物料变化如下。

减压渣油流量增加约 17t/h,同时本装置蜡油产量相应减少,综合焦化蜡油产量,会使催化装置加工量减少约 10t/h,加氢处理装置加工量减少约 11t/h,进而使氢耗减少约 1000Nm³/h。此时,减渣作为焦化原料,因性质变好,可调整循环比相应降低 0.05 左右。同时,由于炉出口温度降低,下游装置加工量减少,在燃料气、制氢等成本方面,全厂能耗指标能下降约 0.6 个单位,产生一定的降本效果。

按照以往经验,当装置生产沥青,减压炉出口温度一般需要下降 8℃左右,部分油种需要下降更多。在生产沥青时,由于减底渣油作为沥青成品直接出厂,因此将会使部分装置加工量进一步降低,从而使能耗下降更多,由此将产生可观的经济效益。另外,在市场上汽柴油利润不足而沥青利润较好时,创造的产品效益也将是十分可观的。

2020 年,国际原油价格和成品油市场大幅波动,给炼油厂生产经营带来了极大的挑战,而疫情影响也不可能在短时间内消除,面对不利局面,以市场为导向,通过调整产品结构,主动节能创效是积极而有效的途径。为此,常减压装置做出了有益的尝试和优秀的成绩。

(1)通过提高沥青产量,并依托公司新增沥青罐、沥青装车鹤位,取得了沥青市场的主动,并降低了轻油收率,弥补了轻油亏损,创造了一定的效益。

(2)首次成功生产 90 号沥青,对口外送,开拓了新的市场,取得了良好的经济效益,并通过多油种试生产,积累了操作经验,影响深远。

(3)通过生产沥青,降低了能耗、节约了成本,一定程度上实现了节能降耗的目标。

(4)在未来较长时间里,尽管国内经济发展恢复较快,但国际市场环境依然不容乐观,预期成品油市场短时间内不会完全恢复,而随着国内基础设施建设的加快,沥青市场依然会有一个好的预期。因此,总结沥青生产经验、加大沥青生产规模对公司的持续攻坚创效具有一定的积极意义。

参 考 文 献

[1] 高学海,郭丹,张德伟.减压深拔生产高等级道路沥青[J].炼油设计,2001,(1):12-15.

[2] 吴岳.减压渣油生产 90 号氧化沥青试验[J].山东化工,2016,(4):69-72.

催化裂化装置分馏稳定系统
节能降耗的操作实践

（罗燕东）

某公司催化裂化装置以经脱硫精制后的高硫直馏蜡油与焦化蜡油为原料，主要由反应再生、分馏、吸收稳定、富气压缩机组，主风机和烟气能量回收机组及备用主风机组，烟气余热锅炉，烟气脱硫脱硝装置等构成，具有单元多、规模大、工艺先进、联合程度深、人员少以及国产化程度高等显著特点。装置设计年开工时间8400h，设计规模2.9Mt/a，通过长周期生产考验，装置实际加工能力达到设计规模的120%。

经过装置首次开工后的几轮技改技措和优化调整措施后，加之根据公司全流程设置，蜡油原料充足，催化装置超负荷运行，有效降低了单位能耗，装置能耗从首次开工的49.4kgEO/t，逐步降低到2019年的39.62kgEO/t，低于设计值44.17kgEO/t。稳定生产阶段，从操作角度针对降低能耗做出了以下具体实践。

一、降低能耗的操作手段

装置以经脱硫精制后的高硫直馏蜡油与焦化蜡油为原料，以加氢来蜡油为主，罐区蜡油仅作为少量补充。由于实际操作中，受上游加工方案波动，原料罐液控PID参数制定不合理，内操能耗意识不同等诸多因素制约，混合原料流量和温度经常波动和调整，对提高直供料比例和温度给出较大操作优化的空间。

通过联系蜡油加氢装置减少冷却器投用措施，提高加氢蜡油进料温度，装置PID整定优化，并经过对罐区蜡油原料泵实施变频改造，使上游加氢装置由于加工方案调整，储运可长时间低流量补充罐区冷蜡等诸多措施，使进料中冷蜡油流量可长期控制在15t/h以下；联系加氢将原料来温度由171℃提至185℃。

装置进料流量温度参数优化前后对比情况见表1。

表1　进料流量温度优化参数

参数	罐区蜡油流量均值/(t/h)	加氢蜡油流量均值/(t/h)	界区罐区蜡油温度/℃	界区加氢蜡油温度/℃	混合原料温度/℃
优化前	15以上	400以下	85	171	160.6
优化后	7~8(实际值)	400~410	85	182	177.4

由于原料混合温度大幅上升，原料-油浆换热器的原料预热耗能下降，油浆循环产气量将直接增加，经计算分析，热供料比例和温度上升后，进料热负荷提升1.980×10^4MJ/h，合1.126kgEO/t能耗。

从油浆汽包产汽数据观察，进料温度上升后，产汽量亦有稳定上升，在运行中取得的参数见图1。

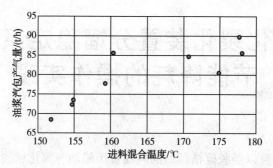

图 1　进料混合温度和油浆汽包产气量变化情况

二、优化空冷调整操作

(一) 优化柴油空冷器操作

柴油停去罐区期间，由于部分柴油作为自用封油，故出装置柴油温度显示仍有部分上升，部分时段柴油空冷 A203 常开一台风机。经实际测试，停运空冷后，除夏季午间时段外，至罐区柴油冷后温度稳定在45℃以下，小于工艺卡片指标，具备停运条件。

(二) 停运稳定汽油空冷器

为提高稳定汽油直供 S Zorb 温度，降低能耗，稳定汽油改为在空冷 A302 前去 S Zorb 流程，稳定汽油作为补充吸收剂，由 A302 和 E308 按照上下游串联关系两级冷却。空冷停运风机后，E308 冷却能力过剩，除午间个别时间外，其余大部分时间冷后温度均由循环水温直接控制，部分时段甚至出现循环水对补充吸收剂倒加热情况，亦不利于吸收塔控制干气 C_3 操作，根据工况，采取停运 A302 风机措施，仅作为生产波动情况下的备用冷却措施，循环水温度与补充吸收剂冷后温度关系可见图2。循环水控制补充吸收剂温度经循环水冷却后已接近环境温度。

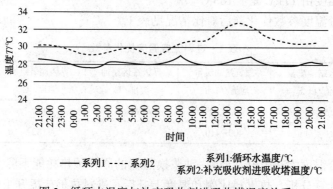

系列1:循环水温度/℃
系列2:补充吸收剂进吸收塔温度/℃

图 2　循环水温度与补充吸收剂进吸收塔温度关系

(三) 增加空冷冲洗频次

装置日常运行过程中，管束表面积灰严重，降低空冷冷却效果，故日常运行中在夏季进行多次系统性空冷翅片冲洗，如 2020 年 5 月空冷 A201 冲洗完毕后，午间操作时段即由投用全部风机调整为关闭 4 台以上。

以上措施采取后，运行中开启空冷风机平均达 7 台以上，短时间效果明显，合年节电 $207.5 \times 10^4 kW \cdot h/a$，折合能耗降低 0.1529kgEO/t。

三、提高节能泵运行周期比例，停运部分机泵

"百日攻坚创效"期间，采取常开节能的单台机泵为主，根据机泵运行数据，计算按全年运行节能泵，节约电耗见表 2。

表 2　节能泵电流优化参数

机 泵 位 号	年节约电耗(相对于仅一半周期运行)/(10^4kW·h/a)
原料油泵 P-201A	2.47
顶循环泵 P-203A	17.79
贫吸收油泵 P-205B	1.76
一中泵 P-206A	1.48
回炼油泵 P-207A	26.68
油浆泵 P-208A	2.35
换热水泵 P-212B	1.48
粗汽油泵 P-202A	0.12
稳定塔塔顶回流泵 P-305A	0.12

根据测算，常开节能机泵，合年节电 54.26×10^4 kW·h/a，折合能耗降低 3.999×10^{-2} kgEO/t。

经过循环水流量测算，在保证 E215 冷后温度的情况下，催化装置停运 P216 循环水强制循环泵，节电约 42kW/h。合年节电 35.28×10^4 kW·h/a，折合能耗降低 2.6×10^{-2}kgEO/t。

以上措施共计降低装置能耗约 0.6599kgEO/t。

四、现有流程优化

由于气分装置不凝气现有流程投用分馏塔塔顶油气分离器 D201 流程，且为保证不凝气脱除效果，采取常开流量方式，流量在 0~50Nm³/h。气分脱乙烷塔回流罐压力约 2.3MPa，不凝气进催化分馏塔塔顶油气分离器减压至 0.19MPa 后经过气压机做功重新升压至 1.36MPa，显然不利于气压机节能。

通过利用现有流程，将气分不凝气由进 D201 改进直供稳定系统，降低汽压机入口富气流量，从而降低气压机耗汽。不凝气流量按 40Nm³/h 计，根据测算，每小时气压机节约中压蒸汽约 45kg/h。由于绝对值较低，此处不列入计算。

五、下一步节能措施分析

（一）优化分馏塔热量分配

目前分馏塔上返塔流量较低，顶循环流量部分时段长时间维持 380t/h 以上，全塔热量严重上移。中上部热源通过热联合，给后部装置提供了充足的热源，降低了气分装置加热用 0.45MPa 蒸汽消耗量，但热量上移不利于油浆汽包中压蒸汽的产出，最终降低了高品质热量输出，日常应根据全塔热平衡，适当提高上返塔流量，增加塔底热源比例，提高油浆汽包产气量。

（二）优化解吸负荷

日常解吸控制以维持液化气 C_2 在线表测量值 0.02%～0.03% 为主，远低于设计值 0.35%。实际操作中根据试验，当液化气 C_2 测量值为 0.07%～0.08% 时，稳定塔回流罐及下游脱乙烷塔不凝气排放量未见明显上升，显示，当前操作存在过度解吸，液化气中较低的 C_2 分压对总压影响甚微，但是明显增加了脱乙烷取热能耗，日常可控制解吸气流量不大于 26000Nm³/h，但须注意以吸收深度稳定为前提。

催化装置分馏稳定系统通过提高直供料比例，积极优化机泵电机耗电水平，降低空冷开启台数，积极优化流程等措施，累计降低装置能耗约 1.94kgEO/t，其中电耗降低每年可达 297.04×10⁴kW/h 以上。

加氢裂化装置蒸汽系统优化应用

（王彤阳）

蒸汽在炼油厂装置中起着重要的作用，可以提供动力、伴热、工艺蒸汽、消防蒸汽等多种用途[1]。蒸汽系统的优化运行对装置的安全生产和成本控制具有重要的作用，是影响装置能耗的重要因素[2]。因此，如何优化蒸汽应用、减少蒸汽消耗成为装置降本增效的一个重要课题。为响应公司降本增效的号召，从内部深挖降本潜力，加氢裂化装置从多方面采取改进措施，优化蒸汽应用，减少蒸汽浪费，提高了装置的能源成本利用水平。

一、设备保温优化

蒸汽介质本身温度高，在输送过程中易产生温度损失，一般以保温材料覆盖。装置内蒸汽容器、管线众多，为减少能量损失、热量逸散，加氢裂化装置深入排查蒸汽系统伴热，测量蒸汽设备管线表面温度，对排查出的不合格点及时进行彻底整改，修复、优化保温材料，减少蒸汽热量损失。如图1所示，加氢裂化装置对三个蒸汽分水包D508、D509、D512铝皮外加装一层隔热材料并用FBT料包裹，同时对保温不合格点进行了保温整改优化。装置蒸汽系统重点部位保温整改完毕后，加大保温管理专项检查力度，各工艺班组对负责区域内设备、管线保温负责，发现问题及时联系专业维保人员进行修复；同时利用现场作业较少的时间，对装置内蒸汽保温重点部位进行测温枪测温，确保表面温度无超温。

图1　含蒸汽介质容器、管线部位保温进行重点整改优化

二、优化循环机背压压力

加氢裂化装置循环机动力由3.5MPa蒸汽提供，背压蒸汽作为1.0MPa蒸汽输送外管网，同时为硫化氢汽提塔提供汽提蒸汽。理论上，3.5MPa蒸汽与背压蒸汽差压越大，同等量

3.5MPa 蒸汽所能提供动力越多，但受制于需外送低压蒸汽管网以及硫化氢汽提塔，背压蒸汽压力不能过低。经过反复摸索试验，加氢裂化循环机背压蒸汽自 0.9MPa 逐步降至 0.85MPa，节约蒸汽约 0.5t/h。目前，加氢裂化装置硫化氢汽提塔汽提蒸汽及汽轮机背压蒸汽控制阀开度分别为 50%、17% 左右，汽轮机运行状况良好，背压蒸汽压力仍然有下降空间。运行部计划在严格控制汽轮机运行状态的情况下，继续试验下探汽轮机背压蒸汽压力，以期进一步降低中压蒸汽消耗。

三、优化蒸汽流程

1.0MPa 低压蒸汽管网产汽量过剩，为优化低压蒸汽管网，提高蒸汽利用率，加氢裂化装置内部将 1.0MPa 低压蒸汽与 0.45MPa 低低压蒸汽串联，将过剩低压蒸汽送至低低压蒸汽管网。同时将加氢裂化装置、二制氢装置和苯乙烯装置 0.45MPa 低低压蒸汽管网与全厂低低压蒸汽管网分离，使 3 套装置低低压蒸汽管网独立运行，加氢裂化装置向管网供汽。通过调整加氢裂化 1.0MPa 蒸汽与 0.45MPa 低低压蒸汽串联手阀，来达到低低压蒸汽独立管网的供需平衡。

前期部分仪表伴热使用 0.45MPa 低低压蒸汽在冬季效果不佳，后期将仪表伴热改为 1.0MPa 蒸汽伴热，冬季极寒天气下仪表伴热效果大幅度改善。仪表伴热改造为 1.0MPa 蒸汽后，凝结水出装置温度较高，造成热能浪费。再次进行优化调整，对部分仪表伴热进行优化改造。将 1.0MPa 蒸汽伴热回水温度较高的部位与 0.45MPa 蒸汽伴热供汽相连，提高蒸汽热能利用率。

四、优化蒸汽伴热、防冻凝流程

随着气温逐步降低，装置内部分夏季暂停投用的伴热流程逐步投用，同时部分防冻凝措施也提高了装置蒸汽用量，针对以上现象加氢裂化装置进行了逐项优化。

（1）中压蒸汽减温减压器目前处于不投用状态，为防止流程冻凝一般采取小流量过量的方式防冻防凝。加氢裂化上报公司生产技术部取得同意后，经公用工程部配合，切除并放空了减温减压器，减少了中压蒸汽耗量。

（2）加氢裂化装置积极排查各伴热线疏水器输水情况，共计更换仪表伴热疏水器 16 个、工艺伴热疏水器 10 个，优化调整疏水量工艺疏水器 23 个，有效降低了装置伴热蒸汽量。运行部充分利用维保单位力量，按照责任专业分工，将仪表疏水器、工艺疏水器分别交由仪表、静设备专业负责定期测温、检查，同时工艺班组按照区域分工对班组负责区域内疏水器进行检查，从专业分工、区域分工两个维度进行网格化管理，确保装置内疏水器正常疏水，减少蒸汽串漏量。

（3）加氢裂化装置对各伴热线蒸汽阀门开度进行调整优化，重点对使用低压蒸汽作为热源的高空仪表伴热进行了检查优化，在保证伴热温度的前提下，逐步关小蒸汽阀门开度；对疏水量较大的部分蒸汽分水包疏水线阀门开度进行了调整，并挂"禁动"牌提醒防止误动，如图 2 所示。

（4）优化部分蒸汽系统防冻凝措施。由于前期设计问题，部分含蒸汽设备冬季防冻凝时

图 2　关小部分蒸汽阀门开度并挂"禁动"牌提示

需通小流量蒸汽以防止冻凝，如连排罐 D903 顶部流程。加氢裂化装置利用 2019 年大检修机会，对类似部位进行改造，增加部分流程隔断阀门，对此类部位进行切除放空，以减少蒸汽的浪费。

通过一系列的改进措施，加氢裂化装置蒸汽流程明显得到优化，凝结水出装置温度由 2018 年最高 130℃降至目前的 115~120℃，同时蒸汽消耗量也有降低。经初步核算，加氢裂化装置中压蒸汽用量减少约 0.5t/h，低压蒸汽用量减少约 3t/h，折合每月降低蒸汽成本约 25 万元。

参 考 文 献

［1］陈尧焕．炼油装置节能技术与实例分析［M］．中国石化出版社，2011．

［2］张伟斌．脱氢尾气压缩机汽轮机背压蒸汽改为 0.35MPa 蒸汽可行性分析［J］．山东化工，2017，（10）．

减压塔塔顶抽真空系统运行瓶颈及解决措施

一、装置运行概况

12Mt/a 常减压装置在生产过程中出现减压塔塔顶空冷器微泄漏的问题，塔顶不凝气流量 920Nm³/h，其中氧含量达到 5%左右。查阅设计资料得知，减压塔塔顶抽真空系统按不凝干气量 1997Nm³/h 进行设计，目前实际流量仅为设计值的 46%，但却表现出抽真空系统负荷不足的问题，对装置运行造成较大影响。

二、抽真空系统负荷计算

目前减顶二级和三级空冷的冷后温度均控制在 40℃左右，与设计值接近，但一级空冷的冷后温度随环境温度和装置加工负荷的改变而变化，最高接近 50℃。建立模型对目前不同工况下各级抽真空系统的运行参数进行测算，并与设计值进行比较，结果如表 1 所示。

表 1　抽真空系统不同工况模拟结果

项　　目		设计值	不同工况测算			
			冷后温度 35℃	冷后温度 40℃	冷后温度 45℃	冷后温度 50℃
一级抽真空	进口吸入量/(t/h)	5.67	3.91	3.91	3.91	3.91
	抽真空蒸汽量/(t/h)	8.9	8.5	8.5	8.5	8.5
	冷后温度/℃	36	35	40	45	50
	出口压力/kPa	12.67	13	13	13	13
	出口气相量/(m³/h)	31304.23	13239.96	17621.81	29348.08	134259.18
	出口气相中水含量/%(体)	46.32	42.71	56.14	73.06	93.82
	空冷负荷/MW	15.15	7.85	7.53	6.79	0.686
二级抽真空	进口吸入量/(t/h)	3.84	1.693	2.085	3.14	12.48
	抽真空蒸汽量/(t/h)	7.4	6.5	6.5	6.5	6.5
	冷后温度/℃	36	38	38	38	38
	出口压力/kPa	38	38	38	38	38
	出口气相量/(m³/h)	6602.13	3156.72	3157.02	3156.82	3152.93
	出口气相中水含量/%(体)	15.47	17.27	17.27	17.27	17.27
	空冷负荷/MW	9.62	5.149	5.405	6.095	12.276

续表

项 目		设计值	不同工况测算			
			冷后温度 35℃	冷后温度 40℃	冷后温度 45℃	冷后温度 50℃
三级抽真空	进口吸入量/(t/h)	2.79	1.306	1.307	1.306	1.303
	抽真空蒸汽量/(t/h)	3.98	4	4	4	4
	冷后温度/℃	40	38	38	38	38
	出口压力/kPa	114.7	110	110	110	110
	出口气相量/(m³/h)	2053.42	955.25	955.31	955.27	954.32
	出口气相中水含量/%(体)	5.9	6	6	6	6
	空冷负荷/MW	7.61	3.084	3.084	3.084	3.084
	不凝气量/(t/h)	2.43	1.19	1.19	1.19	1.12

将一级空冷出口气相量随冷后温度的变化趋势作图如图1所示，对结果进行分析可知：

（1）当一级空冷的冷后温度在40℃以下时，空冷出口的气相量、空冷负荷等均低于设计值，抽真空系统运行正常。

（2）随着一级空冷冷后温度的升高，其出口气相量逐步升高，当冷后温度达到45℃时，出口气相量为30000m³/h左右，接近设计值；其中由于一级空冷泄漏空气量220Nm³/h，引起出口气相量增加约4000m³/h。

（3）冷后温度超过45℃之后，出口气相量大幅上升，当冷后温度47℃时，出口气相量达到42080m³/h，为设计值的1.34倍；冷后温度50℃时，出口气相量达到134259m³/h，为设计值的4.3倍。主要原因在于达到了水的汽化温度点，抽真空的蒸汽未冷凝成液相，此时空冷出口气相中的水分含量为93.82%。

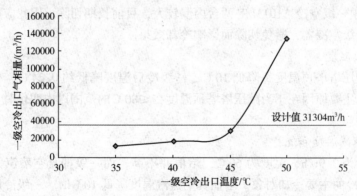

图1 一级空冷出口气相量随冷后温度的变化趋势

三、运行瓶颈问题分析

测算结果表明，在一级空冷冷后温度为40℃左右时，减顶一级空冷泄漏空气量为220Nm³/h，引起二级抽真空入口气相量增加约4000m³/h左右，此时通过增开二级第2组抽真空器，取得较好效果。但若一级空冷冷后温度达到47℃以上，在空冷出口压力12~15kPa的情况下，达到了水的气化分压，大量水处于气相状态，二级抽真空入口气相量将增加到13000m³/h以上，严重时在二级抽真空入口形成气阻，从而影响了抽真空效果。图2为一级空冷出口压力对应的水的饱和温度。

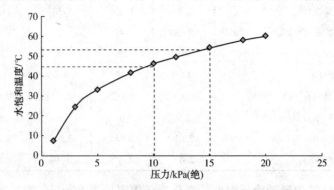

图2　一级空冷出口压力对应的水的饱和温度

因此有必要尽量控制一级空冷冷后温度不高于45℃，对影响冷后温度的几项因素分析如下。

1. 空冷喷淋效果

减顶一级空冷单台冷却负荷设计值为1080kW，但目前实际仅为560kW左右，为设计值的一半，可能与管束结垢以及喷头分散效果等有关，因此建议更换更高效的空冷喷头，或临时改造、增加喷淋措施，进一步提高喷淋冷却效果。

2. 空冷投用数量

按照目前单台空冷560kW的能力计算，每增加一台空冷投用，可降低冷后温度约1.8℃。由于减顶一级空冷A101M/F两台内漏较大，目前长期切除，因此应尽快修复和更换已内漏的减顶一级空冷器，避免切除而影响冷却效果。

3. 减压塔顶温度

经测算，减压塔塔顶温度每降低10℃，一级冷后温度降低约0.24℃，有一定效果，但影响幅度不大。主要原因在于当减压塔塔顶温度在≤80℃的范围以内变化时，减顶馏出油气量基本不变。

4. 抽真空蒸汽温度和流量

减顶油气量为3.9t/h，温度为60℃，焓值并不高，而一级抽真空蒸汽为8.5t/h，温度为220℃，是空冷的主要冷却对象。当抽真空蒸汽温度降低10℃时，一级冷后温度降低约为0.22℃，影响幅度不大。当抽真空蒸汽量减少0.5t/h时，冷后温度可降低约1.5℃，效果明显。由于减顶不凝气量仅为设计值的一半，同时目前抽真空瓶颈主要在二级，因此可考虑摸索适当降低一级抽真空的蒸汽量。

四、解决措施

目前减压塔塔顶不凝气量为1000Nm³/h左右，仅为设计值的一半，抽真空系统负荷理论上存在富裕。由于一级空冷局部内漏,引起二级抽真空入口气相量增加约 4000m³/h(增加 17%),此时通过增开二级第 2 组抽真空器,取得较好效果。但当一级空冷冷后温度达到 47℃以上时,在空冷出口压力 12~15kPa 的情况下,达到了水的气化分压,大量水处于气相状态,二级抽真空入口气相量将增加 13000m³/h 以上,48℃时达到设计值的两倍,严重时在二级抽真空入口形成气阻,从而影响了抽真空系统正常运行,此时再增加二级抽真空能力,有一定效果,但要消除气阻问题还得控制好一级空冷的出口温度。

目前在气温较高时,一级空冷冷后温度达到 47~49℃,对真空度产生较大影响。根据对影响冷后温度的几项因素进行测算分析,操作上通过实施以下措施,控制冷后温度不高于 45℃。

(1)目前减顶一级空冷单台冷却负荷为 560kW 左右,仅为设计值的一半,通过检查并更换更高效的空冷喷头,或临时改造、增加喷淋措施,进一步提高喷淋冷却效果,确保冷后温度不高于 45℃。

(2)切除一台空冷时,影响冷后温度约 1.8℃。目前有两台空冷长期切除,在夏季气温较高时对真空度影响较大,应尽快修复或更换。

(3)由于减顶不凝气量仅为设计值的一半,一级抽真空器的负荷富裕,而目前抽真空的瓶颈主要在二级,因此摸索适当降低一级抽真空的蒸汽量,从而降低一级空冷的负荷,避免形成气阻。当蒸汽减少 0.5t/h 时(220℃,0.7MPa),冷后温度可降低约 1.5℃。

催化汽包炉水质量优化调整

一、背景介绍

某催化装置共有 6 台中压汽包，总产气量约 120t/h，上水采用二级除氧水，硬度指标为 ≤2μmol/L。汽包炉水处理采用"锅内磷酸盐软化"处理方案，加药系统配备了 8 台隔膜式计量泵，与 4 个容积为 1m³ 配药罐组成两套加药系统。磷酸三钠（纯度为 98%）月用量为 400kg，炉水中磷酸根的控制指标为 5~15mg/L，炉水 pH 值控制在 9~11。

二、存在问题及优化方向

催化装置炉水分析频次为 1 次/日，运行班组四班两倒，每班配药一次，根据化验结果，通过调整连续排污和加药泵行程来控制磷酸盐浓度和 pH 值。

正常情况下，汽包排污总量应控制在合理的范围内，排污量可以用上水总量减去产汽总量来简单估算。然而，该装置 DCS 总上水量是两路上水总管流量 FI-50102 与 FI-50302 的加和，为 122t/h，余锅出口总产汽量 FI-50501 为 125t/h，但是，各个汽包的发汽量总和为 140t/h，这几个数值均不能对应。仪表显示偏差较大，无法直接地读出排污量。但是，炉水质量稳定时，每月消耗的磷酸三钠是一定的，可以通过每月消耗的磷酸三钠的量计算本装置的排污量。

根据经验，汽包排污总量一般应控制在上水总量的 1%~2%，最大不超 5%，排污量过大不仅增加除氧水的消耗，同时高温炉水还会带走大量热能。所加的磷酸三钠的主要作用为控制炉水 pH 值，上水硬度很低，磷酸盐的消耗主要是排污以及采样水带走。并且由于炉水的 pH 值控制在 9~11，控制值较低，炉水的碱性环境弱，所以在整个系统中发生的反应主要为磷酸根与水中的钙镁离子生成磷酸钙、磷酸镁等难溶性沉淀，该难溶性沉淀由排污带出。

因此，一部分磷酸三钠用于中和上水硬度，剩余部分被定、连排以及采样水带走。确定好上水量、上水硬度、炉水正常磷酸盐浓度以及磷酸三钠每月的消耗量，即可通过磷酸盐平衡计算出排污量。

三、计算排污总量

设定装置产汽量为 M_1 t/h，排污总量为 M_2 t/h，汽外上水硬度为 H mmol/L，炉水维持磷酸盐的平均浓度为 C_1 mg/L，十二水合磷酸三钠（$Na_3PO_4 \cdot 12H_2O$）分子量为 380，磷酸根

（PO_4^{3-}）分子量为 95，药品纯度为 w，水的密度按 $1000kg/m^3$，则：上水总量为（M_1+M_2）t/h。

（1）根据磷酸盐软化方程式：

$$3Ca^{2+}+2PO_4^{3-}\longrightarrow Ca_3(PO_4)_2$$
$$3Mg^{2+}+2PO_4^{3-}\longrightarrow Mg_3(PO_4)_2$$

得出化学反应消耗磷酸盐 x 的关系式：

$$x=\frac{2H}{3}mmol/L$$

（2）上水消耗的磷酸盐：

$$W_1=(2H/3\times10^{-3})\times(M_1+M_2)\times10^3\times380$$
$$=253.3(M_1+M_2)(g/h)$$

（3）定、连排中排掉的磷酸盐：

$$W_2=(C_1\times10^{-3})\times(M_2\times10^3)\div95\times380$$
$$=4C_1M_2(g/h)$$

（4）需要的磷酸三钠加入总量：

$$W=(W_1+W_2)/w$$
$$=\frac{253.3(M_1+M_2)+4C_1M_2}{w}(g/h)$$

其中 M_1——装置产汽量，t/h；

M_2——排污总量，t/h；

H——上水硬度，mmol/L；

C_1——炉水维持磷酸盐的平均浓度，mg/L；

w——药品纯度；

W——十二水合磷酸三钠的用量，g/h。

现装置产汽量 125t/h，每月消耗磷酸三钠 400kg，假设排污总量为 Yt/h，汽外上水硬度要求按 2μmol/L 计，炉水维持磷酸盐的平均浓度为 9.8mg/L，十二水合磷酸三钠（$Na_3PO_4\cdot12H_2O$）分子量为 380，磷酸根（PO_4^{3-}）分子量为 95，药品纯度为 98%，则：上水总量为（125+Y）t/h，代入上述公式可得：

$$400\div30\div24\times1000=\frac{253.3(120+Y)+4\times9.8\times10^{-3}\times Y}{0.98}$$

计算得出结论：排污总量 $Y=12.1$t/h

排污率 $Y/(125+Y)\times100\%=8.8\%$

由上述计算可知，该装置汽包排污率达 8.8%，超出了合理范围，存在较大的优化空间。

四、优化过程

通过对 6 个汽包排污系统排查发现，外取 A/B、余锅 A/B 的定排阀门均有不同程度的漏量。为将排污量控制在合理范围内，同时减少对炉水质量的冲击，分 3 次逐步减小连排开度，每次间隔 4d；在降低排污量的同时，逐步减少加药量，同步调整。

通过三次调整后，药水加入量是原来的 58%，磷酸三钠月消耗由 400kg 减少至 232kg，炉水质量稳定。

为验证优化结果，调整后，重新计算得出排污量为 5.9t/h，排污率为 4.5%，效果明显，但是，仍偏离正常的合理排污范围，由于无法在线更换定排手阀的问题，有待日后再对排污进行继续优化。

五、经济效益分析

1. 炉水质量稳定可控

通过现场整改和跟踪调整，装置炉水质量实现长周期稳定控制（如图 1 所示），为设备长周期运行提供了保障。炉水中磷酸根离子的含量长周期稳定并合格，意味着炉水的 pH 值合格并稳定，对于金属表面致密保护膜的形成和长期稳定存在有着重要意义。同时，保持炉水的碱性，使得炉水中游离的 CO_2 均以碳酸氢根离子的形式存在，大大延缓了设备的腐蚀，减小了设备损耗，增加了装置长周期运行的安全性保障。并且，炉水质量稳定可控，才可以相应的减少排污量，也就减小了排污带走的热量，提高了所产蒸汽的产量。

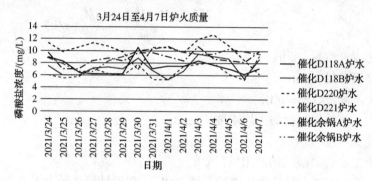

图 1　2021 年 3 月 24 日~4 月 7 日炉水质量趋势图

2. 总结炉水调整的理论依据

本文提出的加药量计算在同类装置上也具有实用性。根据所给的关系式除了可以计算排污量之外，还可以根据所算出来的消耗磷酸三钠的量以及现场所配制的药水浓度，算出加入药水的量，依此调整加药泵的行程。对于药水的加入量有了一项理论参考，减小了炉水质量调整的试错成本，为实现炉水长期稳定提供了理论保证。

3. 减少成本支出和能量浪费

通过本次优化，共减小排污量约 6t/h，按照每吨中压除氧水 13 元计算（价格取自装置三剂费用），年节约成本约 67 万元；同时年减少磷酸三钠用量约 2t，节约成本 0.14 万元；按除氧水上水温度 132℃与排污至常温温差计算，减少能量损失约 40kgEO/h，年节约成本约 40 万元。本项措施共计每年节省成本 107.14 万元。

参 考 文 献

[1] GB/T 1576—2018. 工业锅炉水质.

先进控制技术在硫黄装置
尾气焚烧炉系统的应用

（王　宾　张传磊　赵智辉　任军平）

　　某公司 220kt/a 硫黄回收装置尾气焚烧炉运行初期炉温、氧含量和中压蒸汽温度波动较大。为了稳定焚烧炉的运行，一方面操作工精心操作，及时调整；另一方面改进测量和控制手段，优化 PID 参数等，收效甚微。最后通过应用先进的控制技术实现焚烧炉精准控制，关键操作稳定性提高，操作工的劳动强度大大降低。硫黄焚烧炉 APC 控制器投用后，关键参数波动幅度降低 40% 以上，据测算投用 APC 后带来的经济效益折合 80 万元/a，节能效果显著。

一、焚烧炉运行现状

　　某公司 220kt/a 硫黄回收装置，采用意大利 KTI 技术、"两头一尾"设计，设置克劳斯硫黄回收和 RAR 尾气处理单元，共用一台尾气焚烧炉。制硫部分尾气经加氢还原和溶剂吸收处理后送入焚烧炉焚烧，确保排放气中 H_2S 含量 $\leq 10 \times 10^{-6}$ 的环保指标。在焚烧炉后部设有中压蒸汽过热器，过热后的 3.6MPa 蒸汽（370~430℃）并入全厂中压蒸汽管网。焚烧炉部分工艺和控制流程如图 1 所示。

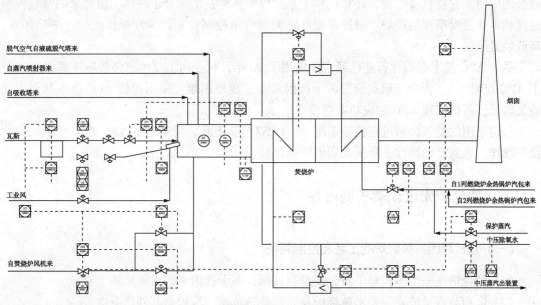

图 1　硫黄焚烧炉工艺流程示意图

　　正常运行过程中尾气焚烧炉运行不平稳，主要是受到下列因素的干扰：

（1）受原油硫含量变化的影响，酸性气量和组成变化较大，导致克劳斯炉尾气量（如图

2 所示）和组成波动较大，影响焚烧炉的炉温和中压蒸汽温度波动。

（2）受延迟焦化装置换塔操作的影响，管网瓦斯组成和压力波动也较大。

（3）酸性气量波动，也导致饱和中压蒸汽量波动 20%。

（4）在各种干扰因素的影响下，焚烧炉的热负荷变化较大，不仅造成中压蒸汽过热温度大幅度波动，也增加了瓦斯消耗量。

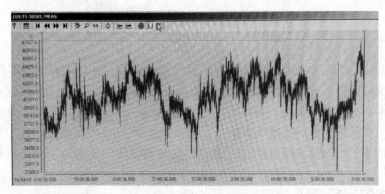

图 2　焚烧炉进气量变化示意

二、APC 技术简介

先进控制（Advanced Process Control，简称 APC）是泛指那些不同于常规 PID 控制，并具有更好的控制效果的控制策略的统称。先进控制是信息化技术与 DCS 中 PID 常规控制深度融合的应用，它将自动控制、计算机和工艺过程等多种技术综合于一体，由原来的常规控制过渡到多变量模型预估控制。通过多变量协调和约束控制，实现卡片操作，优化平稳操作，降低装置能耗。

尽管 APC 技术在石化行业已经广泛应用了 30 年，行业内主要生产装置基本都已经实现了 APC 控制[1-4]。但由于硫黄装置的干扰因素多，建模困难，采用传统 APC 技术获得的效益又较低，所以实现 APC 的成功案例较少。

公司采用的是某公司过程控制系统——PCS7，基于此，拟通过 APC 技术多变量优化焚烧炉操作，达到平稳操作、降低瓦斯消耗的目标。

三、焚烧炉先进控制实施内容

（一）分析原因：焚烧炉的工艺和控制特征

（1）焚烧炉是一个多控制手段，多控制目标，多干扰因素的大滞后耦合对象。

（2）饱和蒸汽量波动，要求焚烧炉及时调整热负荷，来控制其外送温度。

（3）焚烧炉热负荷主要受到尾气负荷变化的影响。

（4）尾气量波动炉膛温度是主要的热负荷调节手段。

（5）焚烧炉热负荷的变化，要求助燃空气量也同步调整。

（二）优化目标

（1）克服干扰，实现炉膛温度的稳定控制。

（2）及时调节炉膛温度，稳定过热蒸汽外送温度，尽可能卡下限操作。

（3）及时调节助燃空气挡板开度，实现烟气氧含量的卡下限操作。

（三）实施措施

1. 改进炉膛温度控制品质

焚烧炉炉膛温度控制原串级控制（瓦斯流量和焚烧炉炉膛温度串级），虽然可用，但是温度波动较大（±25℃）。在 APC 控制系统中采取的改进措施有：

（1）增加尾气流量变化的前馈补偿，根据急冷塔尾气流量变化，及时补偿瓦斯流量，提前调节，减少由此产生的炉膛温度变化。

（2）根据炉膛温度变化趋势，设定 PID 抗积分饱和措施，以减少温度超调调量。

（3）优化焚烧炉瓦斯温控主副回路的 PID 参数。

（4）中压蒸汽流量作为控制系统的参考变量。

2. 开发多变量模型预测控制器

根据焚烧炉的工艺特性，设计了多变量模型预测控制器，其结构如表 1 所示。

表 1 硫黄焚烧炉 APC 变量联系表

操作手段	控制目标	CV1	CV2
	工艺描述和位号	过热蒸汽温度	烟气 O_2 含量
MV1	炉膛温度	+	
MV2	助燃空气挡板开度		+
DV1	饱和蒸汽流量变化	—	
DV2	瓦斯流量变化		—

APC 优化控制界面如图 3 所示。

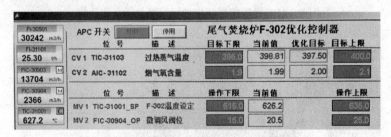

图 3 硫黄焚烧炉 APC 控制 DCS 示意图

四、焚烧炉先进控制效果分析

焚烧炉 APC 控制器顺利投用后，取得显著的优化控制效果。

1. 过热中压蒸汽外送温度实现了精准控制

APC 投用，焚烧炉后中压蒸汽外送温度控制平稳，波动范围由原来的 ±25℃ 降低至 ±7℃，投用后效果明显。投用前后中压蒸汽外送温度变化对比如图 4 所示。

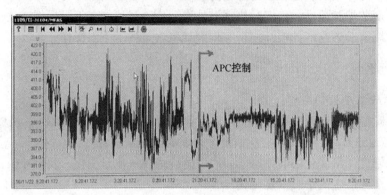

图 4　APC 投用前后过热中压蒸汽温度变化趋势

2. 焚烧炉炉膛温度和氧含量平稳

项目投用后，焚烧炉烟气过剩氧含量操作趋于更加平稳，如图 5 所示；焚烧炉炉膛温度更加稳定，趋势如图 6 所示。

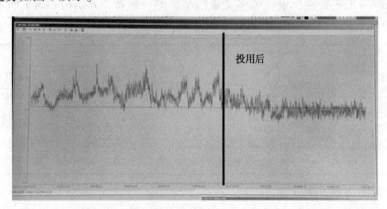

图 5　APC 投用前后焚烧炉烟气氧含量变化趋势

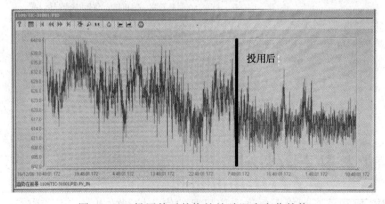

图 6　APC 投用前后焚烧炉炉膛温度变化趋势

3. 效益测算

硫黄焚烧炉 APC 控制器投用后，取得了较好的应用效果，如表 2 所示。

表 2 APC 控制器投用前后参数对比

分类	关键指标	投用前		投用后		结 果
		平均值	标准偏差	平均值	标准偏差	
控制目标	过热蒸汽外送温度/℃	399.7	7.3	397.6	4.2	平均温度降低 2.1℃，波动标准偏差降低 42%
	焚烧炉烟气氧含量/%	2.50	0.37	2.03	0.135	含氧量降低-0.47%，波动标准偏差降低 63%
主要干扰变量	外送蒸汽量/(t/h)	24.7		23.7		1t/h
	脱硫尾气量/(Nm³/h)	26206		29811		+2400
效益体现	燃料气消耗/(Nm³/h)	838.1		758.9		节省率 =(838.1−758.9)/838.1=9.4%

稳定性：在蒸汽产量和脱硫尾气量变化的情况下，关键参数控制更加平稳，如过热蒸汽外送温度，波动标准偏差降低 42%；焚烧炉烟气氧含量，波动标准偏差降低 63%。

可靠性：控制器投用率 95%。

经济性：在负荷增加的情况下，燃料气降低节省 9.4% 以上，由此带来的经济效益在 160 万元/a 以上。

五、结论

硫黄焚烧炉 APC 控制器投用后，关键操作稳定性提高，关键参数控制更加平稳，节能效果显著，投用 APC 后带来的经济效益折合 160 万元/a。该项目自控制上线投用至今运行可靠，控制器投用率在 95% 以上。鉴于 APC 在硫黄焚烧炉系统的应用效果，结合硫黄制硫系统操作内容，建议在整个硫黄制硫系统增设 APC，实现硫黄装置的 APC 先进控制。

参 考 文 献

[1] 鲍魁. 先进控制技术(APC)在石化炼油装置的应用[J]. 安徽化工，2016，42(3)：61-63.
[2] 王家，于泳波，王晓猛. 先进控制系统在常减压装置应用分析[J]. 炼油技术与工程，2016，46(10)：48-50.
[3] 孙宁飞，何保正，唐战胜. APC 技术在 300t/h 溶剂再生装置的工业应用[J]. 河南化工，2017，34：34-36.
[4] 徐涛进，徐卫敏. 先进控制系统在加热炉优化控制中的应用[J]. 石油化工技术与经济，2016，32(2)：51-54.

流程模拟在乙苯–苯乙烯精馏系统节能优化中的应用

（王晓强）

中国石化某公司乙苯装置采用气相法干气制乙苯技术，年设计生产乙苯中间产品90.1kt。苯乙烯装置采用乙苯负压脱氢制苯乙烯技术，年设计生产苯乙烯产品85kt。

流程模拟软件的应用可以快速模拟各种工况，并对工艺操作进行优化[1]。本文使用Aspen Plus流程模拟软件对乙苯、苯乙烯装置的精馏系统建模。通过对回流量的优化计算以达到降低塔底重沸器负荷的目的。经过模计算发现，乙苯装置C104(循环苯塔)、苯乙烯装置C401(粗苯乙烯塔)和C403(苯乙烯精馏塔)存在一定优化空间。结合流程模拟的结果，对生产装置进行调整，并检测各精馏塔产品质量的变化。

一、乙苯精馏部分优化

(一) 模型建立

乙苯精馏系统模拟工艺流程如图1所示，精馏塔采用Rad Frac模块，分液罐采用Flash2模块，换热器采用Heater模块，泵采用Pump模块，混合器采用Mixer模块[2-4]。其中循环苯塔(C104)共有三股进料，一股是从反应产物–苯塔进料换热器来进料，一股是烷基转移反应产物，另外一股是新鲜苯。前两股物料在第52块塔盘进入循C104，新鲜苯在第6块塔盘进入循环苯塔。苯及不凝气从塔顶蒸出经冷却后，进入循环苯塔回流罐，凝液全部回流，未冷凝的气体从循环苯塔回流罐顶进入脱非芳塔(C105)。循环苯塔侧线抽出循环苯，塔底物料自压至乙苯精馏塔。

(二) 模拟优化

模型系统选用的物性方法为PENG-ROB，计算过程中直接调用纯组分数据库中的物性常数及二元交互作用常数。选取C104顶回流量为变量，模拟其对C104重要参数指标侧抽循环苯纯度、塔底油苯含量和塔底再沸器热负荷的影响，结果如图2所示。

由图2可以看出，随着回流量的增加，侧抽循环苯纯度经过较快的递增后逐步趋于稳定，塔底油苯含量经过较快的下降后亦趋于稳定，塔底重沸器的负荷与回流量呈正比关系。考虑到侧抽苯纯度要求99.6%以上，塔底油苯含量要求0.01%以下，模型分析回流量最大可降低至73.50t/h，相对于实际操作情况有一定优化潜力。

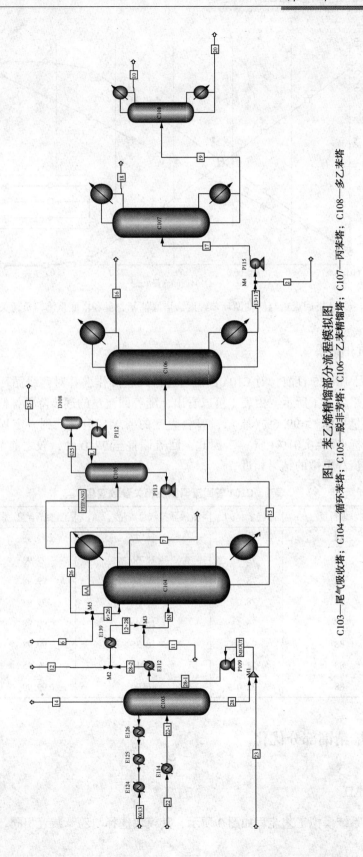

图1 苯乙烯精馏部分流程模拟图

C103—尾气吸收塔；C104—循环苯塔；C105—脱非芳塔；C106—乙苯精馏塔；C107—丙苯塔；C108—多乙苯塔

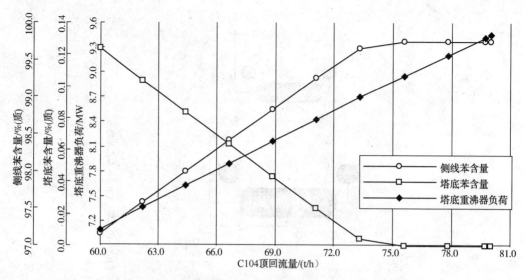

图 2　C104 塔回流量与侧抽循环苯纯度、塔底油苯含量和塔底重沸器负荷关系

（三）生产优化结果

2014 年 12 月 18～25 日前，对 C104 回流量进行调整操作，并对侧线循环苯及塔底油进行加样化验，结果如表 1 所示。由表 1 可以看出，随着回流量的逐步降低，侧抽循环苯中苯含量始终高于质量指标 [≥99.6%（质）]，符合生产的要求。但降低到一定程度后，塔釜苯含量易出现超指标点 [≤0.01%（质）]。因此，回流调整至 72.0t/h，较之前节省 3.5MPa 蒸汽约 0.8t/h，与流程模拟的结果相近。

表 1　C104 塔回流调整及相关参数变化

日　　期	日平均总进料量/（t/h）	回流量/（t/h）	重沸器蒸汽总流量/（t/h）	侧抽苯含量/%	塔釜苯含量/%
12 月 18 日	88	78.6	16.77	99.98	0
12 月 19 日	88	78.4	16.66	99.98	0
12 月 20 日	88	78.3	16.60	99.98	0
12 月 21 日	88	78.0	16.58	99.98	0
12 月 22 日	88	76.5	16.45	99.98	0.01
12 月 23 日	88	74.4	16.35	99.98	0.01
12 月 24 日	88	72.2	16.10	99.95	0
12 月 25 日	88	72.0	16.00	99.90	0.01

二、苯乙烯精馏部分优化

（一）模型建立

苯乙烯精馏系统模拟工艺流程如图 3 所示，其模块选择与乙苯装置相同。脱氢液自罐区

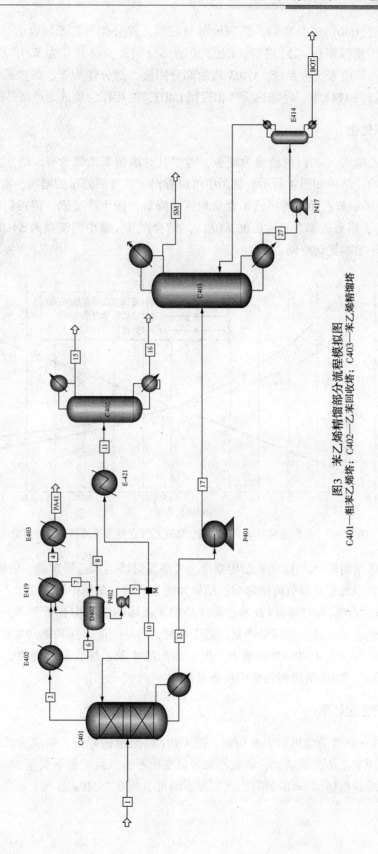

图3 苯乙烯精馏部分流程模拟图

C401—粗苯乙烯塔；C402—乙苯回收塔；C403—苯乙烯精馏塔

进入粗苯乙烯塔（C401）经分离后，塔顶油部分回流，部分作为乙苯回收塔（C402）的进料，底油作为苯乙烯精馏塔（C403）进料。C402顶油部分回流，部分作为苯/甲苯副产品外送，底油作为循环乙苯进入反应系统。C403顶油部分回流，部分作为苯乙烯产品外送，塔底油送至薄膜蒸发器（E414）中，经加热后气相返回C403，液相作为焦油副产品外送。

（二）模拟优化

选取粗苯乙烯塔（C401）回流量为变量，考察其对塔顶苯乙烯含量、塔底乙苯含量及重沸器负荷的影响，结果如图4所示。从图中可以看出，随着回流量的增加，重沸器的负荷逐步增加，C401塔顶苯乙烯和塔底乙苯含量均逐步降低。按生产要求，需控制塔顶苯乙烯含量≤0.9%（质），塔底乙苯含量≤0.05%（质）。结合图4，最小回流量为54.00t/h，较目前生产情况具有一定的优化空间。

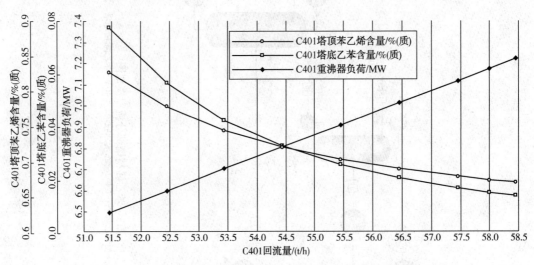

图4　C-401回流量对塔顶苯乙烯、塔底乙苯含量及重沸器负荷的影响

选取苯乙烯精馏塔（C401）回流量为变量，考察其对塔顶苯乙烯含量、塔底苯乙烯含量、焦油中苯乙烯含量及重沸器负荷的影响，结果如图5所示。从图中可以看出，随着回流量的下降，C403塔底重沸器的负荷以及苯乙烯产品中苯乙烯的纯度均有所下降，而塔底油和焦油中苯乙烯含量逐渐上升。回流量降至趋近于0时，产品纯度仍达到99.9%左右，高于苯乙烯产品对苯乙烯含量大于99.8%的要求。但焦油产品中苯乙烯含量的提高，会造成产品的损失。因此，对于C403塔顶回流量应权衡考虑。

（三）生产优化结果

对C401优化调整的结果如表2所示。随C401回流量的降低，塔底重沸器的蒸汽用量随之下降，塔顶苯乙烯含量增加，塔底乙苯含量变化不大。回流量下调至56t/h后，塔顶苯乙烯含量接近质量指标值（≤0.9%），此工况下约可节约0.35MPa蒸汽1.4t/h。

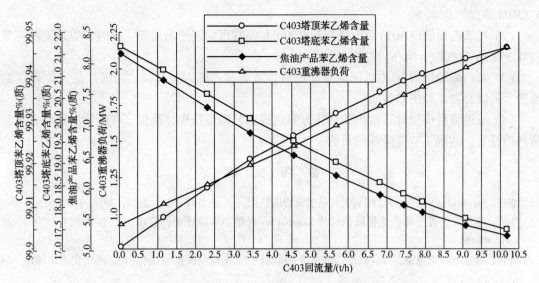

图 5　C403 回流量对塔顶乙苯、塔底甲苯含量及重沸器负荷的影响

表 2　C401 塔回流比调整及相关参数变化

日　　期	日平均进料量/ (t/h)	回流量/ (t/h)	重沸器蒸汽流量/ (t/h)	塔顶苯乙烯含量/ %	塔底乙苯含量/ %
9 月 06 日	16	59.0	12.43	0.59	0.002
9 月 07 日	16	58.5	12.22	0.79	0.008
9 月 08 日	16	58.2	12.05	0.82	0.010
9 月 09 日	16	57.0	11.81	0.85	0.017
9 月 10 日	16	56.0	11.07	0.87	0.021

对 C403 优化调整的结果如表 3 所示。随 C403 回流量的下降，塔底重沸器蒸汽用量有所降低，对苯乙烯产品浓度的影响较小，但 C403 塔釜中苯乙烯含量显著上升，调整回流过程需考虑产品损失的影响。回流量调整至 8.8t/h，约可节约 0.35MPa 蒸汽 0.3t/h。

表 3　C403 塔回流比调整及相关参数变化

日　　期	日平均进料量/ (t/h)	回流量/ (t/h)	重沸器蒸汽流量/ (t/h)	塔釜苯乙烯含量/ %	塔顶苯乙烯含量/ %
12 月 03 日	10.3	9.7	3.30	22.11	99.94
12 月 10 日	10.3	9.2	3.17	23.66	99.94
12 月 17 日	10.3	8.9	3.16	24.10	99.93
12 月 19 日	10.3	8.8	3.09	25.17	99.93
12 月 20 日	10.3	8.6	2.99	27.5	99.94

三、结语

（1）循环苯塔（C104）回流量控制在 72t/h 左右可保证产品质量，同时较原始工况可节省

3.5MPa 蒸汽约 0.8t/h。

（2）粗苯乙烯塔（C401）回流量控制在 56t/h 左右可保证产品质量，同时较原始工况可节省 0.35MPa 蒸汽约 1.4t/h。

（3）苯乙烯精馏塔（C403）回流量降低后，塔釜苯乙烯含量升高，造成产品一定程度的浪费，需综合考虑经济效益。

（4）通过流程模拟计算给出的优化方案进行工艺调整操作，降低了各精馏塔塔底重沸器蒸汽消耗量，达到了节能降耗的目的。

参 考 文 献

［1］胡钰. Aspen plus 应用于环己酮装置烷精馏流程的模拟［J］. 设备与控制，2010，33(4)：59-61.

［2］李峰，赵新堂，万宝峰. 流程模拟软件 Aspen Plus 在精馏塔设计中的应用［J］. 浙江化工，2014，45(9)：48-55.

［3］陈权，薛振欣，王晓雷，等. 副产二氧化碳的低温甲醇洗流程模拟与优化［J］. 现代化工，2014，34(5)：150-153.

［4］彭伟锋，工乐，杨彩娟，等，苯乙烯装置苯乙烯精馏单元流程模拟与优化［J］. 中外能源，2018，23，(5)：79-84.

先进控制对双环管聚丙烯装置生产的优化

随着 DCS 的广泛应用，中国石化行业的生产过程控制水平有了很大的提高。但是，多数 DCS 仍然停留在常规的控制方法（PID），没有充分发挥其潜能。先进控制技术（APC），由原来的常规控制演变到多参数变量控制，生产控制更合理和优化。先进控制采用科学、先进的控制理论和方法，以工艺过程分析和数学模型计算为核心[1]，以 DCS（集散分布控制）网络和管理网络为传输载体，充分发挥 DCS 作用，保障装置运转在最佳工况。通过多变量协调和约束控制降低装置能耗，使用卡边操作获取最大的经济价值。

APC 直接对生产装置实施优化控制策略，把效益目标直接落实到阀门，是装置进一步挖潜增效的有效手段[2]。国内外许多先进装置的成功实践经验充分说明实施 APC 是大幅提高炼化装置控制水平的必由之路，是工业 4.0 在石化行业实施途径之一，是炼化企业提高生产力的有效手段。

一、工艺简述

中国石化某公司聚丙烯装置设计加工能力为 200kt/a，年开工时间约 8000h，加工原料为气分装置丙烯。装置采用国产化第二代环管法聚丙烯工艺技术，可生产注射、挤压、薄膜、纤维级共 25 个牌号的产品，目前装置主要牌号有 PPH-T03、PPH-F03D、PPH-FH08、V30G、Z30S、PPH-Y35 和 PPH-Y38Q 等。

（一）催化剂进料部分

主催化剂加入量决定了装置负荷以及反应系统稳定性，因主催化剂流量未在 DCS 上加入瞬时流量控制点，日常操作直接调节泵的冲程来增减主催化剂的加入量，而泵的冲程与流量未量化对应，因此泵冲程的大小并不代表催化剂流量的多少。由于环管产率的小幅波动通常是由催化剂进料流量的不稳定引起的，因此为了 APC 项目的准确实施，提高催化剂流量控制的精确性，通过在 DCS 建立催化剂罐液位的变化量和催化剂流量一一对应关系，在此基础上建立催化剂流量 PID 调节回路，解决了催化剂流量控制精确度不高的问题[3]。

（二）环管反应部分

聚合反应主要控制参数有：聚合产量、浆料密度、聚丙烯熔融指数等，这些参数时间常数大，参数变量之间关联性极强，各参数的波动会引起相关参数联动反应，而加入 APC 控制可约束各变量，从而稳定了操作，降低了操作员手动干扰频次。

日常生产中，操作员常阶段性改变催化剂加入量来达到调节装置加工负荷的目的，先进控制系统的重要目标是稳定负荷调整过程。由于装置中没有瞬时负荷的直接测量手段，需通过反应器的热量平衡来计算。在本装置先进控制实施过程中，将环管温度作为约束变量，即控制在正常值70℃，防止由于催化剂、丙烯进料流量的调整导致反应器控制大幅波动。

反应器中浆料密度改变会使丙烯和催化剂在反应器中的停留时间变化，从而影响聚合反应速率。因为浆料密度是反应器单程转化率的衡量指标，相同负荷下，单程转化率越高，催化剂消耗量和后续丙烯回收系统的能耗就越低[3]。高单程转化率有助于减轻后续回收系统的负荷，因此，应尽可能地使反应器维持在最高浆料密度状态下操作；然而过高的浆料密度会导致反应器出料线堵塞，增加反应爆聚概率。因此，浆料密度应作为 APC 的主要控制参数之一。

聚丙烯产品的熔融指数 MI 的控制主要是通过调节氢气进入两个环管反应器的液相丙烯的浓度来实现。在先进控制中，熔融指数的控制是由质量控制器直接调节氢气浓度控制器的外部目标值来实现的。

二、总体方案

某炼化公司聚丙烯装置的 DCS 系统为 Siemens 公司的 PCS7，控制平台通过 Siemens 的 OPC 应用站与 PCS7 进行通讯，读写不受限制，通讯容量在 3000 点以上。先进控制系统采用多变量预测协调控制和常规 PID 控制相结合的二级控制体系。从数据通信管理角度来看，整个先进控制系统分为三层：第一层为纳入先进控制操作管理的控制回路和过程参数以及软仪表所采用的过程参数，即原有 DCS 数据点，驻留在 Siemens PCS7 系统的控制站。第二层为数据通信管理层，CIMIO 接口，驻留在 APC 服务器。第三层为采用 Apollo 软件实施的多变量预测协调控制器，以及采用 Aspen IQ 软件实施的质量指标软仪表驻留在 APC 服务器。整个先进控制系统使用了多变量预测控制、鲁棒控制、非线性控制以及常规控制来完成整个先进控制系统的实施。

三、工艺计算

（一）催化剂流量计算

催化剂流率是根据催化剂储存罐液位单位时间下降量计算的，原理如下：

$$CatFlow = LevelRate \times \pi (d/2)^2 \times Density \times 60$$

式中　　$CatFlow$——催化剂流量，g/h；

　　　　$LevelRate$——计量桶液位单位时间的变化率，mm/min；

　　　　　d——主催化剂计量桶内直径，200mm；

　　　　$Density$——催化剂使用油脂配合而成，正常配比浓度为 200g/L，即催化剂在油脂里浓度。

（二）产率计算

聚合物产率的计算基于两个环管反应器热量平衡，即每千克丙烯转化为聚丙烯过程时将释放热量，计算出反应器总撤热率，然后除以聚合热量，进而算出聚合产率[4]。反应器中聚合反应所产生的热量主要被该反应器夹套内的冷却水吸收并撤除。因此，如果能知道冷却水所吸收的热量，就能估算出该反应器中聚合而成的聚合物的量。此外，如果能够考虑液态丙烯的显热、轴流泵搅拌所产生的热量以及夹套水环境热损失，则基于热平衡算出的聚合量就更加准确。由于轴流泵搅拌所产生的热量以及夹套水环境热损失与夹套冷却水所吸收的热量或丙烯的显热相比微不足道，可以忽略不计，因此本项目中第一环管反应器 R201 的产率和第二环管反应器 R202 的产率计算如下。

$$YIELD1 = （R201 夹套水撤热负荷 + R201 丙烯显热负荷）/ \Delta Hrxnc_3$$

$$YIELD2 = （R202 夹套水撤热负荷 + R202 丙烯显热负荷）/ \Delta Hrxnc_3$$

其中：

$$夹套水撤热负荷 = F_{jw} \times Cp_{jw} \times （Tj_{wout} - Tj_{win}）$$

式中　　　F_{jw}——R201 夹套水的流量，kg/h；

Cp_{jw}——夹套水比热，4.187kJ/（kg·℃）；

Tj_{wout}——夹套水出口温度，℃；

Tj_{win}——夹套水入口温度，℃。

$$丙烯显热负荷 = C_{3flow} \times （Enthalpy \times T_{rx} - Enthalpy \times T_{fd}）$$

式中　　C_{3flow}——进入环管反应器的丙烯流量，kg/h；

$Enthalpy$——丙烯热焓值 $= 697.9 + 2.24 \times T + 6.90 \times 10^{-3} \times T^2$；

T_{rx}——环管反应器反应温度，℃；

T_{fd}——丙烯进料温度，℃；

$\Delta Hrxnc_3$——聚丙烯转化热，1996kJ/kg。

环管温度控制 TIC241、TIC251 正常情况下波动幅度仅为 ±0.1℃，采用串级工作方式通过调整夹套水入口温度 TIC242、TIC252，间接调整夹套水的出入口温度的偏差来进行控制。因此夹套水所撤热负荷中的一部分是为了调整反应器的温度，并非完全为撤聚合反应热，因此需要对夹套水撤热负荷进行补偿，减小由于反应器温度的波动而引起产率计算的波动，方法如下：

$$R201 夹套水撤热负荷 = F_{jw} \times Cp_{jw} \times [（Tj_{wout} - Tj_{win}）+ K \times （TIC241.PV - TIC241.SP）]$$

$$R202 夹套水撤热负荷 = F_{jw} \times Cp_{jw} \times [（Tj_{wout} - Tj_{win}）+ K \times （TIC251.PV - TIC251.SP）]$$

式中　$TIC241.PV$、$TIC251.PV$——反应器温度实际值，℃；

$TIC241.SP$、$TIC251.SP$——反应器温度设定值，℃；

K——补偿系数。

环管总产率（$YIELD\ TOTAL$）为环管 R201、R202 的产率计算之和，即：

$$YIELDTOTAL = YIELD1 + YIELD2$$

（三）反应器中聚丙烯固体浓度计算

环管反应器的固体浓度均采用经验公式进行计算，方法相同，以第一环管反应器 R201 为例，计算方法如下。

$$Solids = \frac{900 \times （DIC241PV - 400）}{500 \times DIC241PV}$$

式中　$DIC241PV$——大环管浆液密度测量值，kg/m³。

四、先进控制运行效果对比

在聚合反应器实际操作中，操作员最重视的一些关键指标，例如环管总产率（基于热平衡、物料平衡计算）、反应器的浆料浓度、催化剂流量、催化剂活性，进行实时计算，并在集散控制系统上提供这些数据一段时间范围的历史趋势便于查阅，如图1所示。操作员及时了解聚合反应系统的实时数据以及历史数据，为装置操作提供了可靠、直观的数据支持。

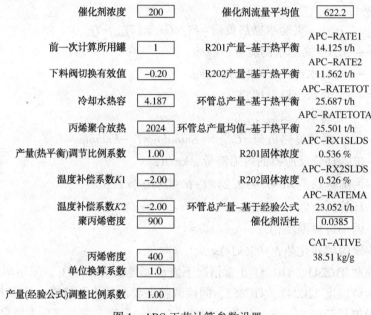

催化剂浓度 `200`	催化剂流量平均值 `622.2`	
		APC-RATE1
前一次计算所用罐 `1`	R201产量-基于热平衡	14.125 t/h
		APC-RATE2
下料阀切换有效值 `-0.20`	R202产量-基于热平衡	11.562 t/h
		APC-RATETOT
冷却水热容 `4.187`	环管总产量-基于热平衡	25.687 t/h
		APC-RATETOTA
丙烯聚合放热 `2024`	环管总产量均值-基于热平衡	25.501 t/h
		APC-RX1SLDS
产量(热平衡)调节比例系数 `1.00`	R201固体浓度	0.536 %
		APC-RX2SLDS
温度补偿系数K1 `-2.00`	R202固体浓度	0.526 %
		APC-RATEMA
温度补偿系数K2 `-2.00`	环管总产量-基于经验公式	23.052 t/h
聚丙烯密度 `900`	催化剂活性 `0.0385`	
		CAT-ATIVE
丙烯密度 `400`		38.51 kg/g
单位换算系数 `1.0`		
产量(经验公式)调整比例系数 `1.00`		

图 1   APC 工艺计算参数设置

某炼化公司聚丙烯装置先进控制器投用后，取得了预期的效果，通过 DCS 数据分析表明，控制器投用取得的效果主要体现在以下几个方面。

（一）装置运行更加平稳和高效

为确保 APC 投用时效，生产部考核日常投用率来确保各控制器正常工作。通过采集产率 APC 控制器相关数据，对比未投用期间和投用期间环管反应器总产率实数值，对比结果如图 2 所示。

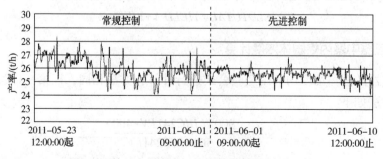

图 2   环管反应器产率 APC 控制器投用效果对比

从图 2 中可以看出，产率 APC 控制器投用后，环管反应器产率更平稳高效，波动幅度明显减小。数据分析结果见表 1。

表 1 产率 APC 控制器投用前后控制效果对比表

变量	APC 投用前		APC 投用后		投用前后对比
	均值	标准方差	均值	标准方差	方差降幅
产率/（t/h）	26.03	0.78	25.57	0.39	50%

通过采集产量 APC 控制器未投用期间数据与投用期间的环管反应器 R-201、R-202 浆料密度，对比结果如图 3、图 4 所示。

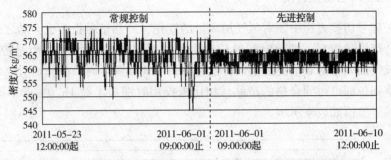

图 3 环管反应器 R-201 浆料密度 APC 控制器投用效果对比

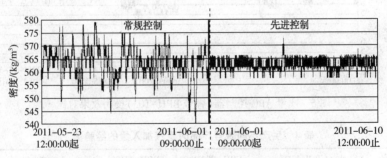

图 4 环管反应器 R-202 浆料密度 APC 控制器投用效果对比

从图 3、图 4 中可以看出，环管反应器 R-201、R-202 浆料密度 APC 控制器投用后，环管浆料密度平稳性明显提高。数据分析结果见表 2。

表 2 浆料密度 APC 控制器投用前后控制效果对比表

变量	APC 投用前		APC 投用后		投用前后对比
	均值/（kg/m³）	标准方差	均值/（kg/m³）	标准方差	方差降幅
DIC-241	564.4	4.68	562.9	1.80	61.5%
DIC-251	563.8	5.88	562.8	1.75	70.2%

（二）稳定聚丙烯产品质量

质量控制器的使用是根据外部熔融指数分析仪实际测量值 VI8300 来调节的，APC 质量控制器投用后，质量波动标准偏差降低比较明显。以牌号 PPH-T03 生产期间，将熔融指数在线分析仪纳入 APC 系统后，质量控制器投用效果如图 5 所示，图中 VI8300 为聚丙烯熔融指数 *MI* 实时测量值。APC 质量控制器投用后，明显提高了产品质量，聚丙烯熔融指数波动偏小，数据分析结果见表 3。

表 3 质量 APC 控制器投用前后控制效果对比表

熔融指数	APC 投用前		APC 投用后		投用前后对比
	均值/(g/10min)	标准方差	均值/(g/10min)	标准方差	方差降幅
VI8300	2.7335	0.0655	2.8908	0.0283	56.8%

（三）缩短了牌号切换时间

本装置在牌号切换过程中随着氢气加入量的变化，产品熔融指数也会随之改变，因此在切换过程中会产生过渡料，切换时间越长产生的过渡料越多。当 APC 质量控制器投用后，装置得到的氢气加入量的数值更加精确，这使得每次切换牌号时，操作员只要将上回此牌号的经验值调整到位即可得到合格的产品，相比未投用时缩短了约 1h。生产不同牌号产品时氢气加入量的经验值如表 4 所示。

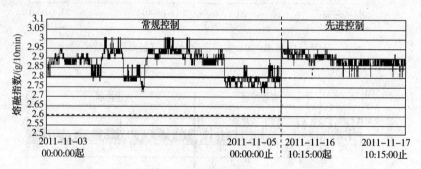

图 5 质量 APC 控制器（牌号 PPH-T03）投用效果对比

表 4 生产不同牌号产品时氢气加入量的经验值

牌　号	PPH-T03	PPH-F03D	PPH-FH08	V30G	Z30S
MFR/(g/10min)	2.5~3.5	2.8~3.2	7.0~9.0	16~18	27~30
AIC201/10^{-6}	500	300	1250	1800	2500
AIC202/10^{-6}	700	2200	1250	1800	2500

五、效益分析

聚丙烯装置 APC 投用运行后带来的效益，主要表现在以下几个方面。

（一）装置操作更加平稳，操作员劳动强度大幅下降

APC 投用运行后，提高了环管总产率，浆料密度、反应温度等主要控制参数的调节更加平稳，提升了产品质量的均化程度，降低了不合格产品出现的概率。此外，APC 控制器投用后，产量、浆料密度、反应器温度等关键操作参数可以自适应配合控制，而且产品质量

的调节实现了闭环控制，员工只需要在先进控制操作界面输进控制目标值、成品熔融指数范围，质量控制器就能够实现全部操作调整自动调节，减轻了员工的工作强度。

（二）提高装置的处理量

APC 先进控制投用后，装置负荷波动方差由 0.78 减小为 0.39，因此，根据 3σ 理论，聚合产量理论上可增加约 1.17t/h。但是由于某炼化公司聚丙烯装置受丙烯资源、造粒处理能力等因素的制约，生产负荷不可能长期保持在高位运行，APC 在提高加工负荷方面的作用很难完全发挥出来。

根据装置的运行数据统计、分析与比较，投用 APC 后，在生产低熔融指数产品时，装置处理量平均可达到 28t/h，比装置最大设计处理量 27.5t/h 提高了 0.5t/h。

（三）经济效益

通过对浆料密度等关键变量的稳定、卡边控制，提高了聚合反应的单程转化率，降低了回收单元丙烯量，减少了不必要的丙烯单体内循环，从而降低了能耗和物耗。详细核算数据，参见表 5。

表 5　APC 项目投用前后装置能耗对比

时间段	APC 投用前				APC 投用后			
	2012.1	2012.2	2012.3	2012.4	2013.1	2013.2	2013.3	2013.4
装置能耗/(kgEO/t)	112.05	104.88	100.21	102.1	98.35	101.61	100.84	96.73

从表 3~表 5 看出，投用 APC 后，装置丙烯单耗明显下降，平均降低 5.4275kgEO/t 聚丙烯，以此推算，聚丙烯每吨生产成本可降低约 11 元，每年增加利润约 220 万元。同时得到了每个牌号对应的氢气浓度经验数值，氢气浓度的加入量依靠经验数值更加可靠，牌号切换时产生的过渡料更少，同样能取得良好的经济效益。

（四）其他潜在效益

另外，装置生产平稳，降低了因生产异动造成的物料切排放系统，导致丙烯资源放火炬浪费，甚至非计划停工等概率事件的发生。同时产品质量得到了提高，优等品占比明显增大，市场占有率显著提高，产品销售单价较其他厂有小幅提高。对某炼化公司聚丙烯装置来说，这些都是使用先进控制带来的效益。同时，全装置的平稳操作大大提高了设备寿命，减少了维护保养费用，具有相当可观的长期经济效益。

聚丙烯装置通过 APC 控制系统对生产过程进行优化：主催化剂流量采用了 PID 回路控制进料泵的冲程，建立主剂流量与泵冲程的线性关系，使主剂的加入自动控制并准确计量，并使用反应器热量平衡公式精确计量两个反应器的产率，同时使用浆料密度经验公式估算出反应器内粉料密度，提高了双环管反应器的平稳度。质量控制器，使用软仪表连续预测大环管反应器产品的熔融指数、产率、浆料密度以及氢气浓度，同时配合人工依靠实验室数据的矫正，为先进控制器提供了稳定可靠的被控参数反馈值，使目标产品的熔融指数和等规度数值趋于更平稳，产品质量全部达到优等品，同时得到了每个牌号对应的氢气浓度经验数值，氢气浓度的加入量依靠经验数值更加可靠，牌号切换时产生的过渡料更少。先进控制的投用提高了装置处理量约 0.5t/h，装置整体的物耗、能耗有了小幅降低，装置能耗下降约 5kgEO/t，对国家大力提倡节能减排工作落实到实处是很好的响应，提升了装置的整体竞争性，优异于同类型装置。同时先进控制的应用使装置更加稳定，对于"长、稳、优"运行是一个很好的保障，大大提高了关键设备，例如环管反应器循环泵的使用寿命，因此设备维护保养的成本有所降低，带来的潜在效益不可估算。

参 考 文 献

［1］韩志刚．先进控制技术在石化行业中的应用问题分析［J］．中外能源，2007，（4）：98-101.

［2］赵恒平．中国石化先进过程控制应用现状［J］．化工进展，2015，（4）：930-934.

［3］苗占东．先进控制（APC）既增量又提效［J］．中国石化，2014，（1）：40-41.

［4］董凯．Hypol 聚丙烯工艺先进控制系统的设计与实施［D］．北京：北京化工大学，2006.

聚丙烯装置干燥系统的优化分析

（陈秉正）

聚丙烯装置干燥系统的目的是脱除来自汽蒸罐的聚合粉料中的约 3.0%（质）的表面凝结水。影响干燥效果的因素很多，文中通过对聚丙烯生产装置粉料干燥过程进行工艺分析，建立干燥过程的数学模型。根据干燥过程物料、热量平衡的理论计算，和循环氮气的使用量和洗涤对干燥过程的影响分析，为装置干燥系统进一步进行节能优化操作提供可靠的理论依据和建议。

一、粉料干燥过程介绍

在聚丙烯的生产过程中，聚丙烯粉料在汽蒸器中分解残存的催化剂和挥发分物质，汽蒸后 105℃ 的聚合物中含水量约 3%（质）。出汽蒸罐的聚合物靠自身重力进入流化床干燥器 D502，来自底部 E503 热氮气与聚合物在流化床层进行传质、传热，由氮气将聚合物中的水分带走，氮气从干燥器顶部出来进入旋风分离器 S502 分离携带的少量聚丙烯粉料，然后进入洗涤塔 T502 自下向上升，洗涤水从上向下流，将氮气中的水蒸气及少量聚丙烯粉末洗涤下来，洗涤后的氮气经过干燥器鼓风机 C502A/B 压缩，由加热器 E503B 加热到 125℃ 循环使用，如图 1 所示。干燥系统作为造粒前的最后一道工序，干燥的好坏直接影响到后序工段的平稳运行和产品的质量。

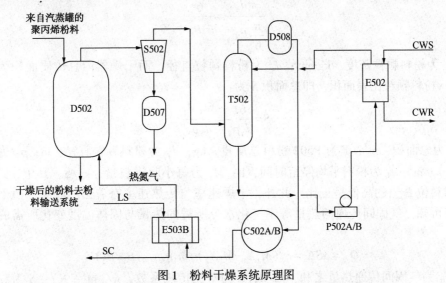

图 1　粉料干燥系统原理图

D502—干燥器；S502—旋风分离器；D507—粉末收集器；LS—蒸汽；E503B—浮头式换热器；T502—洗涤塔；
C502A/B—鼓风机；P502A/B—洗涤塔循环泵；E502—板式换热器；CWS—循环水入口；CWR—循环水出口

二、流化干燥的工艺分析

为了更好地对流化床干燥过程进行数学描述，先进行以下几种假设。

（1）粉料直径均用平均直径代表颗粒分布；

（2）粉料在干燥器中的平均停留时间均一；

（3）粉料的松紧度均匀；

（4）定态操作。

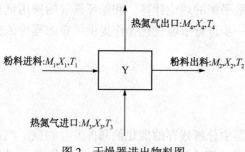

热氮气出口：M_4, X_4, T_4

粉料进料：M_1, X_1, T_1　　Y　　粉料出料：M_2, X_2, T_2

热氮气进口：M_3, X_3, T_3

图 2　干燥器进出物料图

在这些假设条件下，干燥器各股进出物料如图 2 所示：其中 M_1 为粉料进料量，M_2 为粉料出料量，X_1 为粉料进料含水量（湿基），X_2 为粉料出料含水量（湿基），T_1 为粉料进料温度，T_2 为粉料出料温度；M_3 为热氮气进料量，M_4 为热氮气出料量，X_3 为热氮气进料含水量（湿基），X_4 为粉料出料含水量（湿基），T_3 为热氮气进口温度，T_4 为热氮气出口温度；Y 为干燥器内的物料量。

粉料进料中的干物料：$m_1 = M_1(1 - X_1)$

粉料在干燥器中的平均停留时间：$t_1 = \dfrac{Y}{M_1}$

干燥过程中，水分从粉料颗粒内部传质至气相，其干燥速率与颗粒表面积大小有关，单个颗粒的比表面积（$\mathrm{m^3/kg}$）为：

$$\frac{\pi d_Y^2}{\dfrac{\pi}{6} d_Y^3 \rho_Y} = \frac{6}{d_Y \rho_Y} \tag{1}$$

式中，ρ_Y 为粉料颗粒密度，$\mathrm{kg/m^3}$；d_Y 为粉料颗粒直径，而干燥器内总传质面积为粉料颗粒质量 $Y \times$ 粉料颗粒比表面积，即总面积 S 为：

$$S = \frac{6Y}{d_Y \rho_Y} = \frac{6 t_1 M_1}{d_Y \rho_Y} \tag{2}$$

式中，S 为总面积，$\mathrm{m^2}$；Y 为 P502 粉料总质量，kg；d_Y 为粉料颗粒直径，m；ρ_Y 为粉料颗粒密度，$\mathrm{kg/m^3}$；t_1 为粉料平均停留时间，h；M_1 为每小时进料量，$\mathrm{kg/h}$。其中，Y 的大小和干燥器料位 L_{ic531} 的高低呈正比。此外，干燥速率与传热速率有着必然联系，由干燥器的热量衡算可知，气固间传递的热量等于气化水分所需的热量与固体温度变化所需的热量之和 $Q_{总}$：

$$Q_{总} = \alpha S \Delta_t = r_水 (M_1 X_1 - M_2 X_2) + m_1 q_{聚丙烯}(\beta_1 - \beta_2) \tag{3}$$

式中，$Q_{总}$ 为气固间传递热量之和，$\mathrm{kJ/h}$；α 为对流传热系数，$\mathrm{w/(m^2 \cdot K)}$；S 为总传热面积，$\mathrm{m^2}$；Δ_t 为传热平均温差，$℃$；$r_水$ 为水的汽化潜热，$\mathrm{kJ/kg}$；$q_{聚丙烯}$ 为聚丙烯的比热容，$\mathrm{kJ/(kg \cdot ℃)}$；M_1 为粉料每小时进料量，$\mathrm{kg/h}$；M_2 为粉料每小时出料量，$\mathrm{kg/h}$；m_1 为粉料进料中的干物料，$\mathrm{kg/h}$；X_1 为粉料进料含水量，$\mathrm{kg/kg}$；X_2 为粉料出料含水量，$\mathrm{kg/kg}$；β_1

为粉料出口温度,℃；β_2 为粉料入口温度,℃。

式中，α 为对流传热系数；Δ_t 为传热平均温差；$r_水$ 为水的汽化潜热；$q_{聚丙烯}$ 为聚丙烯的比热容；而聚丙烯粉料干物料与干燥粉料总进料量之比为常数 λ，$\lambda = \dfrac{m_1}{M_1}$。

由于干燥粉料出口含水量 X_2 很小，干燥粉料出料量 M_2 可近似等于干物料 m_1，因此可得出粉料出口水含量：

$$X_2 = \frac{M_1}{m_1}\left(X_1 - \frac{6t_1\alpha\Delta_t}{r_水\,d_Y\rho_Y}\right) + \frac{q_{聚丙烯}(\beta_1-\beta_2)}{r_水} \tag{4}$$

式中，X_2 为粉料出料含水量，kg/kg。由式(4)可以看出干燥器底部粉料出口含水量和各影响因素间的关系，当干燥器的生产负荷 M_1，粉料平均停留时间 t_1，粉料颗粒平均直径 d_Y 等因素发生变化时，会引起 X_2 的变化。这种变化由两部分组成，一部分为粉料进料量 M_1，粉料平均停留时间 t_1，粉料颗粒平均直径 d_Y 的直接影响；另一部分为两种物质的传热平均温差和粉料温度变化($\beta_1-\beta_2$)的间接影响。

三、干燥过程的工艺计算

以 2021 年某日正常生产过程中流化床干燥器的一组数据为例进行流化床干燥研究。如图 3、图 4 所示，按照粉料进料中的干物料 $m_1 = 26000\text{kg/h}$，干燥器底部热氮气流量 $M_3 = 8600\text{kg/h}$，热氮气进干燥器 D502 前压力为 0.027MPa，热氮气进口温度 $T_3 = 125℃$，水含量 0.00005kg/kg，干燥器顶部压力 0.016MPa，干燥器顶部热氮气出口温度 $T_4 = 74.0℃$，粉料进料含水量(湿基)$X_1 = 0.03\text{kg/kg}$，粉料进料温度 $T_1 = 104.2℃$，粉料出料温度 $T_2 = 71℃$，粉料出料含水量(湿基)$X_2 = 0.0002\text{kg/kg}$，流化床床层直径 $D_1 = 2\text{m}$，挡板直径 $D_2 = 0.5\text{m}$，分离段直径 $D_3 = 2.6\text{m}$ 分布板孔径 $D_4 = 2\text{mm}$，干燥器料位 $L_{ic531} = 45\%$，料位计量程 0~4.7m(压差 1~17kPa)干燥后粉料假密度 $\rho_Y = 480\text{kg/m}^3$。

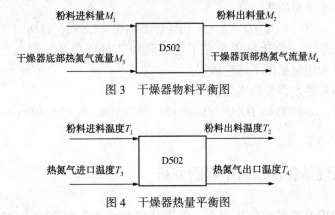

图 3　干燥器物料平衡图

图 4　干燥器热量平衡图

总物料平衡计算式：

$$M_1 + M_3 = M_2 + M_4$$

(1) 对流化床进行如下核算：

$$M_2 = 26000/(1-0.0002) = 26005.2\text{kg/h}$$

$$M_1 = 26000/(1-0.03) = 26804.1 \text{kg/h}$$

（2）粉料中水的蒸发量即为：

$$M_水 = M_1 - M_2 = 26804.1 - 26005.2 = 798.9 \text{kg/h}$$

（3）消耗热量计算，

蒸发水分耗热量计算：

$$
\begin{aligned}
Q_水 &= M_水(2490 + 1.925 \times T_4 - 4.184 \times T_1) \\
&= 798.9(2490 + 1.925 \times 74 - 4.184 \times 104.2) = 17.55 \times 10^5 \text{kJ/h}
\end{aligned}
\tag{6}
$$

式中，2490 为水的汽化潜热，kJ/kg；1.925 为水汽的比热容，kJ/(kg·℃)；4.184 为水的比热容，kJ/(kg·℃)。

加热物料的消耗热量计算式：

$$
\begin{aligned}
q_粉 &= q_水 \times 0.0002 + q_{聚丙烯}(1-0.0002) \\
&= 4.184 \times 0.0002 + 1.841 \times 0.9998 = 1.8415 \text{kJ/(kg·℃)}
\end{aligned}
\tag{7}
$$

其中 1.841 为聚丙烯的比热容，kJ/(kg·℃)。

$$
\begin{aligned}
Q_粉 &= M_1 q_粉(T_2 - T_1) \\
&= 26666.7 \times 1.8415 \times (71 - 104.2) = -16.5 \times 10^5 \text{kJ/h}
\end{aligned}
\tag{8}
$$

有效热量计算式：

$$Q' = Q_水 + Q_粉 = 17.55 - 16.5 = 1.05 \text{kJ/h} \tag{9}$$

（4）干燥过程热氮气提供的热量：

$$Q_{氮气} = C_{氮气} M_{氮气}(T_3 - T_4)$$

$$Q_{氮气} = 1.05 \times 8700(125 - 74) = 4.65 \times 10^5 \text{kJ/h} \tag{10}$$

由式（9）、式（10）可以看出 D502 旋转流动干燥器干燥粉料进入干燥器的温度 T_1 高于粉料出口温度 T_2，与常规干燥过程明显不同，经计算聚丙烯物料自身携带用于蒸发水分的热量与干燥所需热量比为 0.9，即干燥所需热量（90%）主要由物料自身温度降低来提供。热氮气传给颗粒的热量较小，其作用是流化物料和携带水蒸汽湿分。

（5）干燥过程中热量损失：

$$Q_损 = Q_氮 - Q' = 4.65 \times 10^5 - 1.05 \times 10^5 = 3.6 \times 10^5 \text{kJ/h} \tag{11}$$

经过式（5）~式（10）的计算说明在干燥过程中热量损失还是很大的，为调整加热器 E503B 蒸汽的温度和用量提供了理论依据。

（6）氮气出口最终水含量的表达式：

$$X_{氮水} = 8700 \times 0.00005/(8700 + 798.9) + 798.9/(8700 + 798.9)$$

$$X_{氮水} = 0.084 \text{kg/kg}$$

四、循环氮气量和洗涤对干燥的分析

循环氮气作为带走粉料水分的媒介，其循环量的大小不但决定 D502 流化床的流化状态，而且决定聚丙烯粉料的干燥效果，D502 干燥器内的圆筒形构件，使得聚丙烯粉末在干燥器内的流动具有一定的方向性，同时增加了粉料在干燥器内的停留时间和干燥效果。循环氮气量太高容易使流化床出现剧烈翻腾，甚至变成输送床，聚丙烯粉料进入 D502 后不能沿着特定方向流动，停留时间变短，聚丙烯颗粒分散在氮气中带走大量粉料，被扬析带入后续洗涤塔洗涤下来成为水涝料。氮气量太低则容易使流化床出现气固接触短路，甚至变成固定床，热氮气从粉料间的间隙通过，与粉料不能充分接触，传热面积小，传热速率低，干燥效果差，出口粉料中带水，影响造粒机运行及产品质量[2]。

干燥器底部粉料出口含水量还受到介质传热温差和粉料温度变化的间接影响。要提高传热温差和粉料温度变化就要提高上游系统的温度或降低干燥后氮气的温度，或者提高循环氮气进入流化床干燥器的温度。洗涤塔效果的好坏会影响进入干燥系统氮气的温度和湿度，经水洗塔洗涤后的氮气温度越低，则饱和氮气的湿度越小，在相同的干燥温度下，带走粉料中的水分就越多。热氮气从洗涤塔 T502 塔底进入，工艺冷却水从塔顶进入，气液逆流接触，在塔板上进行传热和传质。如图 5 所示，在洗涤塔内既发生气相向液相的热量传递，又发生水的汽化或冷凝。热氮气的水冷过程分别表示沿洗涤塔塔高的温度变化和水蒸气分压的变化。

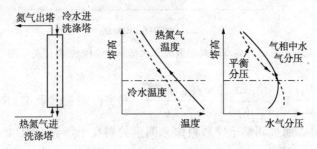

图 5 洗涤塔内热氮气的水冷原理

五、干燥系统的优化

（一）料位变化对干燥器流化床的影响

通过收集一系列生产过程的数据计算干燥器流化床干燥，并计算，如表 1 所示。

表 1 干燥器流化采集数据

序号	流 化 数 据	1	2	3	4
1	干燥器底部热氮气流量 M_3/(kg/h)	8670	8677	8659	8655
2	粉料进料量 M_1/(kg/h)	26000	26000	26000	26000
3	粉料进料含水量(湿基) X_1/(kg/kg)	0.025	0.025	0.025	0.025
4	粉料进料温度 T_1/℃	104.4	104.4	104.5	104.4
5	粉料出料温度 T_2/℃	71.1	71	70.9	71
6	干燥器料位 L_{ic531}	40	42	43	45
7	热氮气进口温度 T_3/℃	125	125	125	125
8	热氮气出口温度 T_4/℃	76.5	75.5	75.1	74.7
9	干燥器顶部热氮气流量 M_4/(kg/h)	8670	8677	8659	8655

续表

序号	流 化 数 据	1	2	3	4
10	干燥器底部粉料出料量 M_2/（kg/h）	26000	26000	26000	26000
11	干燥器底部粉料出料水含量/（μg/kg）	2010	1940	1850	1800

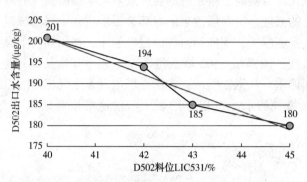

图 6　干燥器底部出料聚丙烯含水量 x，与 D502 料位关系图

由公式（4）$X_2 = \dfrac{M_1}{m_1}\left(X_1 - \dfrac{6t_1\alpha\Delta_t}{r_水\,d_Y\rho_Y}\right) + \dfrac{q_{聚丙烯}(\beta_1-\beta_2)}{r_水}$ 和实际测量的表 1、图 6 可以看出，当负荷一定的条件下，可以通过调整干燥器料位来调整粉料在干燥器 D502 的停留时间，干燥器出料聚丙烯水含量线性下降，在生产高融指无纺布专用料期间，因为挤压机对聚丙烯粉料要求比较苛刻，粉料含水量的控制比较低而且需要满足挤压机高负荷运行，我们可以通过调整 D502 的料位至高料位 45 左右，保证粉料干燥停留时间和粉料干燥效果。当聚合负荷降低时，可以降低 D502 料位，并降低氮气循环量 300Nm³/h 和 E503 氮气加热温度，即可满足干燥效果并达到节能降耗。

（二）循环氮气洗涤控制

根据对氮气洗涤过程的分析，要降低氮气水洗后的温度，一定要控制好进洗涤塔水的温度和流量。在实际的操作中要求洗涤塔水循环泵的质量流量不低于 45t/h，水温不能超过 30℃，以确保氮气经水洗后的温度不会太高，保证粉料的干燥效果。如工艺条件不能满足，就要定期清理循环泵入口过滤器或板式换热器 E502，因为板式换热器流道较窄，很容易堵塞粉料，循环水侧容易结垢，严重影响换热效果，建议大检修增加备用板式换热器定期切换清理。

（三）氮气加热器 E503B 改造

流化床干燥器的氮气加热器 E503 为翅片式的换热器，因为干燥粉料的氮气为循环使用，可能带有部分粉料进入换热器翅片之间，翅片式的换热器清理困难，换热器的换热效率下降。冬季气温较低时，全开换热器的疏水器旁路，流化床干燥器的循环氮气温度仍然达不到设计温度 110℃，干燥效果差，影响造粒机的正常运行，切粒机切粒效果差，出现长尾粒，成品聚丙烯颗粒出现气泡多，颜色发白等现象。目前已在 2019 年大检修改造中增加浮头式换热器 E503B，蒸汽消耗量较检修前减少 300kg/h，控制温度达到 120℃，符合干燥效果要求。

(四) D502 出口粉料水含量分析

根据计算说明在流化干燥过程热量损失还是不少的，因为汽蒸阶段的调整会影响进入干燥系统粉料的水含量指标，我们可以增加 D502 出口粉料水含量分析项目，通过采集 D502 粉料并做出水含量指标，在满足粉料干燥效果的情况下及时调整氮气循环量和进入 E503B 的蒸汽量及温度以达到节能降耗的效果。

优化调整后有利于产品质量的提升，保证了产品的优级品率，避免 5 万元/次粉料带水事故；月降低蒸汽用量 144t，降低循环氮气用量 300Nm³/h，流化床干燥器扬析、夹带细粉量会大幅降低，T502 洗涤下来的水涝量月降低 3t；丙烯单耗由 1004.2kg/t 降低至 1003kg/t，改善物耗和环境问题。

参 考 文 献

[1] 陈志敏，张万尧，李璇. 聚丙烯 D502 流化床干燥器设计与应用[J]. 石油化工设备技术，2008，39 (6)：8-11.
[2] 刘晓亮. 聚丙烯装置干燥系统优化运行分析[J]. 河南化工，2015，32(6)：38-41.

CFB 锅炉内外脱硫系统匹配优化数学模型

（方成亮　田　皓）

某炼化公司主要由两台高温高压、单汽包、露天布置、自然循环 FWEOY-310/9.81-540 型 CFB 锅炉及两台 60MW 双抽凝汽汽轮发电机组提供全厂用汽和用电负荷。两台 CFB 炉除采用炉内添加石灰石进行脱硫外，共用一套美国贝尔哥公司的 EDV 湿法烟气脱硫系统。由于尿素、碱液、石灰石市场价格不断波动，根据炉内石灰石用量对锅炉效率的影响，针对某炼化公司两台 CFB 锅炉以及 EDV 湿法烟气脱硫系统，建立数学模型，探究不同钙硫比下，锅炉的产汽成本，以实现在满足超低排放要求的前提下，减少脱硫、脱硝成本，提高锅炉综合经济性。利用已有的实炉数据针对不同锅炉负荷以及市场原料价格波动进行生产成本的推算，以指导锅炉运行优化。

一、CFB 炉内石灰石脱硫及 EDV 湿法联合脱硫原理

炉内石灰石脱硫原理：CFB 锅炉炉内脱硫剂普遍采用的是石灰石。石灰石在床温超过 870℃ 时发生煅烧分解反应生成氧化钙，氧化钙与石油焦释放出来的二氧化硫反应，使石油焦中的硫分进入炉渣中，达到固硫效果。反应原理方程式为：

$$FeS_2 + 2H_2 \longrightarrow 2H_2S + Fe$$
$$H_2S + O_2 \longrightarrow H_2 + SO_2$$
$$CaCO_3 \longrightarrow CaO + CO_2$$
$$CaO + SO_2 + 1/2O_2 \longrightarrow CaSO_4$$

EDV 湿法脱硫原理：美国贝尔哥公司的 EDV 湿法烟气脱硫技术利用中和反应原理，烟气首先经过急冷喷淋段清洗冷却达到饱和，并除去部分烟尘及酸性气体，之后在吸收喷淋段，烟气中二氧化硫等酸性气体在脱硫塔内被 32% 的氢氧化钠溶液中和吸收，循环浆液的 pH 值通过氢氧化钠的加入量进行调节，具体反应机理为：

二氧化硫遇水生成硫酸。

$$SO_2 + H_2O \longrightarrow H_2SO_3$$

然后，硫酸与氢氧化钠反应生成亚硫酸钠，亚硫酸钠与亚硫酸进一步反应生成亚硫酸氢钠，亚硫酸氢钠又与氢氧化钠反应加速生成亚硫酸钠。生成的亚硫酸钠一部分作为吸收剂循环使用，另一部分经氧化后生成硫酸钠水溶液排放。

$$H_2SO_3 + 2NaOH \longrightarrow Na_2SO_3 + 2H_2O$$
$$Na_2SO_3 + H_2SO_3 \longrightarrow 2NaHSO_3$$
$$NaHSO_3 + NaOH \longrightarrow Na_2SO_3 + H_2O$$
$$2Na_2SO_3 + O_2 \longrightarrow 2Na_2SO_4$$

此过程中还发生其他反应，如氢氧化钠与盐酸的中和反应，与三氧化硫生成硫酸钠的反应。

$$2NaOH+SO_3 \longrightarrow Na_2SO_4+H_2O$$
$$NaOH+HCl \longrightarrow NaCl+H_2O$$

二、炉内脱硫量对锅炉运行的影响

1. 炉内脱硫量对锅炉效率的影响

炉内石灰石脱硫使用的脱硫剂石灰石在锅炉内发生一系列吸热、放热反应，将影响锅炉热平衡[2]。当石灰石在锅炉内发生煅烧分解反应时，会吸收大量热量，而生石灰与二氧化硫、氧气发生化合反应时会释放热量但释放的热量小于石灰石分解耗损的热量，因而石灰石大量投入会对床温产生不利影响。在这个过程中氧气的消耗又会影响燃烧的充分性，风机能耗等。同时锅炉灰平衡、给煤量、烟气量等都会受到石灰石添加量的影响，研究表明[3]，在 Ca/S<2.66 时，会提高锅炉热效率；Ca/S>2.66 时会降低锅炉热效率。

2. 炉内脱硫量对脱硝的影响

大量实验研究表明：在适宜的温度区域（850~950℃）CaO 的增加会催化氧化喷入烟气中用于脱硝的 NH_3 还原剂[4]，使得大量 NH_3 被氧气氧化为氮气以及 N_xO，使得脱硝效率降低，因此钙硫比越高，尿素的利用率越低，要使氮氧化物排放达标，需要投入更多的尿素，在本文计算模型中将使用尿素投加量计算脱硝成本。

三、数学模型

影响锅炉运行经济性的因素很多，某炼化公司动力中心 CFB 锅炉及发电机组不仅承担全厂用电负荷，同时向外界提供中低压蒸汽，因此本文以产生单位蒸汽所需成本衡量锅炉运行的经济性。由于石灰石的添加会对脱硝效率、锅炉效率产生影响，建立的数学模型中包含了炉内脱硫石灰石，脱硝尿素，炉外脱硫塔用碱以及石油焦成本。对于不同原料价格以及锅炉负荷下必然存在最佳的钙硫比，使机组在满足各种运行要求的前提下，有最低的产汽成本[5]。建立的数学公式如下：

$$E=\frac{q_{des,out}p_{des,out}+q_{des,in}p_{des,in}+q_{den}p_{den}+q_g p_f}{P}$$

式中　E——生产单位 9.8MPa 高压蒸汽运行费用，元/t；

　$q_{des,out}$——生产单位 9.8MPa 高压蒸汽碱液耗量，t；

　$q_{des,in}$——生产单位 9.8MPa 高压蒸汽石灰石耗量，t；

　q_{den}——生产单位 9.8MPa 高压蒸汽尿素耗量，t；

　q_g——生产单位 9.8MPa 高压蒸汽石油焦耗量，t；

　$p_{des,out}$——碱液单价，元/t；

　$p_{des,in}$——石灰石单价，元/t；

　p_{den}——尿素单价，元/t；

　p_f——石油焦单价，元/t；

　P——机组生产 9.8MPa 高压蒸汽量，t。

某炼化公司两台 CFB 炉燃用石油焦由延迟焦化装置提供，经晾晒破碎后送往炉前石油焦仓。为方便计算石油焦价格设为 2021 年 1 月 28 日的市场价格 1550 元/t，石灰石价格设为 230 元/t，碱液价格以 698 元/t 计，尿素价格设为 1680 元/t。2020 年钙硫比不同的 7 个月份实际运行数据如表 1 所示。

表 1 2020 年 2 台 CFB 炉实炉数据

钙硫比	石油焦耗量/t	石油焦价格/(元/t)	石灰石耗量/t	石灰石价格/(元/t)	碱液耗量/t	碱液价格/(元/t)	尿素耗量/t	尿素价格/(元/t)	产汽量/t
1.81	35430	1550	17150	230	682.916	698	4.5	1680	356039
1.85	39962.9	1550	17650	230	960.597	698	10	1680	427970.4
1.93	40300.62	1550	20400	230	898.425	698	7.1	1680	441792
1.95	41221	1550	22300	230	1065.603	698	3.75	1680	445536
1.96	41706.9	1550	19050	230	960.2	698	4.5	1680	457538.4
2.01	39528	1550	19500	230	720.447	698	12.75	1680	412845.6
2.11	39726.6	1550	22150	230	770.583	698	16	1680	398520

对数据进行整理并对多项式进行函数拟合，处理结果如图 1 所示。

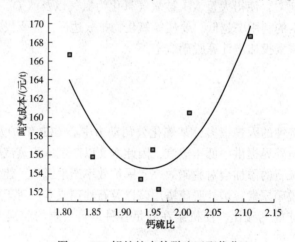

图 1 CFB 锅炉炉内外脱硫匹配优化

由图 1 可以看出，随着钙硫比（即炉内脱硫量）的增大，锅炉综合经济性呈现先提高后降低的趋势。由于前期石灰石投入量的增加脱硫效率不断提高，锅炉运行综合经济性随之不断提高。当脱硫效率提高到某一值时脱硫效率趋于平稳，继续增加石灰石排烟量、灰渣物理热损失增加，床温降低，锅炉效率下降，锅炉综合运行成本呈上升的趋势。这表明存在一个最佳的钙硫比，使得在炉内有最佳的脱硫效率，而对脱硝效率影响较小，不会对锅炉热效率产生较大影响，能够充分发挥锅炉综合经济性。不考虑 CFB 锅炉飞灰循环量、风量等其他单体优化条件影响以及各原料价格市场波动，在设定的边界条件下，钙硫比在 1.97 时，生产单位蒸汽成本达到最低。

四、结语

利用脱硫系统匹配优化模型，可以利用已经测得的实炉数据针对不同锅炉负荷以及市场原料价格波动进行生产成本的推算，以指导锅炉运行优化，达到在满足超低排放标准的前提下，尽可能地降低锅炉能耗。但是本模型仅仅针对锅炉内外脱硫分配对锅炉生产成本影响进行研究，未考虑过量空气系数、飞灰循环量、排烟温度等单体优化条件对锅炉经济性的影响，在后续锅炉整体性能影响的研究中可以使用锅炉效率进行修正。

参　考　文　献

[1] 李清松. CFB 锅炉腐蚀原因分析及脱硫脱硝除尘工艺研究 [D]. 青岛：中国石油大学 (华东)，2016.

[2] 李丰泉，李迎春，胡玉龙. 循环流化床锅炉添加石灰石对锅炉效率的影响分析 [J]. 锅炉制造，2020，(04)：3-6.

[3] 王海超，刘科，崔辉. CFB 锅炉添加石灰石对锅炉热力计算的影响 [J]. 山东电力技术，2016，43，(03)：34-37.

[4] 陈镇超. SNCR 应用于 130t/h 循环流化床锅炉烟气脱硝的研究 [J]. 能源工程，2014，(05)：61-67.

[5] 张磊，苑广存. 超低排放下 CFB 锅炉内外脱硫系统匹配优化 [J]. 电力科技与环保，2019，35 (02)：60-62.

高压加热器加热汽源的优化

（李清松　张　波　梁最安）

一、优化背景

热电企业作为主要的电能、蒸汽供应单位，同时也是能耗大户。对于一些老旧机组，存在机组容量小、服役时间较长、机组性能偏低、厂用电率高、管网损失大、管路不善等影响因素，导致热电装置的能耗居高不下。虽然经过多年的锅炉达标提效工作，热电机组的能耗大幅降低，但总体能耗依然偏高。2015 年 12 月 11 日，国家发展改革委等部门印发《全面实施燃煤电厂超低排放和节能改造工作方案》（环发【2015】164 号），要求 2017 年东部地区、2018 年中部地区、2020 年西部地区，现役燃煤发电机组改造后平均供电煤耗低于 310g/kW·h。

某炼化公司动力中心装置配置 2 台 310t/h 循环流化床锅炉、2×60MW 汽轮发电机组，汽轮机抽出的蒸汽分别进入全厂中压/低压蒸汽管网。中压蒸汽主要部分由催化、制氢、硫黄和重整等装置的余热锅炉提供，不足部分由动力中心汽轮机中压抽汽供给，来维持不同工况下全厂的中压蒸汽管网的平衡。动力中心内部中压蒸汽来源有 1#、2#汽轮机中压抽汽、开工锅炉生产的中压蒸汽和高/中压减温减压器出口蒸汽。低压蒸汽主要部分来自界外工艺汽轮机的抽汽或排汽及装置内余热产生的蒸汽，动力中心在额定负荷下消耗界区外压力 0.7MPa，温度 250℃的低压蒸汽；不足的部分由 2 台汽轮机低抽、中/低压减温减压器提供，维持不同工况下全厂的低压蒸汽管网的平衡。2 台 60MW 汽轮机组各有 1#、2#2 台高压加热器，4 台高压加热器参数配置相同，1#、2#高压加热器串联运行。

2016 年该公司供电煤耗为 344.25g/kW·h，为降低煤耗，实现达标，在保障安全、稳定运行，满足石化生产工艺要求的前提下，有必要通过合理利用加热蒸汽，促进高压加热器加热系统提效降耗。

二、机组原系统能损分析

该公司汽轮发电机组配套的高压加热器于 2008 年 5 月正式投产，形式为 U 形管立式表面换热器，尺寸 $DN1100mm×5108mm×16/14mm$，换热面积为 250m²。其中，1#高压加热器水侧设计给水温度为 158℃，压力为 16MPa；汽侧加热蒸汽设计温度为 250℃，压力为 1.1MPa，2#高压加热器水侧设计出水温度为 215℃，压力为 16MPa；汽侧加热蒸汽设计温度为 410℃，压力为 3.8MPa。

通过分析机组 2017 年 5 月 23 日的运行数据，1#、2#汽轮机分别对外供低压汽 5.88t/h、7.86t/h。回热系统中，1#、2#汽轮机的 1#高压加热器组分别消耗低压蒸汽母管蒸汽 1.87t/h、1.56t/h，除氧器消耗低压蒸汽母管蒸汽 41.9t/h。即 1#、2#汽轮机组回热系统净消耗低压管网蒸汽为 41.9t/h+1.87t/h+1.56t/h-5.88t/h-7.86t/h＝31.59t/h（外网富裕蒸汽量），机组的低压抽汽 13.74t/h 全部为自用除氧器、高压加热器加热用汽。

2#高压加热器出水温度(运行数据)206.7℃,加热用汽采用调整门进行自动调节,控制目标值为出水温度。

计算高压加热器的运行状态,发现高压加热器组的运行方式并不合理。在运行的 1#高压加热器组,因来汽压力(表)仅为 0.68MPa,出水温度为 166.4℃(端差 3℃),较除氧器的出水温度(157.1℃)温升仅 9℃。1#高压加热器温升不足,致使 2#高压加热器需要多抽取高品质中压蒸汽来加热给水,造成了能源利用的不合理,应及时进行调整[1]。

根据机组的运行工况,设定采用机组低压抽汽蒸汽略作减压(满足加热器要求)后的蒸汽作为 1#高压加热器的加热汽源。1#高压加热器汽源改变前、后运行对比计算见表1。

表1 1#高压加热器汽源改变运行对比计算

项 目	参 数	原运行参数	现运行参数	备 注
2#高压加热器加热蒸汽	压力/MPa	3.72	3.72	
	温度/℃	429.7	429.7	
	焓值/(kJ/kg)	3286.7	3286.7	
	流量/(t/h)	45.9	25.14	用量减少
2#高压加热器给水出口	压力/MPa	15.17	15.17	
	温度/℃	206.7	206.7	平均温度
1#高压加热器加热蒸汽	压力/MPa	0.686	1.1	
	温度/℃	229.2	343.4	
	焓值/(kJ/kg)	2905.9	3140	
	流量/(t/h)	8	31.2	
1#高压加热器给水入口	压力/MPa	15.17	15.17	
	温度/℃	157.15	157.15	
	焓值/(kJ/kg)	672.1	672.1	
	流量/(t/h)	627.7	627.7	两炉上水合计
1#高压加热器给水出口	压力/MPa	15.17	15.17	
	温度/℃	166.4	185	端差 3℃
	焓值/(kJ/kg)	713	792.2	
2#高压加热器蒸汽新增焓降	焓降/(kJ/kg)		146.7	
排汽减少焓降	焓降/(kJ/kg)		690	排汽焓设定 2450kJ/kg
蒸汽发电增加/kW			280.69	增、减合并计算
年增发电量/GW·h			2.2455	8000h
减少外购电成本	万元/a		123.5	0.55 元/kW·h8000h

三、优化方案

2019 年为机组的 2 台 1#高压加热器新增一套蒸汽加热系统,新加热系统汽源取自机组的低压抽汽,调整阀后,汽源压力(表)控制在1.1MPa。系统示意图如图1所示。

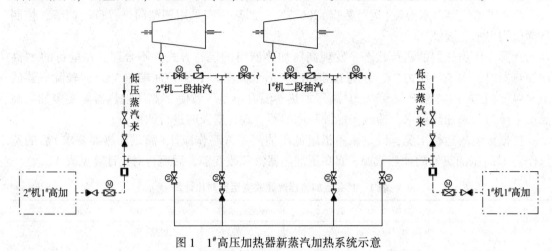

图1   1#高压加热器新蒸汽加热系统示意

四、优化效果

2020年12月份投用该系统,采用优化措施,保证了汽轮机组回热系统的经济高效运行,减少了高品质中压蒸汽的消耗,增加了低压抽汽的使用量。同时因机组抽汽量整体增大,减少了凝汽器的排汽量,对真空度提升有利。但本系统运行时,应优先保证外网低压蒸汽的需求。当外界低压蒸汽负荷过大,单台机组低压抽汽无法满足要求,应将外供低压蒸汽转由2台机组承担,新加热系统停运,转为原抽取低压蒸汽母管蒸汽加热1#高压加热器的运行方式。

本优化中,并未改变除氧器的运行方式,除氧器消耗低压蒸汽母管蒸汽41.9t/h。虽然减少了1#高压加热器消耗低压蒸汽母管蒸汽3.43t/h,但1#、2#汽轮机组回热系统净消耗低压管网蒸汽38.47t/h,高于原运行中外网富裕蒸汽量31.6t/h,低压蒸汽管网依然保持在发电机组外送低压蒸汽的状态,不会出现低压蒸汽过剩外排的现象。

通过计算分析,2台1#高压加热器采用压力较高的低抽蒸汽作为加热汽源时,实际出水温度增加至185℃,温升较原运行方式提高19℃,可实现多用低压抽汽蒸汽31.2t/h(减少使用低压蒸汽母管蒸汽8t/h),减少中压蒸汽母管蒸汽的使用量20.7t/h。此部分高压蒸汽可继续做功至低压抽汽段再参与加热给水,实现了增发电280.69kW·h/h,年增发电2.2455GW·h,外购电价以0.55元/kW·h计算,年总计减少外购电成本123.5万元。以2016年热电部发电730.0GW·h,供电煤耗344.25g/kW·h计算,此运行方式可使全年供电煤耗降低1.06g/kW·h。

参 考 文 献

[1] 鲁旭东,陈学科. 火力发电厂热力系统优化[J]. 内蒙古石油化工,2016,(04):55-56.

高加保护水回收利用

（曲同超）

一、高加保护系统简介

高压加热器（高加）为表面式加热器，运行中考虑到加热器管束破裂等故障会引起给水加热器汽侧满水，危及机组安全运行，因此，高加设置了保护装置，以保证汽轮机不进水、加热器不爆破、锅炉不断水。保护装置包括异常水位保护系统、超压保护装置和给水自动旁路系统。其中给水自动旁路系统的作用是在加热器由于故障或其他原因停用时可以维持机组正常运行，保证锅炉不断水。

二、联成阀的作用和原理

联成阀的入口和旁路位于同一个阀壳中，共用一个阀碟，两者合并起来成为联成阀，前联成阀装在 1# 高加的给水入口连接管上，后联成阀装在 2# 高加给水出口连接管上。前联成阀上部空间用旁路管与后联成阀的上部空间相连通，当高加满水后，阀碟借截面压差自动开启。正常运行中，前联成阀阀碟位于最上端的位置，与上阀座接触，全部打开，关闭旁路，给水经下阀座即出口进入高加，给水不再进入旁路管，经高加流出的给水，将后联成阀顶开流向锅炉。

当高加泄漏或者水位超过 500 水位时为了防止高加汽测满水，快速切断高加，正常投运时给水走主路，当切断时给水走小旁路。联成阀基本都是液动控制，控制机构为铜活塞，活塞上下分两个水室，正常运行情况下活塞上部有长流水，经过活塞上的通孔流到下部水室排出水室外，主要起到润滑防止卡涩的作用，水室一直保持有水，可以保证联成阀快速动作。当事故时，保护水电磁阀动作，水室上部快速充压，阀门动作。

三、高加保护水系统

高加保护水是高加保护装置的主要组成部分，当任一高加水位高达到极限值时，水位保护电磁阀动作，高加保护水进入高加前联成阀活塞上部，使活塞下移，压住阀杆，使阀杆下落，隔断出口，打开旁路，给水通过旁路管，同时后联成阀阀碟下落，切断高加给水，同时保证锅炉连续供水。

高加保护水取自凝结水和冷除盐水两路，现常用冷除盐水为保护水。为了满足高加保护装置动作灵敏性的要求，始终有高加保护水经节流孔节流后流入热放水母管，以保证高加保护水管道充满水，当高加水位高信号发出后能快速切断高加给水，防止因保护水管道冲水时间长影响联成阀动作过慢，引起加热器汽侧满水，危及机组安全运行。但是这部分高加保护水通过节流孔后流入地沟，不能回收利用，造成了高价除盐水的浪费。因此对高加保护水系统进行优化，进一步回收利用冷除盐水，降低除盐水使用率势在必行。

四、高加保护水回收方案

长流水出口距离地面约 1.5m 处，为了方便观察和不影响联成阀事故状态下动作，保护水回收时管道应是敞口（如图 1 所示），可将保护水回收到一个水箱后使用。锅炉配药用水就是冷除盐水，可以将保护水回收之后一部分用于锅炉配药；另一部分回收到疏水箱，疏水箱补水也是冷除盐水，既能回收浪费的保护水也能节约配药用水和疏水箱补水。

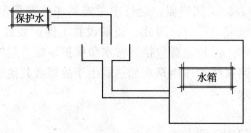

图 1 保护水回收管道示意图

五、高加保护水回收后经济情况分析

保护水流量按照 0.3t/h 算，每台高加平均每天回收除盐水 7.2t，两台高加一年可回收除盐水 5256t，回收的除盐水得到利用，又减少了原来除盐水的使用量。按照除盐水 8 元/t，一年可节约 8 万元左右。

第四章

设备改造实践类

重整四合一炉余热回收节能
改造及经济性分析

（薛 斌 沈 博 孙 喜 王 添 李 泽）

某炼化公司 1.8Mt/a 连续重整装置采用美国 UOP 超低压连续重整工艺与第三代 CycleMax 催化剂再生工艺。重整反应加热炉采用四合一箱式加热炉，U 型低压降 Cr9Mo 炉管，加热炉燃烧器布置采用侧烧形式，辐射室由重整进料加热炉（F201）、第一中间加热炉（F202）、第二中间加热炉（F203）、第三中间加热炉（F204）四个炉膛组成，用于加热重整进料和循环氢的混合物，为重整反应提供热能，同时对流室产 3.5MPa 蒸汽回收烟气余热。加热炉设计供风为自然通风，依靠烟囱的抽力实现通风、燃烧、排烟的过程，烟气从辐射室炉膛排出后经过对流室与水和蒸汽换热后排入烟囱，排烟温度达到 240℃ 左右，排烟温度远高于烟气露点温度，加热炉热效率仅为 86%，存在很大的节能潜力。针对此状况，决定对重整四合一炉进行节能改造。

一、改造方案

（一）改造前加热炉主要工艺参数

重整四合一炉改造前主要工艺参数见表 1。

表 1　改造前四合一炉温度参数表

加热炉	入口温度/℃	出口温度/℃	处理量/(t/h)	循环氢流量/(Nm³/h)	改造前排烟温度/℃
F201	437.8	522.8			
F202	419.3	522.9	218	115510	240
F203	457.1	522.9			
F204	478	522.7			

（二）改造思路

现阶段烟气余热回收技术最常见的就是余热锅炉系统和空气/烟气余热回收系统。本重整装置四合一炉设计之初已包含余热锅炉系统，因此为了将加热炉的出口烟气温度由 240℃ 左右降至较低水平，考虑新增一套空气/烟气余热回收系统，使得入炉空气和外排烟气进行换热，从而达到回收烟气余热的目的。

（三）改造内容

改造主要分为 5 个部分：增设烟气余热回收系统、更换燃烧器、辐射室衬里的修补改造、设置联锁值、设置温度检测，改造后四合一炉排烟温度目标值低于90℃，加热炉效率目标值大于94%。

1. 增设烟气余热回收系统

原重整四合一炉 F201/202/203/204 采用自然通风的燃烧形式，本次改造增设空气/烟气余热回收系统，回收烟气中的余热，进入的空气经预热后供重整四合一炉 F201/202/203/204 燃烧器燃烧使用。

本次改造排烟温度较低，有可能出现露点腐蚀，为避免引风机腐蚀，烟气余热回收系统中的空气预热器分为高、低温两段式，引风机放置在高、低温预热器之间，并且在空气预热器的空气侧设置跨线和控制阀，从而有效地控制排烟温度。同时，为防止余热回收系统主要设备空气预热器出现低温露点腐蚀，本次改造中选用耐露点腐蚀能力较强的铸铁板式空气预热器，减少露点腐蚀的可能。

2. 更换燃烧器

为达到环保要求，降低氮氧化物排放，本次改造需更换重整四合一炉所有燃烧器共96台，燃烧器燃烧形式由自然通风改为强制通风，改造后燃烧器氮氧化物控制指标小于 $50mg/Nm^3$。此外，加热炉设置调风挡板，微调燃烧器的供风量，提高了操作安全性。

3. 辐射室衬里的修补

由于重整四合一炉的所有燃烧器全部需要更换，燃烧器局部衬里必定会受到不同程度的损坏，所以更换完燃烧器后需要对辐射衬里进行修补。

4. 设置联锁值

为了防止鼓风机或空气预热器发生故障时影响加热炉操作，在风道上设置了40台快开风门，设置鼓风机故障或空气预加器出口压力低时与快开风门联锁，即当总风道空气压力低于 0.5kPa 时，触发压力低低联锁，40台快开风门迅速开启，鼓风机 C401 和引风机 C402 随后停机，炉顶烟气进入烟囱的旁路挡板打开(即原加热炉水平短烟道)，以保证加热炉燃烧状况，加热炉可以独立正常操作。若加热炉总风道压力低低联锁后，出现40台快开风门中12台及以上风门未打开的情况，将及时切断重整加热炉燃料气，保障装置安全。

5. 设置温度检测

在高温段空气预热器烟气出入口设置温度检测，当高温段空气预热器的烟气入口温度 TI23202 高于305℃或出口温度 TI23205 高于230℃时，将触发温度高高联锁，引风机 C402 将联锁停机，同时打开炉顶烟气进入烟囱的旁路挡板 PIC23200A。

(四) 改造流程简述

改造后的加热炉烟气余热回收系统的流程见图1。烟气从四合一炉对流段顶部烟道引出，进入高温段空气预热器，从高温段空气预热器出来后变为低温烟气，再经引风机引入至低温段空气预热器继续回收烟气余热，最后返回炉顶烟道排入混凝土烟囱。冷空气由鼓风机送入低温段预热器与低温烟气换热，然后进入高温段空气预热器进一步加热，从而提高入炉燃烧的空气温度，进而提高加热炉热效率，最终预热后的空气送至四合一炉侧风道供燃料燃烧用。

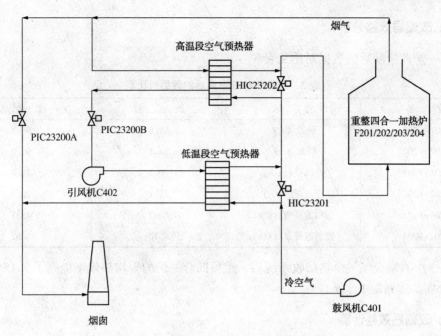

图 1 加热炉烟气余热回收系统流程示意图

二、改造效果

（一）改造后运行情况

1. 加热炉热效率改善情况

四合一炉烟气余热回收系统正常投用，运行情况良好，温度参数见表 2，高温段烟气出口温度为 167℃，低温段烟气出口温度为 86.8℃，满足小于 90℃ 的预期指标，空气进加热炉前温度为 150.5℃，加热炉热效率为 95%，达到预期指标。

表 2 改造后四合一炉温度参数

加热炉	入口温度/℃	出口温度/℃	处理量/(t/h)	循环氢流量/(Nm³/h)	改造后排烟温度/℃
F201	438.3	522.2			
F202	416.4	521.2	218	115510	86.8
F203	454.6	522.2			
F204	477	523.2			

2. 机组运转情况

四合一炉余热回收的鼓引风机、余热回收系统等关键设备机组运转良好。

3. 环保达标情况

加热炉的火嘴燃烧情况较好，四合一炉氮氧化物排放量为 35.5mg/Nm³，满足环保要求。

（二）改造后效益分析

四合一炉改造前后的数据对比见表3。

表3　四合一炉改造前后的数据对比表

设　　备	指　　标	改　造　前	改　造　后
F201+F203	热效率/%	85.6	94.8
F202+F204	热效率/%	86.1	95.2
F201+F203	产汽量/(t/h)	20.2	19.8
F202+F204	产汽量/(t/h)	21.1	20.5
F201+F203	燃料消耗量/(t/h)	4.62	4.31
F202+F204	燃料消耗量/(t/h)	4.10	3.82

从表3中看增设烟气余热回收系统后，重整四合一炉的平均热效率提高了9.15%，热效率高达95%，达到先进水平。

（三）改造后效益计算

四合一炉改造后能耗数据见表4。

表4　四合一炉改造后能耗数据表

设　　备	项　　目	用　　量
F201+F202+F203+F204	改造前燃料气总耗量/(t/h)	8.72
	改造后燃料气总耗量/(t/h)	8.13
	改造前对流段总产汽量/(t/h)	41.3
	改造后对流段总产汽量/(t/h)	40.3
	改造前循环水用量/(t/h)	0
	改造后循环水用量/(t/h)	4.2
	改造前耗电功率/kW	0
	改造后耗电功率/kW	600

节能效益计算公式为：

$$G = (W_{g1} - W_{g2}) \times T \times P_g - (W_{s1} - W_{s2}) \times T \times P_s - W_w \times T \times P_w - Q_e \times T \times P_e$$

式中　G——合计节能效益，万元；

T——年投用时间，其值按照8400h计算；

W_{g1}——改造前燃料气总耗量，t/h；

W_{g2}——改造后燃料气总耗量，t/h；

P_g——瓦斯固定单价，元/t；

W_{s1}——改造前对流段总产汽量，t/h；

W_{s2}——改造后对流段总产汽量，t/h；

P_s——蒸汽固定单价，元/t；

W_w——改造后循环水用量，t/h；

P_w——循环水固定单价，元/t；

Q_e——改造后耗电功率，kW；

P_e——用电固定单价，元/kW·h。

由计算得知，改造后燃料气耗量将明显降低，改造后每年节能效益预计约为1026.8万元。实际改造投用后统计，一年节省燃料气5443t，扣除蒸汽、电、循环水费用，年增效1044万元，与预期值相符。该项目投资3000万元，投资回收期2.9年，经济效益比较显著。

三、结语

连续重整装置通过新增四合一炉余热回收系统，提高重整四合一炉热效率，降低能耗损失，节能效益显著。同时将燃烧器改造成低氮燃烧器，供风形式由自然通风改为强制通风，使得烟气中氮氧化物含量低于50mg/Nm³，进一步满足环保要求，为同类装置改造提供了成功的经验，具有良好的推广应用价值。

参 考 文 献

[1] 任文龙. 重整反应炉供风系统节能改造及节能效果分析[J]. 石油石化节能与减排，2012，6(2)：6-8.

[2] 杜博华，刘建军，蒋志军，等. 连续重整装置四合一加热炉余热回收节能改造[J]. 齐鲁石油化工，2010，38(1)：6-9.

[3] 徐承恩主编. 催化重整工艺与工程[M]. 北京：中国石化出版社，2006.

基于 HTRI 的稳定塔后水冷器低效率原因分析与对策

（吴　东）

一、工艺概况

催化裂化稳定塔是实现催化裂化产品稳定汽油与液化气分离的设备，塔顶的冷回流不仅为塔盘上提供进行传质的液相，同时取走稳定塔上部过多的热量，是控制液化气 C_5 含量的关键因素。某石化公司炼油厂催化裂化装置稳定塔采取空冷加水冷的模式使液化气冷凝进入回流罐中，再经液化气泵外送液化气至下游装置和冷回流返塔。

2020 年 6 月份以来，装置进入夏季高温高负荷生产阶段，稳定塔后水冷器 E312（以下简称 E312）的前后温差始终在 1℃左右，冷却效率极低。稳定塔冷却负荷严重不足，液化气丁烷与戊烷组分分离效率下降，为了保证产品质量稳定塔采取较高压力和塔底温度的操作方案，装置抵抗风险的能力下降，装置液化气产量与总处理量受到制约，经济效益受到影响，同时高负荷操作使各部分能耗增加，增加了生产成本，是目前催化裂化装置夏季高温生产的主要瓶颈。

二、设备概况与理论分析

E312 为管壳式换热器，采用"2+2"串并联布置，即两台为一组串联，两组再并联共 4 台布置。壳程介质为催化液化气，管程介质为工业循环水。为降低换热器的压降，单组换热器串联时设定两个出口和两个进口，壳程为上进下出，管程为下进上出，两介质逆流换热。单组换热器布置走向见图 1。

图 1　E312 单组换热器管路布置及流向图

当换热器规格已经确定，可以基于传热单元数法计算得出单台换热器的热效率：

传热单元数 $NTU = \dfrac{K \times S}{C_{p_{\min}}}$

当逆流时：换热效率 $\varepsilon = \dfrac{1 - \exp\left[-NTU_{\min}\left(1 - \dfrac{C_{\min}}{C_{\max}}\right)\right]}{1 - \dfrac{C_{\min}}{C_{\max}} \exp\left[-NTU_{\min}\left(1 - \dfrac{C_{\min}}{C_{\max}}\right)\right]}$

式中　K——对流传热系数，$W/(m^2 \times K)$；

　　　S——换热器的设计换热面积，m^2；

　$C_{p\min}$——冷热两介质热容流率的较小值，$kW/℃$；即若 $m_热 \times C_热 > m_冷 \times C_冷$，则 $C_{p\min} = m_冷 \times C_冷$，反之亦然。

　$C_{\min}$——两相比热容的较小值，$J/(kg \cdot ℃)$；

　$C_{\max}$——两相比热容的较大值，$J/(kg \cdot ℃)$。

由计算公式可以推出换热效率低的影响因素主要有以下几个方面：

（1）原设计换热面积不足。管壳式换热器换热面积受管束外表面积，换热管总根数等方面的影响，因换热器规格已确定，因此将在之后的模拟计算中进行验证。

（2）由于热介质偏流导致单组换热器超出设计热负荷。因为壳程介质为液化气处于气液混合状态，不能用超声波测速的方式准确测出流量，因此本文将利用热负荷模拟计算出大致流量。

（3）冷却介质不足。根据热平衡公式，当冷介质流量不足时，换热能力随之降低。

$$m_1 C_1 (T_2 - T_1) = \varepsilon m_2 C_2 (t_1 - t_2)$$

式中　m_1——冷介质单位时间流量，kg/h；

　　　m_2——热介质单位时间流量，kg/h；

　　　T_1——冷介质入口温度，$℃$；

　　　T_2——冷介质出口温度，$℃$；

　　　t_1——热介质入口温度，$℃$；

　　　t_2——热介质出口温度，$℃$。

（4）管壳程结垢导致传热系数 K 下降。

$$传热系数\frac{1}{K_热} = \frac{1}{\alpha_热} + R_{s热} + \frac{b}{\lambda}\frac{d_1}{d_m} + R_{s冷}\frac{d_1}{d_2} + \frac{1}{\alpha_冷}\frac{d_1}{d_2}$$

式中　$R_{s热}$——壳程污垢热阻，$m^2 \cdot K/W$；

　　　$R_{s冷}$——管程污垢热阻，$m^2 \cdot K/W$。

　　　d_1——换热管内径，m；

　　　d_2——换热管外径，m；

　　　d_m——换热管中径，m；

　　　b——换热管厚度，m；

　　　λ——换热管的导热系数 $W/(m^2 \cdot K)$。

污垢热阻主要与介质流速、介质的物理化学性质导致的结垢倾向性有关。可通过查表获得不同条件下的污垢热阻。

α 为相应介质的给热系数，可通过雷诺数和普朗克常数进行计算。在计算给热系数 α 时，当介质与设备尺寸确定了，物性也不发生变化时，和介质流速与热流率 C_p 值呈一定的正比关系。

（5）原设计对流传热系数不足。当液态烃发生相变，其给热系数 α 除了受到雷诺数和普朗克数的影响，还受虚拟膜厚度的影响，另外在计算热负荷时还需考虑介质汽化和冷凝过程中的相变所需的汽化潜热值。当介质为液态烃的混合物时，其物性受温度、压力影响变化极大，且为动态变化，需要借助计算机软件进行模拟计算。

三、利用换热器软件 HTRI 模拟计算

（一）HTRI 软件与模块

HTRI 是全球领先的过程换热和换热器技术的开拓者，其换热单元模块 Xist 可以实现单相和两相流管壳式换热器的设计、核算和模拟，包括重沸器、降膜蒸发器、回流冷凝器[1]。本文利用 Xist 单元，模拟计算模式进行换热器的计算分析和优化。

（二）工况一：目前的实际运行工况

为了逐步找出冷却效率低的原因，首先按照实际工艺条件分别模拟计算出两组换热器的壳程流量，再通过分析报告进一步查明原因。

稳定塔顶后冷器 E312A/B、E312C/D 于 2011 年改造建成，其循环水路源于稳定区域换热平台循环水总管，E312C/D 布置于距离循环水路主管位置最远端，导致 E312C/D 的循环水量严重不足，并且无法通过调整其他换热器的循环水量使其增加。

在已知条件下为避免温度测量偏差导致的计算误差，所以首先根据管壳程出入口温度计算出 E312A/B 流量，再根据总流量计算出 E312C/D 流量。已知壳程液化气总流量为 240t/h，经过模拟计算得 E312A/B 壳程流量为 157t/h，由此可得 E312C/D 壳程流量为 83t/h。E312A/B 管程冷却水量为 231t/h，E312C/D 管程冷却水量为 63t/h，读取某一时刻的管、壳程出入口温度作为工况一的计算温度，管壳程污垢热阻暂取经验值 $0.000377m^2 \cdot K/W$，物性条件及换热器结构参数参见表 1。

计算工艺条件及结果如表 1 所示。

表 1 工况一条件下的部分工艺计算结果

工况一工艺参数	E312A/B	E312C/D
入口压力/kPa(绝)	1100	1100
壳程入口温度/℃	42.7	42.7
壳程出口温度/℃	40	41.2
管程入口压力/kPa	500	500
管程入口温度/℃	30	30
管程出口温度/℃	38.7	40
壳程流量/(t/h)	157	83
管程流量/(t/h)	231	63
壳程压降/kPa	17.4	9.2
所需传热系数/[W/(m²·K)]	542.28	116.4
实际传热系数/[W/(m²·K)]	560.3	113.5

由表 1 可以看出，热介质侧存在一定偏流，壳程介质发生偏流的原因与结论如下：当存在冷却介质时，处于不饱和蒸气压状态下的液化气中的气态烃先发生冷凝，然后进行冷却，在冷凝器的流动过程中，偏流的原因来源于气态介质的冷凝造成的密度差。当两组换热器入

口存在压力差时，介质将向压力较低的一侧流动，导致偏流。流体在筒体不同位置的压降分布如图 2 所示。

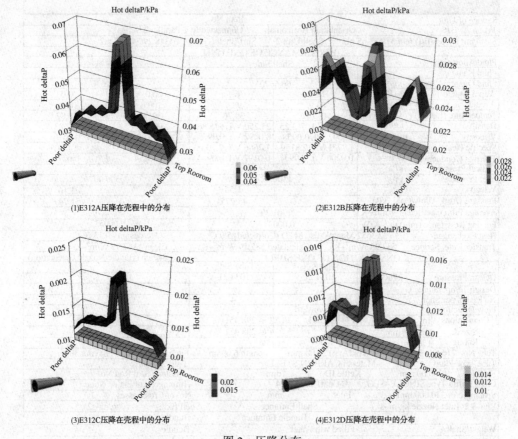

(1)E312A压降在壳程中的分布　　　(2)E312B压降在壳程中的分布

(3)E312C压降在壳程中的分布　　　(4)E312D压降在壳程中的分布

图 2　压降分布

由图 2 可以看出，E312A/B 的压降较大，且集中在上侧换热器的入口区域，即 E312A 的入口。因为回流罐布置在冷凝器的下方，则液相受到重力作用将降低冷凝器的阻力降，降低换热器的入口压力。又因 E312C/D 冷凝效果差，所以形成气阻。此时的 E312C/D 相当于热旁路，与 E312A/B 出口混合后，总的冷却效果变差。

（三）工况二：切出 E312C/D，E312A/B 单独运行

如将 E312C/D 切出，按照液化气总量为 240t/h，循环水量为 231t/h，计算压力 1100kPa(绝)进行模拟计算。输入界面主要参数如图 3 所示。

得出计算分析报告如图 4 所示：

由于管程污垢热阻选用设计值，经过一

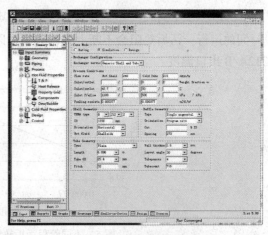

图 3　HTRI 输入界面

HEAT EXCHANGER RATING DATA SHEET

HTRI

Page 1
SI Units

Service of Unit		Item No.		
Type BJS		Orientation Horizontal	Connected In 1 Parallel 2 Series	
Surf/Unit (Gross/Eff) 696.57/683.65 m2		Shell/Unit 2	Surf/Shell (Gross/Eff)348.29/341.83 m2	

PERFORMANCE OF ONE UNIT

Fluid Allocation		Shell Side		Tube Side	
Fluid Name		液化气			
Fluid Quantity, Total	kg/s	66.6670		64.1670	
Vapor (In/Out)	%(质)	15.1	6.1	0.0	0.0
Liquid	%(质)	84.9	93.9	100.0	100.0
Temperature (In/Out)	C	42.70	39.76	30.00	38.82
Density	kg/m³	24.346 V/L 512.25	23.250 V/L 515.86	995.83	992.83
Viscosity	mN–s/m²	0.0092 V/L 0.0958	0.0092 V/L 0.0975	0.7971	0.6676
Specific Heat	kJ/kg–C	1.7771 V/L 2.8159	1.7666 V/L 2:7965	4.1790	4.1777
Thermal Conductivity	W/m–C	0.0200 V/L 0.0931	0.0197 V/L 0.0944	0.6154	0.6275
Critical Pressure	kPa				
Inlet Pressure	kPa	1100.02		500.007	
Velocity	m/s		1.56		1.10
Pressure Drop, Allow/Calc	kPa		45.275		51.749
Average Film Coefficient	Wim2–K	1701.39		5252.70	
Fouling Resistance (min)	m2–K/W	0.000377		0.000377	
Heat Exchanged		2:3652 MegaWatts MTD (Corrected) 5.9 C		Overdesign –0.13 %	
Transfer Rate, Service		582.95 W/m²–K Calculated 582.19 W/m²–K		Clean 1147.93 W/m²–K	

CONSTRUCTION OF ONE SHELL

		Shell Side	Tube Side	Sketch (Bundle/Nozzle Orientation)
Design Pressure	kPaG	1034.21	1034.21	
Design Temperature	C			
No Passes per Shell		1	4	
Flow Direction		Downward		
Connections In	mm	1 @ 336.551	1 @ 298.451	
Size & Out	mm	@	1 @ 298.451	
Rating Liq.Out	mm	@	@	

Tube No 716 OD 25.400 mm Thk(Avg) 2.500 mm Length 6.096m Pitch 32.000 mm Layout 30
Tube Type Plain Material CARBON STEEL Pairs seal strips
Shell ID 1200.00 mm Kettle ID mm Passlane Seal Rod No.
Cross Baffle Type SINGLE–SEG. %Cut (Diam) 25.4 Impingement Plate None
Spacing(c/c) 270.000 mm Inlet mm No. of Crosspasses
Rho–V2–Inlet Nozzle kg/m–s² Shell Entrance Shell Exit: kg/m–s2
Bundle Entrance Bundle Exit kg/m–s2
Weight/Shell Filled wth Water Bundle

Notes:		Thermal Resistance.%	Velocities, m/s	Flow Fractions	
	Shell	34.23	Shellside 1.56	A	0.260
	Tube	13.80	Tubeside 1.10	B	0.410
	Fouling	49.27	Crossflow 2.85	C	0.087
	Metal	2.70	Window 1.34	E	0.184
				F	0.059

图 4 E312A/B 单独运行的计算报告

段时间的运行，污垢热阻会不断上升，必须加以修正。图 5 为不同污垢热阻下模拟计算出的 E312A/B 出口温度。

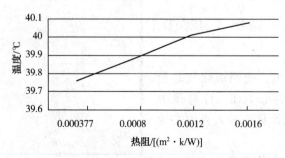

图 5 不同管程污垢热阻下的壳程出口温度

由图 4 可以看出，将 E312A/B 单独运行时，壳程流速提高，使得对流传热系数 K 变大，从而换热效率提高。

(四) 两种工况下的对比

对比工况一和工况二计算结果可知：流速的增大使得传热系数增大，从而单组两台串联换热器的换热效率高于并联四台换热器的换热效率。这是因为并联的主要作用为增大的冷却介质的流量，但是却降低了介质流速，介质流速在热平衡计算中直接影响了对流传热系数的大小，也就直接影响了传热效率 ε 的大小。根据热平衡公式 $mC_1(T_1-T_2) = \varepsilon mC_2(t_1-t_2)$，即：

$$T_1-T_2(单组串联) = \frac{\varepsilon_{串联} m_{串联} C_2(t_1-t_2)}{mC_1}$$

$$T_1-T_2(两组并联) = \frac{\varepsilon_{并联} m_{并联} C_2(t_1-t_2)}{mC_1}$$

所以串、并联热介质出、入口温差的大小取决于 $\varepsilon_{串联} \times m_{串联}$ 与 $\varepsilon_{并联} \times m_{并联}$ 的大小，在此案例中 $\varepsilon_{串联} > \varepsilon_{并联}$，$m_{串联} < m_{并联}$，通过上述模拟计算我们得出：当前工况下，单组换热器的出口温度略低于并联情况下的出口温度。

由于 E312C/D 泄漏，2021 年 2 月 24 日~4 月 19 日 E312A/B 单组运行，取循环水温度较相同的 2020 年 10 月 28 日~2021 年 1 月 11 日进行换热器出口温度的对比。E312C/D 切出前后实际出、入口温度见图 6。

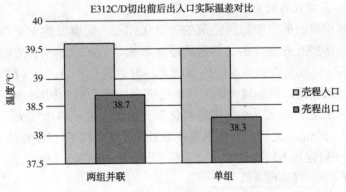

图 6　E312C/D 切出前后出入口温度比较

通过对比模拟与实际值可以看出，模拟计算结果方向基本准确，实际运行下单组的出口温度要略低于并联运行。

四、降本增效及进一步优化

(一) 降低运行维护及检维修成本

管程循环水的流速过低对换热器的危害较大，且炼油厂循环水中存在钙离子等易结垢离子以及生物、非生物黏泥，当流速低时附着在管壁使该结垢倾向增大，换热器管程流速进一步降低恶化。

管程循环水流速低、管内壁结垢主要有以下两方面危害：

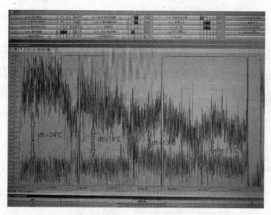

图7 2015~2019 年间分馏塔顶后水冷器
出入口温度 DCS 截图

1. 换热能力下降，换热效率降低

管程内壁结垢一方面使管内污垢热阻 $Rs_冷$ 上升，降低传热系数 K 的值，减小换热总面积；另一方面冷却负荷不足使传递的总热量大大下降。以催化裂化装置分馏塔顶后冷器 E215 为例如图 7 所示。

图 7 是同装置中分馏塔后水冷器 E215 在一个检修周期内的前后温差变化趋势，各时间段区间的 E215 出入口平均温差见表 2。由图可以看出当循环水流速下降导致管内结垢时，总流通面积随之下降，与此同时将导致循环水流速进一步下降，造成恶性循环。

表 2 各时间段区间的 E215 出入口平均温差

时间	2015 年 10 月~ 2016 年 7 月	2016 年 9 月~ 2017 年 5 月	2017 年 9 月~ 2018 年 1 月	2018 年 2 月~ 2019 年 4 月
温差 dt/℃	24	18	13	13

2. 低流速循环水对设备的腐蚀作用

碳钢在冷却水中腐蚀的主要原因是氧的去极化作用，而腐蚀速率又与氧的扩散速率有关，如图 8 所示由于接近管壁处的边界层的厚度影响氧的扩散速率，故随着水流速率的上升，在 0.3~0.5m/s 区域，碳钢的腐蚀速率较大；但达到 0.6~1.0m/s 区域，因流速很大，向金属表面提供的氧量足以使金属表面形成氧化膜，起到了缓蚀作用，该区域碳钢的腐蚀速率较低。但水流速率继续增大，则会破坏氧化膜，使腐蚀速率再次增大[2]，所以要避免出现管内流速在 0.3~0.5m/s 之间。而根据测速结果并计算可得 E312C/D 的管内流速在 0.3~0.4m/s 之间，处于腐蚀速率较高的区间，不利于设备的长周期运行。

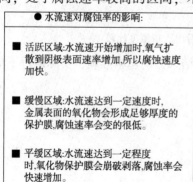
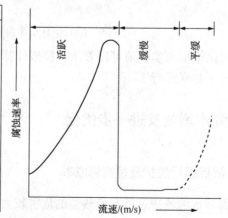

图 8 水流速的大小对腐蚀速率的影响趋势

2021 年 1 月 14 日，E312C/D 发生内漏，经过检修投用后 2 月 24 日再次内漏，切出后 E312A/B 单独运行。自 2015～2021 年 6 年间 4 次发生泄漏，且临近管束使用末期泄漏更加频繁。

E312A/B 单独运行后，其循环水流速为 1.1m/s，有效避免了因循环水流速过低导致的垢下腐蚀，减少甚至是杜绝换热器频繁泄漏检修的现象。

（二）降低循环水使用量

将 E312C/D 切出后，减少循环水使用 63t/h，按工业循环水处理费用 0.33 元/t 计算，月节省费用 14968.8 元，年节省费用 179625 元。

（三）进一步优化方向

为了达到良好的换热效率，同时满足管路的许用压降，可以尝试改变弓形折流板的形式来改变流体的流动方式，从而改变其给热系数[3]。但是总体效果不佳，而根据换热原理，当流体全部液化，流速进一步提高，一方面消除了介质冷凝所需的汽化潜热，同时会大大提高介质的给热系数。

所以要想彻底解决夏季生产中稳定塔后冷却负荷不足的现象，需将原 E312C/D 由三层平台移至地面上，并且将其挪用至稳定塔冷回流流程上，因为稳定塔冷回流流程于 D302 抽出，经过液化气泵加压至 1.5MPa，保证介质全部处于液态，这样经过模拟计算结果见表 3。

表 3　冷回流换热器模拟计算结果

项目	壳程	管程
介质	液态烃(全液化)	循环水
流量/(t/h)	170	231
压力/kPa(绝)	1600	500
入口温度/℃	42.7	30
出口温度/℃	32.5	35.3

冷回流降低至 33℃将彻底解决稳定塔冷却负荷不足这一瓶颈，使稳定塔在超负荷运行下可以更好地进行产品质量的控制。

五、结论

对比上述工况下的计算结果结合装置实际进行分析。

（1）E312C/D 循环水量严重不足，壳程形成热旁路，导致液化气冷后混合温度偏高。

（2）原设计存在缺陷，一方面在液态烃罐 D302 前增加换热器，液态烃处于气液混合两相，由于气相给热系数低，用管壳式型换热器不能满足换热要求。同时没有考虑循环水入口管线处于总管末端导致的冷却水不足。

（3）由于设计缺陷，导致 E312C/D 管程流速低，循环水腐蚀结垢加剧，E312 于 2015～2019 年运行周期内多次泄漏。2019 年大检修过后，2021 年 1 月 14 日再次发生泄漏。

（4）E312A/B 单独运行时，冷却能力基本等同于原并联工况，解决了管程介质偏流以及壳程走热旁路的现象，同时降低了生产成本。

（5）将 E312C/D 改用至冷回流流程上将有效解决稳定塔冷却能力不足的生产瓶颈，而春、秋、冬三季将其改走旁路以节约能源。

参 考 文 献

[1] 杨少越，俞一帆，孙淑飞，等. HTRI 软件在 LNG 管壳式换热器设计中的应用[J]. 低温与特气，2018，(2)：17-20.

[2] 伯士成，屈定荣，刘艳，等. 碳钢在石化循环水中流动腐蚀试验研究[J]. 石油化工腐蚀与防护，2019，(1)：6-7

[3] 黄彬峰. 管壳式换热器折流板的设计[J]. 石油化工设备技术，2015，(4)：19-22.

乙苯-苯乙烯加热炉优化改造分析

（刘业宏）

某炼化公司炼油五部乙苯-苯乙烯装置3台加热炉经过长周期运行后出现烟气排放超标，炉壁保温层保温效果下降，炉外壁温度偏高，导致燃料气耗量大，于2017年及2019年分别进行了火嘴更换和节能改造，改造后烟气排放远低于基准值，减少了空气污染，同时提高了炉壁保温效果，降低了装置能耗，保证了加热炉更加高效、环保、低耗运行。

3台乙苯-苯乙烯装置管理加热炉，分别为热载体加热炉（F101）、循环苯加热炉（F102）和蒸汽过热炉（F301），其中蒸汽过热炉设计热负荷大于10MW，3台加热炉总设计热负荷21.5MW，均正常运行两个检修周期。具体情况介绍如下。

一、三台加热炉情况简介

（一）热载体加热炉

热载体经热载体泵加压送入热载体加热炉（F101）加热到275℃，为塔底重沸器及烷基转移反应进料换热器提供热源，热载体循环使用。热载体加热炉具体参数见表1。

表1　热载体加热炉参数

额定供热量/ （kcal/h）	正常负荷/ （kcal/h）	操作 弹性	设计温度/ ℃	操作压力/ MPa（表）	介质循环量/ （m³/h）
$6.5×10^6$，约7600kW	$5.105×10^6$	60%~120%	350	1.1	325

炉体采用立式圆筒螺旋盘管底烧结构，设置内、中、外3层盘管，盘管间采用并联结构，烟气走两回程，炉体顶部设置锥形盘管，炉管选用20#锅炉钢，耐火材料选用不定型浇注料，浇注时内加不锈钢纤维丝。加热炉燃烧器实现全自动控制运转，加热炉实现负荷自动调节，即自动启停，自动调节风量，保持整个系统稳定运行，并能在30%~100%负荷间自动调节。空气预热器采用热管式空气预热器，换热面积为400m²，系统效率达到91%。热载体加热炉烟气及空气流程见图1。

（二）循环苯加热炉

循环苯加热炉（F102）为辐射对流型圆筒形加热炉，采用底烧，热管式空气预热器换热面积为469m²，加热炉烟气及空气流程见图2。

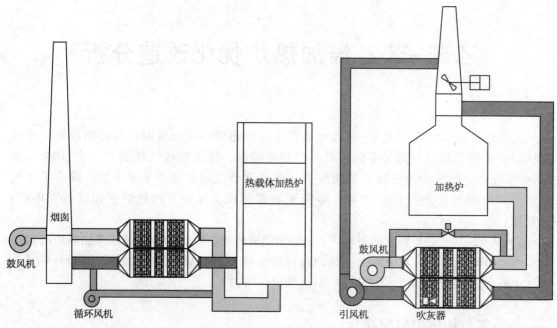

| 图 1 热载体加热炉烟气及空气流程 | 图 2 循环苯加热炉烟气及空气流程 |

（三）蒸汽过热炉

蒸汽过热炉燃料气来源为脱氢尾气和烃化尾气，蒸汽过热炉为自然通风、双辐射炉膛共用一个对流段的立式方箱炉，通过烟囱挡板调节炉膛负压，控制燃烧。根据工艺需要，过热蒸汽需要两次加热，炉管位于炉膛中央，炉管两侧布置燃烧器，炉管为双面辐射传热。炉膛下部燃烧器火焰部分采用耐火砖复合结构炉墙，炉膛上部及炉顶部分采用纤维模块复合结构炉墙，烟囱位于对流段顶部，采用气动式烟囱挡板调节炉膛负压，使得炉膛处于负压状态下操作。

二、加热炉现存在问题

（一）烟气排放不达标

自确定加热炉烟气排放标准后，3 台加热炉烟气排放均不达标，具体标准及烟气排放数据见表 2。

表 2 烟气排放数据

项目	二氧化硫/（mg/m³）	氮氧化物/（mg/m³）
排放基准值	50	100
F101	9.2	231
F102	10.8	156.4
F301	8.1	125

（二）能耗过高

随着长时间、高负荷的运行，两台带空气预热器的加热炉空预器热管翅片腐蚀堵塞，导致传热效率下降，入炉空气温度低，热效率下降，热管翅片堵塞情况见图3；F301 经过长周期满负荷运行，内部炉墙破损或隔热性能不好，导致加热炉外壁温度过高，损失热量，炉外壁的理想温度应在 65℃以下，但在运行末期炉外壁普遍在 100℃以上，说明加热炉的保温效果明显下降，也意味着燃料气的消耗明显偏大，导致燃料气浪费。

图 3　热管翅片腐蚀堵塞情况

三、改造内容

（一）3 台加热炉火嘴改造

借鉴其他单位改造经验[1,2]，对 3 台加热炉火嘴进行更换，火嘴改造前后情况见图 4，新型火嘴提高燃烧效率，减少烟气 NO_x 含量。

图 4　火嘴改造前后对比

（二）F-101 增加 FGR 系统

FGR 系统中增加循环风机，抽取部分 F101 炉出口烟气返回到空气入口侧再次参与燃烧，从而减少烟气 NO_x 含量[3]。

（三）节能改造

利用 2019 年大检修的机会，为提高炉壁保温效果，降低燃料气消耗，F301 采取先在炉膛内壁火焰的高度位置喷涂大约 10cm 厚的保温涂料，并且整个炉膛内壁喷涂反辐射涂料，修复炉墙 85m² 左右，炉管、炉墙节能喷涂 599m²，见图 5，在不更换 F301 保温层的情况下，提高炉壁对炉管的辐射效果，来达到减少炉壁散热损失的目的。针对看火窗关闭不严、内部保温砖脱落等问题，对部分经常使用的看火窗进行改造，见图 6 及图 7，新看火窗密封隔热效果更加有效；F101 和 F102 空预器烟气低温端换热管腐蚀严重，换热管返厂维修 334 根。

图 5　保温及节能喷涂情况　　　　　　　　　图 6　旧看火窗

图 7　新看火窗

四、改造效果

本次加热炉改造的新型燃烧器采用多火嘴、先进燃烧技术，通过燃料气分级燃烧、烟气再循环等技术的应用[4,5]，通过特别的技术设计来降低燃烧器的火焰峰值温度，实现低氮燃烧，降低了过剩空气，减少了氮氧化物的生成量，减少了空气污染，达到环保指标的要求，具体数据见图 8 及图 9。通过节能改造，F301 经过节能改造后炉壁温度有所降低，热损失减少，降低装置能耗，具体改造效果见图 10 及表 3，节能改造前后燃料气用量变化见表 4、表 5。

改造前后烟气中氮氧化物含量变化

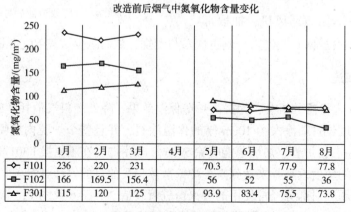

	1月	2月	3月	4月	5月	6月	7月	8月
F101	236	220	231		70.3	71	77.9	77.8
F102	166	169.5	156.4		56	52	55	36
F301	115	120	125		93.9	83.4	75.5	73.8

图 8　火嘴改造前后氮氧化物含量变化

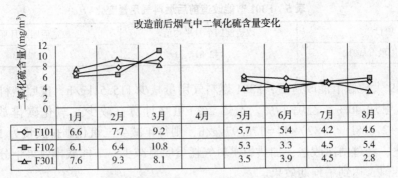

图 9 火嘴改造前后二氧化硫含量变化

	1月	2月	3月	4月	5月	6月	7月	8月
F101	6.6	7.7	9.2		5.7	5.4	4.2	4.6
F102	6.1	6.4	10.8		5.3	3.3	4.5	5.4
F301	7.6	9.3	8.1		3.5	3.9	4.5	2.8

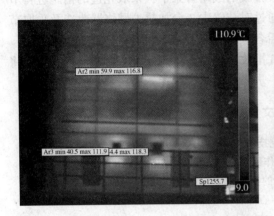 

图 10 改造前后炉壁外温对比

表 3 节能改造前后炉壁外温对比

项目	最高温度/℃		平均温度/℃	
	改造前	改造后	改造前	改造后
区域 1	116.8	99.3	62.3	58.4
区域 2	118.3	117.1	73.7	63.1
区域 3	111.9	110.1	76.8	67.3

表 4 火嘴改造前后燃料气用量变化

项目	改造前四个月平均值	改造后四个月平均值
F102 燃料气用量/(Nm^3/h)	566.67	530.2
F301 燃料气用量/(kg/h)	518.75	431.25

F102 燃料气用量减少 36.47Nm^3/h，按照燃料气中影响碳排放的组成(甲烷 40%、乙烷 17%)粗略计算：减少二氧化碳排放 1204mol×44/1000＝52.976kg/h，则每年减少二氧化碳排放量为 464t。

F301 燃料气用量减少 87.5kg/h，按照燃料气中影响碳排放的组成(甲烷为 40%、乙烷为 17%、乙烯为 2%)粗略计算：减少二氧化碳排放(25kg/16＋19.92kg/30×2＋2.1875kg/28×2)×44＝134kg/h，则每年减少二氧化碳排放量为 1173.84t。

表5　F301节能改造前后燃料气用量变化

项目	改造前四个月平均值	改造后四个月平均值
燃料气用量/(kg/h)	442.81	327.3

经过2019大检修节能改造后，F301燃料气用量减少115.51kg/h，按照燃料气中影响碳排放的组成（甲烷40%、乙烷17%、乙烯2%）粗略计算：减少二氧化碳排放（33kg/16 + 26.3kg/30×2 + 2.888kg/28×2）×44 = 176.97kg/h，则每年减少二氧化碳排放量为1550.26t。

综上所述，经过两次改造，加热炉燃料气耗量明显减少，节能减排效果十分明显，环保数据优于基准值，达到了预期效果。

在目前全球经济增速放缓，国家实施降低碳排放的战略背景下，采取先进的措施进行节能改造对炼化企业来说意味着降低生产成本，通过对装置中3台加热炉燃烧器改造及采取节能措施，烟气各指标全部达到环保标准，优化后各项参数控制在较高水平，节能效果显著。经过运行验证后，达到了降低加热炉能耗及烟气排放、提高整体热效率的目的。下一步，将继续优化工艺操作、采用先进的工艺技术，进一步降低加热炉能耗，提高企业的经济效益。

参 考 文 献

[1] 陈郃. 乙苯装置加热炉燃烧器改造的应用[J]. 石化技术，2018，025(012)：263.

[2] 王莹波，刘润玲. 重整装置加热炉的改造措施及操作建议[J]. 工业炉，2009，(04)：57.

[3] 岳勇，王渤，韩东太. 有机热载体加热炉安装质量的控制[J]. 工业炉，2007，(01)：33.

[4] 王麒，田园. 提高加热炉效率措施及改造思路[J]. 石油石化节能，2011，(10)：39.

[5] 刘辉. 炼油厂加热炉节能改造分析[J]. 石化技术，2016，23(8)：291.

动力中心锅炉给水泵节能改造

（付 钰）

一、给水泵节能改造的意义

动力中心是某炼化公司的能源能量转换的重要场所，同时也是能源消耗的大户。其中，锅炉给水泵是发电厂的重要辅助设备，也是动力中心第二大耗电设备[1]。若可以在节能增效上有所作为，不仅可以提高企业自身的竞争力，而且对于现如今能源至上的社会来说也是一种突出的贡献。

二、概况

（一）装置概况及给水系统

中国石化某炼化公司动力中心 2 台 310t/h 锅炉采用循环流化床锅炉（B1101/02），以锅炉岛的型式由福斯特惠勒动力机械有限公司（FWPML）设计制造，以炼化公司副产的石油焦作为燃料。汽轮机装置主体设备 2 台 CC60-8.83/3.9/1.2 型汽轮机组为杭州汽轮机厂的高温高压、单轴单缸、双抽凝汽式汽轮机。2 台机组额定功率合计 120MW，汽轮机抽出的蒸汽分别进入全厂中压/低压蒸汽管网。

同时动力中心设置 3 台电动给水泵，2 台运行 1 台备用。根据锅炉厂要求，给水温度提高能避免锅炉尾部烟道的低温腐蚀，因此系统中设置 2 组高压加热器，将除氧后 158℃ 的给水加热到约 215℃ 后进入锅炉。在每组 2 台高加给水进出口之间设给水旁路联动装置，与高加水位联动，以保证系统和设备的安全性。高压给水和高加之后的锅炉给水母管均采用分段母管制，在这两个母管之间设联络管和联络阀，以便 1 台高加故障切除运行时，给水可从旁路进入对应的锅炉，同时另一套高加和锅炉的正常运行不受影响。

（二）运行中存在的主要问题

根据 2015 年 12 月 11 日国家发展改革委等部门印发《全面实施电厂超低排放和节能改造工作方案》（环发【2015】164 号），现役燃煤发电机组改造后平均供电标煤耗低于 310g/kW·h。目前动力中心供电标煤耗偏高，远达不到国家要求。

动力中心给水泵型号为 3DG-10Q，其额定压力为 16MPa，额定流量为 350t/h。给水泵参数如表 1 所示。动力中心 CFB 炉给水流量为 321t/h（CFB 炉额定蒸发量的 103%）时，CFB 炉给水调节阀前压力为 14.8MPa，而 CFB 炉给水调节阀阀后的压力仅为 11.1MPa。CFB 炉给水调节阀前后压差达到 3.7MPa 以上。此时 CFB 炉给水调节阀开度仅为 42.8%。CFB 炉给水调节阀节流明显。这主要因为给水泵出口压力高使得 CFB 炉给水调节阀前压力过高，这样就造成了"大马拉小车"的能源浪费。因此，对给水泵进行改造十分重要。

表 1 给水泵参数表

设备	项目	单位	参数
给水泵	型号		3DG-10Q
	扬程	mH$_2$O	1600
	汽蚀余量	m	8
	转速	r/min	2980
	轴功率	kW	1800
	效率	%	77
	出口流量	t/h	350
	生产厂家		沈阳水泵石化泵有限责任公司
电机	型号		YKS6302-2TH-F1
	电压	kV	10
	电流	A	133.9
	功率	kW	2000

三、给水泵立项与改造方案

（一）项目立项

为进一步降低动力中心供电标煤耗，降低动力中心发电厂用电量的方法是一条可行途径。经过前期调研、分析，2018 年 9 月 10 日正式立项。项目要求将给水泵出口压力由 15MPa 降至 13MPa 左右。为此，动力中心采用降低给水泵出口压力，减少给水泵电耗的措施来降低动力中心发电厂用电量。

（二）改造方案

两台给水泵的出口水压力为 15.2MPa，依据给水泵（两炉两泵）电流 116.2A、给水泵的设计说明中的数据、性能曲线计算电机的运行功率为 1710kW，改造前后 3 台给水泵参数如表 2 所示。动力中心 3 台给水泵为十级泵，在确保安全及稳定运行的前提下，拟进行给水泵转子改造（更换小转子），从而降低扬程，减少锅炉给水系统节流损失，降低给水母管压力。给水泵扬程由 1600m 降低为 1385m，给水泵轴功率由 1800kW 降低到 1425kW，从而预计降低给水泵电耗 13%。

表 2 改造前后给水泵参数

序号	项目	原参数	改造后参数
1	水泵用途	给水泵	给水泵
2	型号	3DG-10Q	3DG-10QA
3	类型	卧式多级泵 BB4	卧式多级泵 BB4

续表

序号	项目		原参数	改造后参数
4	数量		P1211A/B/S3	3
5	流量/(m³/h)		正常320、最大350	正常320、最大350
6	扬程/m		1600	1385
7	效率/%		77	79
8	轴功率/kW		1800	约1425
9	密度/(kg/cm³)		909	909
10	进水压力/MPa		0.758	0.758
11	出水压力/MPa		15	13
12	最大工作压力/MPa		17	17
13	使用温度/℃		158	158
14	最高允许使用温度/℃		200	200
15	Re.NPSH/m		8	8
16	接口尺寸	进口/(mm)	250	250
		出口/(mm)	200	200
17	电机	功率/kW	2000	2000
		品牌	佳木斯	佳木斯
		电机型号	YKS6302-2TH	YKS6302-2TH
18	转速/(r/min)		2985	2985
19	轴承型式		滑动轴承/推力盘	滑动轴承/推力盘
20	泵的旋转方向		顺时针(从电机侧向泵侧看)	顺时针(从电机侧向泵侧看)
21	备注		泵重量4500kg	单端面机械密封外冲洗

(三) 改造后预期效果

动力中心两台给水泵年运8000h，按每台给水泵每小时节省耗电225kW，可实现年节电 $3.6×10^6$ kW·h，电费节约198万元(电费0.55元kW·h)。

四、给水泵改造后运行情况

(一) 轴承振动与温度

给水泵改造项目施工完成后，给水泵各轴承振动及温度均正常。本次给水泵改造项目施工质量优良。给水泵各轴承振动运行数据如表3~表5所示，以及温度运行数据如表6~表8所示。给水泵轴承振动<4.5mm/s为合格；给水泵轴承温度<70℃为合格。

表3 1#给水泵轴承振动数据

项目 （8月6日）	1#给水泵驱动端水平振动/ （mm/s）	1#给水泵驱动端垂直振动/ （mm/s）	1#给水泵驱动端轴向振动/ （mm/s）	1#给水泵自由端水平振动/ （mm/s）	1#给水泵自由端垂直振动/ （mm/s）	1#给水泵自由端轴向振动/ （mm/s）
8 时	1.9	1.5	1.8	1.8	1.7	0.9
10 时	1.9	2.1	1.8	1.5	1.4	1.1
12 时	2.1	1.9	2.1	1.4	1.2	1
14 时	1.4	1.4	1	1.1	1.4	0.9
16 时	1.6	1.5	1.1	1.3	1.3	1
18 时	2.2	2.2	1.9	1.4	1.5	0.9

表4 2#给水泵轴承振动数据

项目 （8月17日）	驱动端水平振动/ （mm/s）	驱动端垂直振动/ （mm/s）	驱动端轴向振动/ （mm/s）	自由端水平振动/ （mm/s）	自由端垂直振动/ （mm/s）	自由端轴向振动/ （mm/s）
8 时	1.7	1.3	1.1	2.1	2.2	1.1
10 时	1.8	1.3	1	2.2	1.9	1.3
12 时	1.4	1.5	0.9	2	1.6	0.8
14 时	1.4	1.3	0.9	1.8	1.3	0.7
16 时	1.5	1.3	0.9	2.2	1.8	0.9
18 时	1.7	1.5	1.1	1.9	1.6	1.1

表5 3#给水泵轴承振动数据

项目 （8月6日）	驱动端水平振动/ （mm/s）	驱动端垂直振动/ （mm/s）	驱动端轴向振动/ （mm/s）	自由端水平振动/ （mm/s）	自由端垂直振动/ （mm/s）	自由端轴向振动/ （mm/s）
8 时	1.6	1.6	1	2.1	1.7	0.8
10 时	1.8	1.5	1.2	2.3	1.8	0.7
12 时	2.1	1.9	1.5	1.9	1.3	1.1
14 时	1.8	1.6	1.3	1.7	1.6	0.9
16 时	1.7	1.2	1.1	1.9	1.6	0.8
18 时	1.7	1.3	1	1.8	1.6	0.9

表6 1#给水泵轴承温度数据

项目(8月6日)	驱动端温度/℃	自由端温度/℃	推力轴承温度/℃
8 时	48.2	42.4	30.2
10 时	46.4	42.4	32.8
12 时	48.4	44.4	31.6

项目(8月6日)	驱动端温度/℃	自由端温度/℃	推力轴承温度/℃
14 时	47.8	46.2	31.2
16 时	48.2	46.8	32.2
18 时	45.4	41.6	32.6

表7　2#给水泵轴承温度数据

项目(8月7日)	驱动端温度/℃	自由端温度/℃	推力轴承温度/℃
8 时	47.6	41	33.6
10 时	48.2	42.8	33.8
12 时	45.4	43.6	32.6
14 时	45.2	43.2	33.6
16 时	47.6	42.8	33.8
18 时	48.2	43.6	32.4

表8　3#给水泵轴承温度数据

项目(8月6日)	驱动端温度/℃	自由端温度/℃	推力轴承温度/℃
8 时	47.6	42.6	32.2
10 时	48.2	43.8	33.2
12 时	45.4	42.6	32.6
14 时	47.6	43.2	31.8
16 时	49.2	45.4	32.6
18 时	49.8	46.2	33.1

通过对以上 3 组给水泵改造后轴承振动与温度运行数据的记录，测试振动数据均小于 4.5mm/s，温度数据均小于 70℃。因此，符合改造要求。

(二) 实际运行与立项目标对比

改造后，给水泵运行数据如表 9、表 10 所示。给水泵出口压力已降至 13MPa 左右，与立项指标无差别。

表9　1#给水泵运行数据

时间(8月25日)	1#炉给水流量/(t/h)	1#给水泵出口压力/MPa	1#给水泵入口压力 MPa
6：00	293.6	13.12	0.6
7：00	291.1	13.12	0.6
8：00	297	13.12	0.6
9：00	298.7	13.13	0.6
10：00	299.3	13.19	0.6
11：00	300	13.19	0.6

时间(8月25日)	1#炉给水流量/(t/h)	1#给水泵出口压力/MPa	1#给水泵入口压力 MPa
12：00	300.2	13.19	0.6
13：00	300.7	13.19	0.6
14：00	300.6	13.19	0.6
15：00	298.8	13.19	0.6
16：00	298.1	13.19	0.6
17：00	297	13.18	0.6
18：00	296.1	13.13	0.6
平均	297.78	13.16	0.6

表10 2#给水泵运行数据

时间(10月17日)	2#炉给水流量/(t/h)	2#给水泵出口压力/MPa	2#给水泵入口压力/MPa
6：00	309.1	13.1	0.6
7：00	306.1	13.2	0.6
8：00	307.1	13.2	0.6
9：00	307.6	13.2	0.6
10：00	309.5	13.2	0.6
11：00	306.8	13.2	0.6
12：00	305.8	13.2	0.6
13：00	305.5	13.2	0.6
14：00	307.2	13.2	0.6
15：00	309.0	13.2	0.6
16：00	303.4	13.2	0.6
17：00	302.7	13.2	0.6
18：00	303.5	13.2	0.6
平均	306.4	13.2	0.6

通过上组给水泵运行数据可以看出，改造后的给水泵出口压力已经降低到 13MPa。因此，改造后实际运行达到立项目标。

五、经济效益情况

（一）给水泵改造前后对比

1#给水泵改造前后数据如表11所示。可计算出 1#给水泵改造前单位给水电耗为 6.5kW·h；1#给水泵改造后单位给水电耗为 5.3kW·h。1#给水泵单位给水电耗降低 18.5%。

表 11　1#给水泵运行数据

时间	1#炉给水流量/ (t/h)	1#给水泵出口压力/ MPa	1#给水泵入口压力/ MPa	1#给水泵电流/ A	1#给水泵线 电压/kV
5 月 25 日平均	304.65	14.97	0.59	123.63	18.05
8 月 25 日平均	297.78	13.16	0.6	100.23	18.12

2#给水泵改造前后数据如表 12 所示。可计算出 2#给水泵改造前单位给水电耗为 5.9kW·h，2#给水泵改造后单位给水电耗为 4.6kW·h，1#给水泵单位给水电耗降低 22%。

表 12　2#给水泵运行数据

时间	1#炉给水流量/ (t/h)	2#给水泵出口压力/ MPa	2#给水泵入口压力/ MPa	2#给水泵电流/ A	2#给水泵线 电压/kV
4 月 21 日平均	301.3	15.2	0.6	119.9	18.1
8 月 17 日平均	306.4	13.2	0.6	99.2	18

3#给水泵改造前后数据如表 13 所示。可计算出 3#给水泵改造前单位给水电耗为 6.3kW·h，3#给水泵改造后单位给水电耗为 5.1kW·h，3#给水泵单位给水电耗降低 19%。

表 13　3#给水泵运行数据

时间 (6：00~18：00)	1#炉给水流量/ (t/h)	3#给水泵出口压力/ MPa	3#给水泵入口压力/ MPa	3#给水泵电流/ A	3#给水泵线 电压/kV
5 月 25 日平均	315.81	14.93	0.6	121.34	18.35
8 月 25 日平均	312	13.1	0.6	98.6	18.3

（二）改造产生效益

改造前，3 台给水泵平均单位给水电耗为 6.2kW·h。改造后，3 台给水泵单位给水电耗平均下降 19.8%。按每台给水泵流量 310t/h、全年运行 8000h 计算，每台给水泵全年节电 $6.2×310×8000×0.198＝3.044×10^6$kW·h。动力中心全年有 2 台给水泵连续运行。动力中心全年可节电 $608.8×10^4$kW·h。按电价 0.55 元/kW·h 计算，动力中心全年节省 334.84 万元。总体而言，本次改造的经济效益情况达到改造目标。

六、结论

改造给水泵作为节能项目，是通过给水泵小转子改造，降低给水系统压力，减少给水泵电耗，实现动力中心节能增效，达到降低标煤耗的目标。其中，经测算此次对给水泵改造能降低供电标准煤耗约达 1.9g/kW·h。总体而言，本次改造的经济效益情况达到预期改造目标，提高了动力中心的节能效果和经济性。

参 考 文 献

[1] 张振华. 高压变频器在燃机电厂给水泵改造中的应用[J]. 能源与节能，2016，12(3)：25-26，+33.

装船离心泵节能改造实践

（郎冠群）

一、现状

某炼化储运装置7台装船泵1202-P-012（芳烃装船泵）、1209-P-003/015（MGO、柴油装船泵）、2220-P-005/007（煤油装船泵）、2221-P-002（汽油装船泵）、2221-P-003（石脑油装船泵）由于初始设计选型偏大，普遍存在扬程过大、节流严重的问题。考虑到每年成品油装船量较大，造成的电能损失极为严重，计划通过叶轮切削及更换小转子的方式进行节能改造，经过调查分析，7台机泵的运行状态及改造目标如表1所示。

表1 机泵运行状态总表

序号	泵名称	泵型式	流量/（m³/h）		扬程/m		电机功率/kW	备注
			现有额定流量	改造后预期流量	现有额定扬程	改造后预期扬程		
1	1202-P-012 芳烃装船泵	离心泵	500	600~800	150	100~120	315	1202单元芳烃、煤油罐区
2	1209-P-003 MGO装船泵	离心泵	600	700~1000	160	100~120	355	1209单元柴油罐区
3	1209-P-015 欧V柴油装船泵	离心泵	1000	1100~1300	160	100~120	500	
4	2220-P-005 煤油装船泵	双级离心泵	500	600~800	150	100~120	315	2220单元喷气燃料罐区
5	2220-P-007 煤油装船泵	双级离心泵	300	400~600	150	100~120	160	
6	2221-P-002 汽油装船泵	双级离心泵	1000	1100~1300	130	100~120	450	2221单元汽油、石脑油罐区
7	2221-P-003 石脑油装船泵	单级离心泵	500	600~800	150	100~120	250	

二、切削定律

用机泵出口阀门调节出口流量，控制输油管线至码头联锁压力是不经济的。实践证明，对叶轮进行合理切削及结合阀门的微量调节，特别适合装船场合。以下通过MGO装船泵进行计算说明。

某炼化 MGO 装船泵用于船用燃料油外输至某码头出厂，此泵额定流量为 600m³/h，扬程 160m，泵扬程远高于系统所需扬程，且码头停泵联锁值>0.5MPa，极易造成联锁停泵，装船时最大流量约 350t/h，泵出口压力为 1.75MPa，电流为 37A，出口开度较小，机泵压力远大于管压，能耗较高，噪音大，振动大，导致设备机械密封及轴承损坏频繁。为节能降耗及设备平稳运行，对 MGO 装船泵进行节能改造，更换小转子。

（一）切削定律

叶轮切削是调节机泵性能的一种常用方法，即"变径调节"，遵循离心泵叶轮切削定律。沿外径对离心泵的叶轮进行切削，从而调整机泵的性能曲线，改变机泵的工作点，称为切削调整。机泵叶轮进行外径切削后，其流量、扬程、功率都会发生变化，这些变化结果与外径的关系，称为切削定律。计算公式如下：

$$Q_1/Q_2 = D_1/D_2$$
$$H_1/H_2 = (D_1/D_2)^2$$
$$Pa_1/Pa_2 = (D_1/D_2)^3$$

式中　Q_1——直径为 D_1 时机泵流量，t/h；

$\quad H_1$——直径为 D_1 时机泵扬程，m；

Pa_1——直径为 D_1 时机泵功率，%；

$\quad Q_2$——直径为 D_2 时机泵流量，t/h；

$\quad H_2$——直径为 D_2 时机泵扬程，m；

Pa_2——直径为 D_2 时机泵功率，%。

根据切削定律可知：对机泵叶轮进行切削，在叶轮外径改变后，机泵的流量、扬程、功率变化比例与叶轮外径变化比例分别成 1、2、3 次方的关系。所以在叶轮切削后，功率变化率>扬程变化率>机泵的流量变化率。

（二）切削量与比转速关系

通过相似理论，我们可以引出一个形式准则数，比转速。相似的泵在相似的工况下，具有相同的比转速。但是，同一台泵在不同工况工作时，它的比转速并不相等，通常用最佳工况点（最高效率点）的比转速 n_s 表示。

$$n_s = 3.65 \times n \times Q^{1/2}/H^{3/4}$$

式中　Q——流量（双吸泵取 1/2），m³/s；

$\quad H$——扬程（对多级泵取单级扬程），m；

$\quad n$——转速，r/min。

在进行叶轮切削时，机泵切削限度与叶轮比转数密切相关：叶轮切削量应根据其比转数增加而减少，当比转数 n_s 达到 350 以上时，机泵效率下降过大，机泵运行不够经济，一般不允许再切削，见表 2。

表 2　叶轮切削限度与泵比转数关系

比转数 n_s	≤60	60~120	120~200	200~300	300~350	>350
最大允许切割量 $(D_1-D_2)/D_1$	20%	15%	11%	9%	7%	0
效率下降	每切削 10% 下降 1%		每切削 4% 下降 1%			

（三）切削量与效率关系

离心泵的效率等于泵的有效功率 Ne 和轴功率 N_Z 的比值。由于离心泵内的各种能量损失，泵的有效功率总是小于轴功率，故泵的效率总是小于 1 的。而有效功率小于轴功率的那一部分在泵内损失掉了，所以只有尽量降低泵内的各种损失，才能提高离心泵的运行效率。

离心泵的损失可分为三部分：机械损失，容积损失和水力损失。

叶轮在经过切削后，对于机泵水力损失、容积损失的影响较小，而对于机泵的机械损失影响较大。机械损失又分为两部分：①轴承和轴封摩擦损失。在切削叶轮的过程中并不会改变机泵的转速，所以这部分损失可视为定量。②圆盘摩擦损失。离心泵叶轮在充满介质的泵壳内转动时，叶轮外表面与介质存在摩擦损失，因最初测定这部分损失时常使用圆盘进行试验，故常把这种损失称为圆盘摩擦损失。在机械损失中，圆盘摩擦损失比较大，占主要部分，尤其是中、低比转速的离心泵，减小机泵的圆盘摩擦损失显得尤为重要。

影响圆盘摩擦损失功率大小的因数比较多。对于一般整体铸造的叶轮，常采用下列公式近似计算圆盘摩擦损失 $P_{m3}(kW) = 1.1K\gamma u_2^3 D_2^3$

$$P_{m3} = 1.1K\gamma u_2^3 D_2^2$$

式中　P_{m3}——圆盘摩擦损失，W；

　　　K——圆盘摩擦的损失功率系数；

　　　γ——密度，kg/m^3；

　　　u_2——圆周速度，m/s；

　　　D_2——叶轮直径，m。

由上述公式可以得出，圆盘摩擦损失与叶轮直径 D_2 的 5 次方成正比，由此可见，叶轮的切削量对圆盘摩擦损失的影响极为重要。

实践表明，当机泵的最佳工况点（最高效率点）的比转速 $60<n_s<120$ 时，按照表 1 给定范围，对机泵叶轮外径进行切削时，对机泵效率影响较小。但值得注意的是，表 1 的数据，是允许切削叶轮直径的最大值，而并非最佳值。当切削量与之接近时，机泵效率将会明显降低，因此在采用切削叶轮方式调节机泵时，要特别谨慎，不能仅满足用户对扬程 H 和流量 Q 的要求，而不顾机泵效率 η，强行进行切割，应当在通过计算泵的比转速的值后，再来确定具体切削量的大小。

（四）计算比转速及最大切割量

（1）机泵叶轮改造的要求，见表 3。

表3 叶轮切割改造参数

泵名称	泵型式	流量/(m³/h)		扬程/m		电机功率/kW	备注
		现有额定流量	改造后预期流量	现有额定扬程	改造后预期扬程		
1209-P-003 柴油装船泵	离心泵	600	700~1000	157	130	355	

（2）比转速计算及切削量计算。

机泵转数：2970r/min；流量600m³/h；扬程157m；将数据代入比转速公式：

该机泵比转速 $n_s1 = 3.65 \times n \times Q^{1/2}/H^{3/4}$

$$= 3.65 \times 2970 \times (600 \div 2 \div 3600)^{1/2}/157^{3/4}$$

$$= 70.55$$

按表1计算该机泵最大允许切割量为55.5mm，即外径为314.5mm。

按表2预期扬程计算出叶轮外径，根据切割定律：$H_1/H_2 = (D_1/D_2)^2$

$157/130 = (370/D_2)^2$，计算得出 $D_2 = 336.68$m。

综合考虑叶轮切削后的机泵效率、流量及出口压力等，与泵厂进行联系并最终确定切削后叶轮外径为340mm。

叶轮切割后，流量、比转速及轴功率前后对比，MGO密度0.85kg/m³

查询原机泵资料，得知其机泵效率为73%，因叶轮切削，根据泵性能曲线，叶轮切割后效率下降一点，为72%，

根据切割定律 $Q_1/Q_2 = D_1/D_2$ 计算出 $Q_2 = Q_1 * D_2/D_1 = 600 \times 340/370 = 551.35$m³/h；

切割后轴功率 $= \rho(密度) \times Q_2(流量) \times H_2(扬程)/(102 \times \eta \times 3600) = 850 \times 551.35 \times 130/(102 \times 0.72 \times 3600) = 230.44$kW

比转速 $= n_s2 = 3.65 \times n \times Q^{1/2}/H^{3/4} = 3.65 \times 2970 \times (551.35 \div 2 \div 3600)^{1/2}130^{3/4} = 77.9$

切割前后性能参数见表4。

表4 叶轮切割改造前后参数对比

项目	功率/kW	流量/(m³/h)	扬程/m	比转速	效率/%
切割前	298.7	600	157	77.55	73
切割后	230.44	551.35	130	77.9	72

三、切割改造后的效果

叶轮切削节能改造后已经投入使用，更换转子后，出口阀门开度增大，减少了节流损失，泵出口压力由1.77MPa（如图1所示）下降到1.47MPa（如图2所示），电流由27A下降到22A，电流下降5A。正常装船过程中，一般要求300t/h的装船量，根据每年27000t总装船量计算，1209-P-003每年运行时间约900h，年节电 $6000 \times 5 \times 1.732 \times 0.9 \times 900 = 42087.6$kW·h（电机功率因素取0.9），按每kW·h电1元计算，每年节约电费约42087.6元，节能效果显著。机泵改造材料费及施工费约为70000元，预计两年内就能收回成本并盈

利。机泵改造投用至今，运转正常，在节能降耗的同时，保证了 MGO 的正常出厂。改造前后参数对比见表 5。

表 5 改造前后参数对比

参数	电流/A	出口压力/MPa	装船流量/(t/h)	出口阀门开度/%
改造前	27	1.77	300	10
改造后	22	1.47	300	15

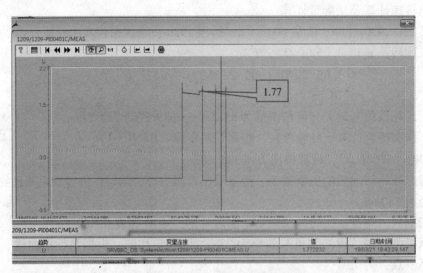

图 1 改造前出口压力

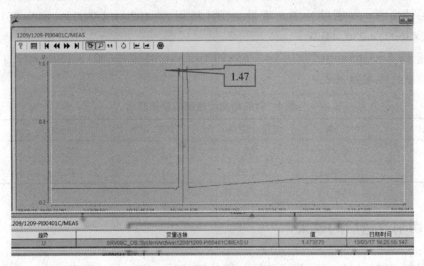

图 2 改造后出口压力

四、结论

某炼化 7 台成品油装船泵经过叶轮切削及更换小转子节能改造后，机泵运行正常，通过前后对比计算，取得了明显的节能效果。实践证明，运用叶轮切削及更换小转子的方法对离心泵进行节能改造，具有简单、快捷、可靠、节约成本等诸多优点。此方法可以在装车及装船等场合加强推广。

参 考 文 献

[1] 刘建义. 离心泵叶轮切削量与比转速和泵效率下降关系的探讨[J]. 通用机械，2006，10：64-66.

[2] 杨洪鑫. 离心泵叶轮切削的实际应用[J]. 发电设备，2005，5：298-299.

[3] 洪宇. 离心泵叶轮切削实践[J]；铁合金，2005，36(6)：19-21.

延迟焦化装置减排措施及分析

（常　寅）

某延迟焦化装置设计规模2.9Mt/a，采用两炉四塔大型化工艺技术方案，年开工时长8400h。随着国家对环保的重视，延迟焦化装置的排放控制愈加重要。延迟焦化装置正常生产时由各机泵提供物料移动动力，机泵的轴承润滑由油雾润滑系统及现场机泵油浴系统提供。在机泵动静密封处会有油雾泄漏。焦炭塔在冷焦除焦过程中，冷焦水中会含有有机气体，在水温升高过程中会发生气体逸散排出。加热炉烟气也是排放的重要地点。针对上述排放通过对油雾润滑系统改造、增加密闭除焦尾气处理系统及增加加热炉烟气在线分析使焦化装置排放得以消除及控制。

一、机泵动静密封、润滑油箱排气口减排措施

焦化油雾润滑系统主要原理，润滑油通过压缩空气雾化，通过空气携带经过管道到达要润滑的界面，在润滑处有凝缩嘴，雾化油被凝缩回较大颗粒湿油雾，湿油雾对机泵动静密封进行润滑。由于油雾有一定的压力，阻止了杂质异物进入机泵密封。但同时由于油雾有一定压力会发生部分逸逸直接排入大气，雾化油气逸逸至大气，如图1所示。

润滑油油箱排气口所排油烟，由于大机组运行过程中产生大量热量，润滑油在润滑过程中吸收机组的热量导致润滑油温度上升，产生部分油烟。

针对上面现状对油雾润滑系统进行了改造，增加了油烟回收系统[1]，其结构主要有一级分离装置，聚结分离装置。其原理为润滑油箱排气口油烟经风机抽出先至一级分离装置分离出较大油滴及杂质，再经过聚结分离装置分离出空气和油滴，然后洁净的气体排至大气，分离出的油滴回收至润滑油箱。油烟回收系统如图2所示。

图1　雾化油气逸逸至大气过程中在　　　图2　油烟回收系统
　　　机泵密封处形成油迹沉淀

机泵动静密封处则增加了回收管线及润滑油回收箱。机泵处的每一个润滑油回收箱顶部连至油烟回收系统，由于回收系统风机的抽离作用，使机泵动静密封处油雾泄漏大量减少，效果非常明显。图3(a)润滑油回收箱顶部有管线连至油烟回收系统，图3(b)润滑油回收箱顶部管线所连的油烟回收系统。

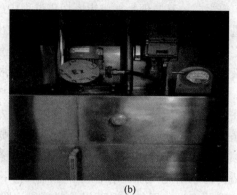

(a)　　　　　　　　　　　　　　(b)

图3　机泵动静密封油烟回收系统

二、除焦过程中切焦水所含气体逸出及冷焦水罐罐顶气减排措施

(一)除焦过程中切焦水所含气体逸出及冷焦水罐罐顶气组成

除焦过程中高压水切除焦炭塔内焦炭，在除焦过程中会有大量气体产生，其中主要是水蒸气，但也含有部分非甲烷烃、硫化氢等气体。冷焦水罐罐顶气由冷焦水中所含气体长时间逐渐扩散产生，其冷焦水罐罐顶气组成如表1所示，主要是氮气、氧气含部分 C_3 及以上组分。

表1　冷焦水罐罐顶气组成

采样日期	样品名称	硫化氢/(mg/m³)	C_6 及以上/%(体)	氧气/%(体)	氮气/%(体)	C_3 及以上/%(体)	C_5 及以上/%(体)
2020/8/26 9：00：00	D303 罐顶气	<0.5	0.09	14.41	85.5	0.09	0.09
2020/8/26 9：00：00	D304 罐顶气	<0.5	0.05	14.46	85.49	0.05	0.05
2020/8/26 9：00：00	D305 罐顶气	<0.5	0.05	14.47	85.48	0.05	0.05
2020/8/25 16：00：27	D303 罐顶气	<0.5	0.11	13.48	86.41	0.11	0.11
2020/8/25 16：00：27	D304 罐顶气	10	0.07	13.4	86.53	0.07	0.07
2020/8/25 16：00：27	D305 罐顶气	<0.5	0.09	13.55	86.36	0.09	0.09
2020/8/25 16：00：27	D305 罐顶气	<0.5	0.18	13.53	86.29	0.18	0.18
2020/8/24 15：00：00	D303 罐顶气	<0.5	0.18	19.57	80.24	0.2	0.2
2020/8/24 15：00：00	D305 罐顶气	<0.5	0.11	18.33	80.19	1.48	1.47

针对此两部分排放气体，2019年大检修期间新上一套密闭除焦处理系统。

（二）密闭除焦系统尾气处理部分

1. 密闭除焦系统尾气处理部分的组成及原理

密闭除焦系统中气体处理部分主要由密闭焦炭塔底盖机、脱水仓、轴流风机、尾气塔、引风机、等组成。其原理是：焦炭塔切焦过程中产生的大量水蒸气及非甲烷烃类气体通过密闭溜焦槽进入脱水仓。在脱水仓中切焦过程中逸散出的各种气体在脱水仓顶部轴流风机的作用下被抽至尾气塔。在尾气塔中经过水洗脱出大部分焦粉，碱液洗涤脱出大部分酸性气体，经过水洗和碱液洗涤的气体被引风机抽送至加热炉鼓风机的出口和空气混合后进入加热炉中燃烧。

2. 密闭除焦尾气系统的流程

密闭脱水仓尾气经文丘里洗涤器 EJ402 去除焦粉，后进入尾气洗涤脱硫塔 T401 下部；焦炭塔试压、撤压操作产生的蒸气经文丘里喷射冷凝器 EJ401 冷却后也进入 T401 下部。文丘里喷射冷凝器用切焦水作为洗涤介质，洗涤水经过塔底循环泵 P404A/B 提供动力循环使用；塔内污水由尾气脱硫塔塔底排至脱水仓下部。尾气与洗涤或冷却介质进入脱硫洗涤塔，经过气液分离后，尾气上升至塔内脱硫段去除硫化氢等恶臭气体。在脱硫段，尾气经喷射脱硫设施及填料与碱液逆向接触传质，富碱液由脱硫段集油箱抽出，送至碱液泵（P403A/B）入口管线，增压后的碱液返回脱硫段上部循环使用，失效碱液间歇送至系统碱液处理单元。塔顶净化尾气经引风机（C401A/B）送至尾气分液脱饱和器 D401，加热进入加热炉鼓风机入口，作为加热炉配风燃烧去除 VOC，后随加热炉烟气排空。

3. 密闭除焦尾气处理系统的操作参数

密闭除焦尾气处理系统的操作参数如表 2 所示。

表 2　尾气处理系统操作参数

名称	数值
T401 尾气塔顶压	−1.345kPa
C401AB 变频	60
尾气塔碱液回流量	13.7t/h
尾气塔洗涤水回流量	12.6t/h
尾气风机 C401A/B 出口流量	15.4kNm³/h

4. 尾气处理部分的作用

尾气处理部分的作用主要是处理焦炭塔切焦冷焦过程中产生的废气以及冷焦水罐罐顶气。通过尾气脱硫塔的洗涤可以去除粉尘、通过碱洗可以去除硫化氢等恶臭气体。如表 3 所示 C401 出口尾气的组成，可以比较明显发现 C_3 及以上组分数值变化巨大，体积分数数值已减小至 0.01 以下，硫化氢数值也非常小。

表 3　C401 出口尾气组成

采样日期	样品名称	硫化氢/(mg/m³)	C_6 及以上/%(体)	氧气/%(体)	氮气/%(体)	C_3 及以上/%(体)	C_5 及以上/%(体)	硫含量/(mg/m³)
2020/7/22 13:30:00	C401 出口尾气	<0.5	<0.01	20	80	<0.01	<0.01	3.9
2020/7/20 15:30:00	C401 出口尾气	<0.5	<0.01	21	79.4	<0.01	<0.01	0.9
2020/7/15 16:00:00	C401 出口尾气	<0.5	<0.01	14	86	<0.01	<0.01	1.3

续表

采样日期	样品名称	硫化氢/ (mg/m³)	C₆及以上/ %(体)	氧气/ %(体)	氮气/ %(体)	C₃及以上/ %(体)	C₅及以上/ %(体)	硫含量/ (mg/m³)
2020/7/14 14：30：00	C401出口尾气	<0.5	0	14	85.8	<0.01	<0.01	1.3
2020/7/10 10：00：00	C401出口尾气	<0.5	<0.01	19	79.9	<0.01	<0.01	5.3

5. 尾气处理部分的异常

后期在尾气处理部分运行过程中发现，在焦炭塔放水前打开呼吸阀时和切焦初期由于气量较大，如调整不及时会导致加热炉排烟超环保指标。因为焦炭塔放水和除焦周期性操作，导致加热炉排烟部分指标周期性波动。后经过分析主要从以下几方面改进，解决了部分尾气处理不好影响加热炉的现象。

（1）适当调整尾气风机变频

尾气风机正常状态下一般变频给定100，在正常工况下脱水仓气体量不大，不会影响加热炉。但在切焦初期由于脱水仓内气量过大，极易造成尾气洗涤不彻底，洗涤不彻底的尾气被大量带入加热炉导致加热炉烟气排放指标上升。通过生产验证，在切焦初期气量过大时可适当降低尾气风机变频，使尾气风机出口流量适当下降，保证尾气在尾气塔内的洗涤时间，保证洗涤效果，保证加热炉烟气不超环保指标。

（2）及时更换置换碱液

尾气塔中碱液在使用一段时间后，碱洗效果会明显降低，此时需要补充新鲜碱液保证碱液洗涤效果。

（3）及时关注原料性质变化

由于现阶段原料重质化加剧，很多原料性质较差。因此要多注意原料性质变化及早发现，及时调整，保证尾气塔尾气脱除的效果。

三、加热炉烟气排放

为控制加热炉烟气排放的指标在环保范围内，分别在F101/F102各上一套在线检测系统，CEMS表，如表4F102CEMS数据，表5F101CEMS数据所示。

表4　F102CEMS数据

序号	位号	描述	序号	位号	描述
1	Al-12001-SO₂ 16.7mg/m³	F-102烟气SO₂含量	10	Al-12001Dust-AV 0.6mg/m³	F-102烟气颗粒物浓度 1小时平均值
2	Al-12001-NO 22.9mg/m³	F-102烟气NO含量	11	Al-12001NOₓ-AV 36.0mg/m³	F-102烟气NOₓ浓度 1小时平均值
3	Al-12001-NO₂ 0.3mg/m³	F-102烟气NO₂含量	12	Al-12001SO₂-AV 17.0mg/m³	F-102烟气SO₂ 浓度1小时平均值
4	Al-12001-Dust 0.5mg/m³	F-102烟气颗粒物含量	13	Al-12001SO₂-Z 17.1mg/m³	F-102烟气SO₂ 折算后排放含量

序号	位号	描述	序号	位号	描述
5	Al-12001-Hum 11.2%	F-102 烟气湿度含量	14	Al-12001-NO$_x$ 35.6mg/m³	F-102 烟气 NO$_x$ 排放含量
6	Al-12001-Flow 1.5m/s	F-102 烟气流速	15	Al-12001-NO$_x$-Z 36.4mg/m³	F-102 烟气 NO$_x$ 折算后排放含量
7	Al-12001-Tem 110.9℃	F-102 烟气温度	16	Al-12001-Dust-Z 0.5mg/m³	F-102 烟气颗粒物折算后排放含量
8	Al-12001-Pres -248.9Pa	F-102 烟气压力	17	●	F-102 烟气 CEMS 综合报警
9	Al-12001-O$_2$ 3.4%	F-102 烟气 O$_2$ 含量			

表 5   F101CEMS 数据

序号	位号	描述	序号	位号	描述
1	Al-11001-NO$_x$ 12.3mg/m³	F-101 烟气 SO$_2$ 含量	10	Al-11001Dust-AV 0.4mg/m³	F-102 烟气颗粒物浓度 1 小时平均值
2	Al-11001-NO 26.1mg/m³	F-101 烟气 NO 含量	11	Al-11001NO$_x$-AV 41.6mg/m³	F-101 烟气 NO$_x$ 浓度 1 小时平均值
3	Al-11001-NO$_2$ 0.0mg/m³	F-101 烟气 NO$_2$ 含量	12	Al-11001SO$_2$-AV 13.4mg/m³	F-101 烟气 SO$_2$ 浓度 1 小时平均值
4	Al-11001-Dust 0.4mg/m³	F-101 烟气颗粒物含量	13	Al-11001SO$_2$-Z 12.9mg/m³	F-101 烟气 SO$_2$ 折算后排放含量
5	Al-11001-Hum 11.5%	F-101 烟气湿度含量	14	Al-11001-NO$_x$ 39.9mg/m³	F-102 烟气 NO$_x$ 排放含量
6	Al-11001-Flow 1.9m/s	F-101 烟气流速	15	Al-11001-NO$_x$-Z 41.8mg/m³	F-101 烟气 NO$_x$ 折算后排放含量
7	Al-11001-Tem 110.9℃	F-101 烟气温度	16	Al-11001-Dust-Z 0.4mg/m³	F-101 烟气颗粒物折算后排放含量
8	Al-11001-Pres -309.5Pa	F-101 烟气压力	17	●	F-101 烟气 CEMS 综合报警
9	Al-11001-O$_2$ 3.8%	F-101 烟气 O$_2$ 含量			

四、减排措施效果

（一）经尾气系统调整和加热炉精心操作后烟气效果

经尾气系统优化操作和加热炉精心操作后，加热炉 F101 烟气排放中非甲烷总烃的含量变化效果图，从图 4 中可以看出在 2020 年 3 月份以后 F101 烟气非甲烷总烃的含量降低到小于 0.07，并且一直保持很好。表 6 为 F101 烟气中非甲烷总烃含量、图 4 烟气中非甲烷总烃变化趋势图。

表6　F101 烟气中非甲烷总烃含量

采样日期	样品名称	非甲烷总烃/(mg/m³)
2020/12/14 8：00：00	焦化加热炉 F101 烟气	<0.07
2020/8/14 8：00：00	焦化加热炉 F101 烟气	<0.07
2020/3/3 8：00：00	焦化加热炉 F101 烟气	<0.07
2020/2/3 8：00：00	焦化加热炉 F101 烟气	0.04
2020/1/8 8：00：00	焦化加热炉 F101 烟气	0.16
2019/11/3 8：00：00	焦化加热炉 F101 烟气	0.4
2019/9/5 9：00：00	焦化加热炉 F101 烟气	0.23
2019/8/13 10：00：00	焦化加热炉 F101 烟气	1.15
2019/5/9 8：00：00	焦化加热炉 F101 烟气	3.94
2019/3/3 8：00：00	焦化加热炉 F101 烟气	0.08
2019/1/3 8：00：00	焦化加热炉 F101 烟气	0.71

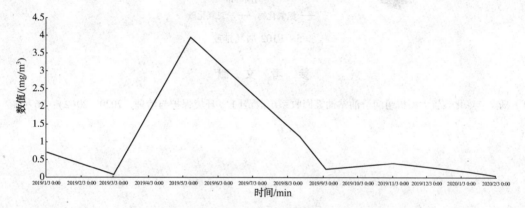

图4　烟气中非甲烷总烃变化趋势图

（二）在 CEMS 表安装后加热炉排烟效果

通过 CEMS 表的在线数值，使操作人员能够及时准确的观察到烟气排放的数据变化。为操作人员及时调整指明了方向。通过图5 加热炉 F102 排烟趋势图可以看出添加了 CEMS 表后操作更加平稳调节更加及时，烟气氮氧化物、二氧化硫始终在一个平稳的区间内波动，未有大幅波动。

通过油烟回收系统，很好地解决了大机组润滑油箱顶部油烟排大气的现状，降低了各机泵动静密封油雾排大气的量，降低了延迟焦化装置 VOC 的排放量。回收的润滑油具有一定的经济效益，可以重复使用，节约了成本。焦炭塔冷焦切焦过程中产生的废气及冷焦水罐罐顶气，经过尾气处理系统能很好地降低尾气中的非甲烷烃，硫化氢、C_3 及以上组分，经过尾气系统优化操作后的尾气，最后进入加热炉焚烧，很好地处理了冷焦除焦过程中产生的废气及冷焦水罐的罐顶气。加热炉烟气加装的在线分析仪，通过在线分析仪能对加热炉烟气各项指标实时监控，做到及时发现、及时调整、及时把控，从结尾处控制焦化装置的排放。通过上述减排措施保证了焦化装置的环境，保证了加热炉烟气排放的环保指标合格，保护了操作人员的身体健康。

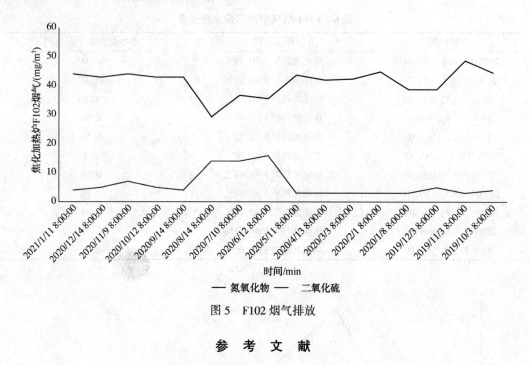

图 5   F102 烟气排放

参 考 文 献

[1] 杨文. 炼化装置大型机组润滑油站油雾回收系统改造[J]. 环境保护与治理，2020，20(2)：36-40.

乙苯、苯乙烯装置凝液系统的优化改造

(王小强)

苯乙烯单元乙苯装置循环苯塔进料温度在144℃左右，与进料处塔盘温度不匹配（约170℃）；苯乙烯装置粗苯乙烯塔进料温度在33℃左右，与设计进料温度（53℃）相差较大；苯乙烯装置乙苯回收塔进料温度在63℃左右，与设计进料温度（75℃）相差较大。以上三塔进料处塔板温度梯度不合理，造成能量损失，增加了塔底再沸器的负荷，且降低了塔的分离精度及稳定性。为合理利用能量，降低蒸汽消耗，提高各塔的操作效率，苯乙烯单元提出新增乙苯装置循环苯塔（C104）进料与乙苯中压凝结水换热、粗苯乙烯塔（C401）进料与苯乙烯低压凝液换热、乙烯回收塔（C402）进料与苯乙烯低压凝液换热的换热流程。改造投用后乙苯装置C104、苯乙烯装置C401、苯乙烯装置C402进料温度分别升高10℃、40℃和22.8℃，节能效果明显。

一、苯乙烯单元综合用能项目工艺流程说明

乙苯装置新增换热流程示意图见图1，乙苯装置C104烃化反应产物进料线新增换热器E139，与乙苯装置各重沸器来中压凝液换热，提高C104进料温度，乙苯中压凝液换热后去苯乙烯装置（图1中细线标记为新增流程）。苯乙烯装置新增换热流程示意图见图2，苯乙烯装置C402、C401进料线新增换热器E422、E421，先后与苯乙烯装置低压凝液换热，换热后的低压凝液出装置（图2中细线标记为新增流程），C402、C401进料温度得以提高，通过新增换热流程的投用，从而达到提高各塔进料温度，降低塔底蒸汽用量，提高塔操作效率的目的。

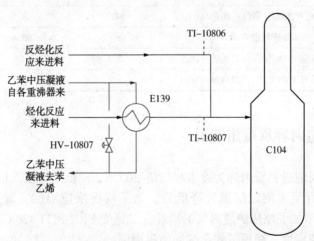

图1　乙苯装置新增换热流程示意图

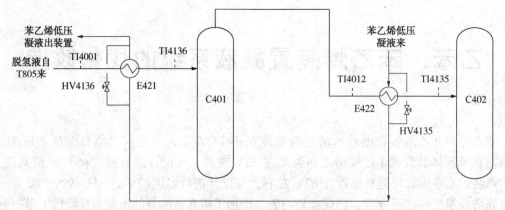

图2　苯乙烯装置新增换热流程示意图

二、苯乙烯单元综合用能项目节能效果分析

表1为苯乙烯单元综合用能项目实施前后，各塔操作参数数据对比。由表1数据可见：投用新增换热流程后，乙苯 C104 进料温度增加 10℃，塔底 3.5MPa 蒸汽消耗降低 2.0t/h；苯乙烯 C401 进料温度上涨 40℃，塔底 0.35MPa 蒸汽消耗减少 0.8t/h；C402 进料温度上涨 22.8℃，塔底 1.0MPa 蒸汽消耗减少 0.7t/h，苯乙烯装置 1.0MPa 蒸汽用量降低 1.5t/h。项目实施后，共节约 3.5MPa 蒸汽 2.0t/h、1.0MPa 蒸汽 1.5t/h。

表1　苯乙烯综合用能项目操作数据表

装置	操作参数	新增换热器前	新增换热器后	变化值
乙苯	C104 进料温度/℃	144	154	10
	C104 塔底 3.5MPa 蒸汽消耗量/(t/h)	18.0	16.0	−2.0
	乙苯装置 3.5MPa 蒸汽消耗量/(t/h)	34.5	32.5	−2.0
苯乙烯	C401 进料温度/℃	33	73	40
	C401 塔底 0.35MPa 蒸汽消耗量/(t/h)	14.7	13.9	−0.8
	C402 进料温度/℃	63	85.8	22.8
	C402 塔底 0.35MPa 蒸汽消耗量/(t/h)	2.7	2	−0.7
	苯乙烯装置 1.0MPa 蒸汽消耗量/(t/h)	9.3	8.1	−1.5

三、项目改造内容及投用情况

乙苯装置烃化反应进料脱丙烯为冷进料（20~30℃），降低了床层入口温度。当装置负荷较高时，催化剂运行至末期床层温升降低后，为了确保反应温度，需提高循环苯加热炉 F102 的负荷，一是增加了加热炉燃料气的消耗，二是受 F102 出口 420℃高温联锁值的限制，影响了反应器的反应温度，缩短了催化剂的使用周期。

本项目增加进料干气加热器，热源为苯乙烯装置低压冷凝液。换热器拟利旧柴油加氢装置贫胺液冷却器。

（一）项目改造内容

（1）增加脱丙烯干气与低压凝液换热器 E140 一台，利其他装置贫胺液冷却器（E105）。

（2）来自 E101 的脱丙烯干气从主线上 250-P-10111 引出进入新上的脱丙烯干气换热器的壳程，换热后的脱丙烯干气并入原来的管线 250-P-10111 去反应器 R101 进行反应，脱丙烯干气线在换热器出入口有跨线。

（3）来自管廊的低压蒸汽凝液从主线上 150-MC-20101 引出进入新上的脱丙烯干气换热器的管程，换热后的低压蒸汽凝液并入原来的管线 150-MC-20101 去苯乙烯装置。

（4）低压蒸汽凝液增加换热器付线阀 HV-10808，根据脱丙烯干气去烷基化反应器 R101 上原有的出口温度 TI10401 调整阀门 HV-10808 的开度。

（5）为了保护换热器的操作压力不超过换热器的设计压力，在低压蒸汽凝液进换热器之前的管线上增上安全阀 PSV-131，安全阀出口就近排进雨排。

（6）为了随时监控换热器是否有内漏的情况，在脱丙烯干气壳程出口增加采样器 S140。

（7）为脱丙烯干气换热器等设备外壳、工艺管线增设接地设施。输送易燃易爆物料的工艺管线的阀门或法兰两端，进行防静电跨接并接地。

（8）脱丙烯干气换热器 E140 出、入口增加现场温度计。新增远传温度仪表信号，利用原有系统备用点接入苯乙烯装置机柜间，安全栅利旧。

（9）管线及换热器保温。

（10）改造后流程见图 3。

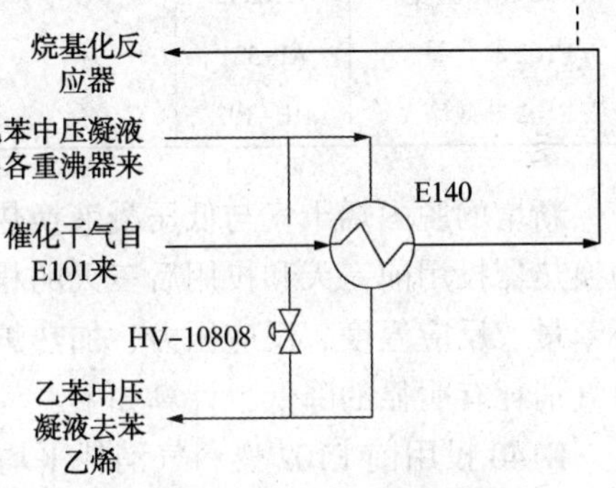

图 3　增加进料干气加热器流程

（二）投用情况

2015 年 10 月 19 日投用，目前换热器运行正常。

投用前后运行操作参数见表 2、表 3。

表 2　投用前运行操作参数

操作参数	位号	单位	2015-10-16 8：00	2015-10-17 8：00	2015-10-18 8：00	平均值
一段干气进料量	FIC10401	Nm³/h	5096	5126	5082	5101
二段干气进料量	FIC10402	Nm³/h	5083	4917	4913	4971
三段干气进料量	FIC10403	Nm³/h	4999	5014	5186	5066
循环苯流量	FIC11003	kg/h	59876	59898	59907	59893
R101A 一段入口温度	TI10411B	℃	346.5	344.4	346.6	345.8
R101 反应压力	PI10401	MPa	0.804	0.804	0.803	0.804
E140 出口温度	Ti10401	℃	37.6	37.9	37.9	37.8
F102 燃料气消耗	FI11803	Nm³/h	529.48	545.38	538.70	537.85
F102 排烟温度	TI10532	℃	126.9	127.1	127.5	127.2
F102 氧含量	AI-521	%	2.85	2.92	2.91	2.89
F102 热效率	HE-102	%	92.1	92.1	92.0	92.1

表3 投用后运行参数汇总表

操作参数	位号	单位	2015-10-20 8：00	2015-10-21 8：00	2015-10-22 8：00	平均值
一段干气进料量	FIC10401	Nm³/h	5196	5369	5629	5398
二段干气进料量	FIC10402	Nm³/h	5393	5427	5576	5465
三段干气进料量	FIC10403	Nm³/h	5291	5775	5760	5608
循环苯流量	FIC11003	kg/h	59842	60402	60124	60122
R101A 一段入口温度	TI10411B	℃	344.9	346.5	346.2	345.9
R101 反应压力	PI10401	MPa	0.801	0.801	0.803	0.802
E140 出口温度	Ti10401	℃	84.3	82.8	81.3	82.8
F102 燃料气消耗	FI11803	Nm³/h	518.45	496.81	511.66	508.97
F102 排烟温度	TI10532	℃	127.1	125.9	128.3	127.1
F102 氧含量	AI-521	%	3.24	2.96	2.86	3.02
F102 热效率	HE-102	%	91.8	92.4	92.0	92.1

新增的脱丙烯干气与低压凝液换热器 E140 于 2015 年 10 月 19 日投用，表1 和表2 分别为换热器投用前三天和投用后三天的相关运行参数汇总。可以看出，在催化干气进料量、循环苯量、反应温度、反应压力、加热炉运行状况基本相同的情况下，循环苯加热炉 F102 燃料气消耗有明显的降低，计算如下：

E140 投用前 F102 燃料气消耗平均值 = 537.85Nm³/h

E140 投用后 F102 燃料气消耗平均值 = 508.97Nm³/h

燃料气密度 = 0.65kg/Nm³

E140 投用后节省燃料气 = (537.85−508.97)×0.65kg/h = 18.772kg/h

若一年按 8400h 计算：

E140 投用后节省燃料气 = 18.772×8400 = 157684.8kg/a = 157.68t/a

由上可以看出，E140 投用后，每年可节省燃料气 157.68t，节能效果比较明显。

为保证装置反应进料及精馏塔进料温度的操作要求，以 3.5MPa 蒸汽、0.35MPa 蒸汽作为热源的精馏塔燃料气的消耗较大，且在乙苯、苯乙烯能耗中占有相当大比例。通过对装置凝液系统的流程优化改造，充分实现了凝液余热的合理利用，较大程度地降低了蒸汽及燃料气的消耗，真正达到了节能降耗的目的。为公司节能降耗，提高经济效益做出贡献。而且从装置的运行情况来看，经过对凝液系统的优化改造，不仅使装置的操作更平稳，操作弹性也有所提高。

60MW 汽轮机真空度低的原因分析及防治措施

（周　斌）

凝汽器真空度的高低直接影响着汽轮机运行的经济性和安全性，从郎肯循环效率来看，在蒸汽初参数不变的工况下，降低排汽压力，郎肯循环热效率提高。可见排汽压力的高低对整个郎肯循环热效率影响至关重要。根据《火力发电机组过程控制工程师培训教材》的实验数值，真空每降低 1%，汽轮机热耗率增加 0.86%，供电煤耗增加 3.42g/kW·h(标准煤)。因此凝汽器工作的好坏直接影响汽轮机的工作效率。同时，凝汽器真空降低不仅使机组热效率降低，还会使排汽缸温度升高，引起机组轴中心偏移，严重时将引起机组振动等故障[1,2]。某炼化公司公用工程单元现有两台 CC60-8.83/3.9/1.2 型汽轮机组，为杭州汽轮机厂引进西门子工业汽轮机技术设计制造的高温高压、单轴单缸、双抽凝汽式汽轮机。自汽轮机投运以来，机组真空一直低于设计值运行，夏季运行时机组真空更为恶化，对系统经多次排查找漏，最终找出制约该机组真空度的因素，针对机组运行时出现的问题进行分析研究，总结了提高汽轮机凝汽器真空的几种方法进行探讨。

一、汽轮机真空低的原因分析

（一）循环冷却水塔出力不足冷却水温偏高

按厂家设计工艺指标：①排汽压力 ≤9kPa(绝)；②排汽温度 ≤44℃；③循环水来水温度 ≤31℃；④循环水回水温度 ≤39℃。凝汽器为两道制二流程，冷却面积为 4000m²，冷却水流量 11375t/h，凝汽器所用循环水为闭式供水循环。通常负荷匹配运行方式为 4 台循泵运行 2 台备用，夏天 6 台循环塔风机运行，单台循环泵流量为 7200t/h，单台风机为风量 4500t/h，循环水池补水有新鲜水、锅炉来的降温池水、含油再生水和射水箱溢水，其中锅炉来的降温池水温度较高，那么循环水总流量为 28800t/h，风机处理能力为 27000t/h。运行中由于冷却塔工作不正常，如配水槽、配水管内积泥，致使配水不均，配水管断裂局部水大量流下；塔内填料塌落；喷嘴堵塞、溅水碟脱落、使水喷淋不均；防冻管阀门不严造成水走短路等，也可使水塔出水温度升高，真空恶化。另外，由于环境温度高或空气湿度大使冷却塔循环水温降减少，凝汽器循环水进水温度升高也可使真空恶化。可以看出风机处理能力偏小，部分补水温度偏高，冷却水塔工作不正常等造成汽轮机循环冷却水进口温度超过设计值，从而使机组排汽压力大于 9kPa。

（二）凝汽器传热端差大

在相同的负荷和冷却水流量条件下，端差的大小将表明凝汽器传热效率的高低。而运行中，传热效率高低又主要取决于传热表面脏污程度和汽侧积聚空气量的多少。凝汽器传热表面结垢或脏污均会增加污垢热阻，使传热效率降低，端差增大；当凝汽器内积聚的空气量过多时，由于空气热阻过大，传热系数明显下降，从而使传热端差增大。中国石化总部 2012 年热电会议规定：①冷却水入口温度小于或等于 14℃时，端差不大于 9℃；②冷却水入口温度大于 14℃并小于 30℃时，端差不大于 7℃；③冷却水入口温度大于或等于 30℃时，端差不大于 5℃。我厂两台汽轮机凝汽器的循环水入口阀门节流，出口阀全开；1# 轮机在实际运行负荷通常在 50MW 以上，2# 汽轮机的负荷通常在 40MW 左右，但 1# 轮机的排气压力，排汽温度，传热端差都在规定范围内。但是 2# 汽轮机从 2008 年 8 月份运行至 2015 年 7 月份大检修前，凝汽器传热端差一直偏大，在 11～16℃内变动，而凝汽器传热端差 σ_t 规定值一般不应超过 8℃。2015 年 7 月份大检修后排汽压力和排汽温度均符合要求。大检修前后的机组运行数据记录如表 1 所示。

表 1　2# 汽轮机 2015 年 7 月大检修前后运行记录表

时间	功率/MW	排汽压力/kPa	排汽温度/℃	循环水入口温度/℃	两侧循环水出口温度/℃	排气压力对应下的饱和蒸气温度/℃	端差/℃
2008-10-29	42	11.5	49.67	27.6	32.7	48.561	15.851
					34.7		13.861
2009-2-12	42	11.2	50.85	28.5	34.3	48.04	13.74
					36.1		11.94
2016-01-11	45	7.9	43.8	26.7	33.9	41.26	7.36
					33.6		7.66
2016-03-12	46.7	7.3	46.7	26.8	31.9	40.91	9.01
					32.1		8.81

造成端差大的主要原因是循环水中污泥、微生物和溶于水中的碳酸盐析出附在凝汽器铜管水侧产生水垢，形成很大的热阻，使传递同样热量时传热端差增大，凝汽器排汽温度升高，真空下降。

（三）凝汽器汽侧积空气

凝汽器汽侧积空气，不仅使传热恶化也使空气分压增大，排汽压力升高，真空度下降；由于空气分压力增大，增大了氧在凝结水中的溶解度，使凝结水含氧量增大，加剧了对低压管道和低压加热器的腐蚀；由于空气分压的升高使蒸汽的分压下降，凝结水温度低于排汽压力下对应的饱和温度，引起凝结水过冷却，使汽轮机的经济性降低，也使凝结水中溶氧增加，造成凝汽器内积空气的原因有。

真空系统的严密性差。低压缸轴封供汽压力低，低压缸轴封间隙大，负压系统阀门密封部位及法兰盘处泄漏，凝汽器水位计法兰连接部位及阀门密封部位泄漏，使空气漏入凝汽器内，凝汽器内空气含量增大。

两台 60MW 机组采用闭式循环射水抽气器来维持真空，由于工作水不断被抽气管来的残余蒸汽所加热，使工作水温不断升高，对应的饱和压力升高，这样当工作水流经抽气器喷嘴后有可能产生汽化，使抽气器喷嘴后的压力升高，携带空气的能力下降，致使汽轮机真空下降。

二、改进方法与措施

在运行中，运行人员应掌握循环水入口温度 t_1，循环水温升 Δt，凝汽器端差 δt，凝结水过冷却度这几个数值的变化情况并进行分析。t_1 增大说明环境温度高或水塔工作不正常；Δt 增大表明供水量不足；δt 增大说明传热面脏污和结垢，或者凝汽器中积累了空气，该值一般不易测取。Δt 和 δt 同时增大，表示凝汽器铜管中严重结垢，增加了水流阻力，既减少了冷却水量又恶化了传热；当 δt 和过冷却度同时增大，表明凝汽器内积累空气较多，则恶化了传热，使排汽中蒸汽分压力下降，产生了过冷却度。

（一）保证循环水量及冷却水塔工况良好

在冬季、初春季节，循环水入口水温度较低，减少循环泵及冷却风机运行台数，可以使凝汽器维持在经济真空运行状态。随着循环水入口水温度升高，当水温度超过 20℃ 时，汽轮机的真空下降，其经济性受到影响，实践证明夏季多启动 1 台循环泵，可使 2 台机真空分别增加 2% 左右。该运行方式没有必要等到因真空度低使机组带不满负荷时才执行，只要增加 1 台循环泵，使每台机组的平均真空度增加 1% 以上，就有经济效益。

（二）减少系统阻力使两台凝汽器配水均匀

定期对循环水系统的滤网进行清理；凝汽器铜管清洁无垢；凝汽器水侧排空气门稍开，使积存的空气不断排出，减少系统阻力。

（三）降低传热端差

保持凝汽器铜管清洁无污垢，运行中要保持循环水清洁，无杂物、绿苔、浮游生物等。严格控制循环水浓缩倍率和钙加碱硬度不超标，控制指标增大时应进行排污。杜绝为了节水而不进行排污。保持胶球清洗装置正常运行，胶球质量合格，并利用大小修机会对凝汽器铜管进行高压射流清洗或酸洗。

（四）确保真空系统严密

在运行过程中进行机组真空系统检漏，利用大小修机会进行凝汽器灌水找漏、堵漏。确保凝结水泵压兰、系统内法兰、截门压兰严密，水封调整适当。轴封供汽压力在 0.025～0.030MPa。我厂 1#、2# 汽轮机于 2012 年 4 月、2012 年 3 月，分别进行了真空严密性试验，试验不合格，严密性试验值与合格值（400Pa/min 以下）有差距，综合各种因素，初步判断真空系统有漏空气现象。此次查漏工作，发现 2 台汽轮机 4 个爆破片存在一定泄漏。通过处理，1# 汽轮机排汽压力由 8.634kPa 下降至 6.78kPa，排汽温度由 46.70℃ 下降至 44.02℃；2# 汽轮机排汽压力由 7.924kPa 下降至 4.869kPa、排汽温度由 46.846℃ 下降至 44.736℃。

（五）保证抽气器工作正常

保持射水池水温正常，一般不应超过 25℃。当水温升高时应进行换水。保证射水泵工作正常，两台泵事故联动及低水压联动试验正常，水压在 0.3MPa 以上。在定期设备检修中应检查射水抽气器喷嘴冲蚀、结垢情况并处理，保证抽气器高效率工作。

（六）确保汽轮机轴封间隙调整符合标准，减小轴封漏气量。

保证高压轴封漏气量尽可能小，减小了漏气量，提高了蒸汽做功能力，减少损失，提高机组效率。低压缸前后轴封调整得当，保证空气不进入低压缸，提高汽轮机真空。或者通过轴封改造，减小轴封漏气。

三、效益估算

通过以上措施调整，2015 年 7 月份大检修后排汽压力和排汽温度均符合要求，两台机组真空度平均提高了 2kPa，按两台机组平均接带 45MW 负荷计算，则两台机组真空同时提高 2kPa，机组提高效益为：$\Delta P = 2 \times 45000 \times 0.02 = 1800(kW)$；除去机组检维修时间，一年按平均运行 300 天计算，则，一年所增加的发电量为：$1800 \times 300 \times 24 = 12960000 kW \cdot h$，按发电成本每度电 0.3 元计算，一年可节约 $12960000 \times 0.3 = 388.8$ 万元。效益非常可观。

四、结束语

引起汽轮机真空度低的原因是个综合性问题，与运行维护和检修质量密切相关，提高汽轮机的真空度关系着机组的安全、经济运行。本文通过对影响我厂真空度的几个因素进行了分析论述，并提出了相应的治理方案，保证了机组真空在设计工况下运行，对提高动力中心的整体经济性有着长远的意义。

参 考 文 献

[1] 江苏省电力科学研究院编 . 火力发电机组过程控制工程师培训教材[M]. 北京：中国电力出版社，2005.
[2] 华东电力管理局编 . 汽轮机运行技术问答[M]. 北京：中国电力出版社，1998.

常减压装置初底泵小转子改造及应用

（李　震　窦凤杰　张振强）

一、改造背景

初馏塔底流程图见图1。常减压装置初底油泵 P101 为 FLOWSERVE（NIIGATA WORTH-INGTON）制造，型号 12HED31DS，原设计额定点流量为 1232.3m³/h，扬程为 281m，驱动电机功率为 1250kW。实际运行中初底泵 P-101 存在泵出口压力过高的问题，改造前 P-101 泵出口压力为 2.6MPa 左右，造成原油换热系统压力过高，减渣初底油换热器 E124 管程出口压力高达 2.0MPa，常压炉进料控制阀阀位因前后压差过大，阀位只有 17%，大大增加了换热系统的泄漏风险，在装置提降量和渣油出装置量变动等生产调整过程中多次出现泄漏着火，一方面对装置安全生产构成了威胁；另一方面泵出口压力过大，控制阀压降过大，造成了能量浪费。

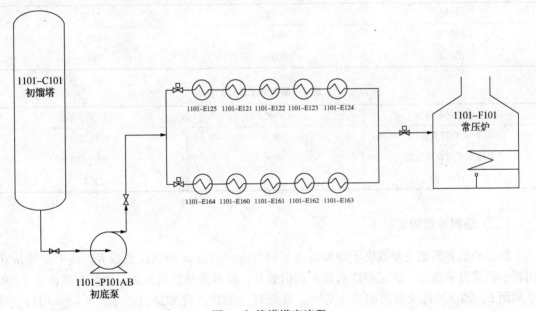

图1　初馏塔塔底流程

二、改造过程

2014 年 1 月 6 日对 P101A 进行更换小转子的改造，并于同年 1 月 18 日正式投用。在 2019 年大检修期间，装置交付检修后，6 月 24 日对 P101B 进行小转子改造，大检修后正式投用。

（一）新旧转子对比

原转子为进口转子，本次改造叶轮制造商为沈阳工业泵制造有限公司。此次更换的新叶轮较旧叶轮尺寸减小，如表1所示。同时，流道形式进行了改变，如图2所示。

图2　新旧叶轮对比

新旧叶轮口环直径相差较小，表2为新叶轮口环尺寸数据。

表1　新旧叶轮尺寸对比　　　　　　　　　　　　　　　　　　　　　　　mm

叶轮	一级	二级
新叶轮	665.7	669.2
旧叶轮	700.0	729.7

表2　新叶轮口环尺寸　　　　　　　　　　　　　　　　　　　　　　　　mm

新叶轮参数	一级	二级(前、后)
叶轮口环直径	378.9	394、389
泵体及泵盖口环直径	380	395、390
口环间隙	1.1	1.0

（二）临界转速确定

转子的临界转速主要取决于轴系的内部因素——质量 m 和刚性系数 K。其中质量 m 可用转子的重量来度量，决定钢性系数 K 的因数有：材料的弹性模量 E、轴截面惯性矩 J、轴承间距 L、轴承特性及载荷的分布等[1]。在新转子的国产化制造过程中，叶轮采用焊接结构，叶轮和主轴的材料进行了重新选取，部分装配尺寸发生了变化，国产转子的临界转速需要重新进行校核。

临界转速 n_c 计算：

$$n_c = K \frac{\left(\dfrac{d}{L}\right)2}{\sqrt{\dfrac{G}{9.81L}}} \tag{1}$$

式中　n_c——临界转速，r/min；

　　　G——转子总重量，N；

　　　d——主轴的最大直径，m；

　　　L——轴承间距，m；

　　　K——经验系数。

经计算，得到临界转速 n_c 为 2831r/min。一般对刚性轴来说，其工作转速应满足≤$0.8n_c$，即 2265r/min[2]。在实际运行中，该泵的工作转速 n 为 1490r/min，故主轴满足工况需求。

（三）转子部件动平衡校核

根据 API610 标准中的相关规定，该转子最大连续运行转速低于 3800r/min，转子的平衡等级应满足 ISOG2.5[3]。该转子进行动平衡试验，采取去不平衡重的方法，对转子部件进行了动平衡校正，平衡转速为 500r/min，允许不平衡质量为 40.2g，检验数据见表3。

表3　动平衡数据

初始校正量				剩余不平衡量			
A 面		B 面		A 面		B 面	
相位角 α/ (°)	剩余不平衡 量/g	相位角 α/ (°)	剩余不平衡 量/g	相位角 α/ (°)	剩余不平衡 量/g	相位角 α/ (°)	剩余不平衡 量/g
44	138	204	72.4	288	1.41	335	0.696
44	139	205	73.3	291	1.15	21	0.697

经过动平衡校正试验，该转子平衡等级满足要求。

（四）改造问题及处理方法

由于改造机泵的原转子为进口转子，在转子国产化制作过程中，各部件的配合间隙裕量较小，在安装过程中出现了部分问题并得以解决。

（1）A 泵改造过程中，完成新转子的回装及非驱动端轴套的安装后，驱动端轴套旋入两扣便无法继续安装，且无法拆下，整体拆除机加工处理后，仍然出现此类问题，只能现场动火对驱动端轴套进行破拆，并加工新轴套。该轴套在厂房拆装两次均没有问题，但是间隙较小为 0.03mm(旧转子间隙为 0.12mm)。后机加工放大配合间隙，保证轴套锁紧尺寸。

（2）AB 泵改造过程中，都发现新泵轴安装半联轴器锥度和安装油封的直径偏差，半联轴器安装不到位，油封无法安装。参照 A 泵的处理，旧油封机加工至合适尺寸，新泵轴车削轴头锥度，修复叶轮的间隔套。同时对后泵盖内镶嵌的迷宫配合套进行机加工，配合间隙为 1.6mm，解决安装过程中难配合的问题。

（3）安装前发现新叶轮无工艺拆装孔，为了便于再次检修过程中叶轮部件的顺利拆卸，对新叶轮进行工艺拆装孔的加工。

（4）在安装轴承箱及轴瓦后发现盘不动车，且泵轴向后端窜动 2mm。转子中心与前后轴瓦不同心，导致转子在支撑轴瓦部位产生 0.5mm 的偏心，现场讨论后，决定在轴承箱与轴瓦接触部位增加垫片来调整转子与轴瓦的同心度，处理此项问题。

在改造过程中，由于调整范围过大，导致机泵转子系统与电动机转子同心产生较大的张口和错口，利用激光找正仪等先进设备重新进行转子轴系的对中校核，对电动机进行增加垫片的处理。

三、改造效果

初底泵小转子改造后，在保证设备流量、扬程不变的前提下，将机泵出口压力降低，效果比较明显，由原来的2.7MPa降至2.0MPa。压力降低后，出口阀及流程系统中的其他阀门开度可控性增大，部分换热设备的承压能力相应得到改善，不会再次产生操作波动导致的换热器泄漏着火的事故；同时，在小转子改造后，配套驱动的电动机运行电流大幅下降，下降数值大约10~15A，（统计了大约一周时间电流的变化数值），具体电流数值如表4所示。

表4 小转子改造前后数据对比

项目	初底油量/(t/h)	电流/A	出口压力/MPa
改造前	1200	152	2.7
改造后	1235	137	2.0

根据能耗测算，节约电量 W 如式（2）：

$$W = \frac{\sqrt{3}\,U\Delta IT\cos\varphi}{1000} \tag{2}$$

式中　U——驱动电机额定电压，V；

　　　ΔI——驱动电机电流差值，A；

　　$\cos\varphi$——驱动电机功率因数，取0.89；

　　　T——运行时间，每年按8400h运转时间计算。

经计算，得到年节约用电量约 $117 \times 10^4 \mathrm{kW \cdot h}$。按照目前工业用电0.58元/（kW·h），一年可节约用电67.6万元左右，本次改造成本23万元(转子采购费用)，半年即可收回改造成本，效益明显。

四、结语

经过验证，小转子国产化改造有效可行。在保证流量的前提下，进行小转子改造，是机泵进行节能降耗和增加效益的重要措施之一。同时在保证机泵流量、扬程不变的前提下，机泵出口压力降低，出口阀及后路阀门开度可控性增大，换热器承压能力改善，降低了泄漏着火事故频率。

参 考 文 献

[1] 张克危. 流体机械原理[M]. 北京：机械工业出版社，2005.

[2] 成大先. 机械设计手册(第二卷)[M]. 3版. 北京：化学工业出版社，1994.

[3] API610-2010，石油、石化和天然气工业用离心泵[S].

加氢裂化装置分馏塔塔顶回流泵
节能改造及应用

(宋 伟 李 云 张岳峰)

一、改造背景

(一) 节能降耗

自 2012 年加氢裂化装置投产以来加工负荷一直在 40% 左右，全循环方案时 P203 的设计正常流量为 131.3t/h，一次通过方案为 107.7t/h，而目前实际流量 40~70t/h，泵出口阀开度较小，为确保泵平稳运行，出入口跨线保留一定开度。加氢裂化装置 P203B 原设计额定功率为 128.8kW 实施叶轮切削项目后在满足工艺要求的前提下可将功率降至 104.5kW，达到节能的目的。

(二) 设备工况

鉴于该设备长周期在允许工作区间下限处运行，设备工况较差，设备的各运行参数均较差，存在轻微气蚀，希望在更换小叶轮后可大幅改善设备工况，保证该泵长周期运行。

二、改造设备特性参数

该泵的具体设备特性见表 1。

表 1 改造设备特性参数表

设备特性			
工艺编号	2121-P203B	制造厂名	沈阳格瑞德泵业有限公司
设备名称	分馏塔塔顶回流泵	设备型号	200AYS175
设计流量/(m³/h)	187	扬程/m	196
转速/(r/min)	2950	允许最高使用温度/℃	53
叶轮直径/(mm/级)	374mm/1 级	轴功率/kW	128.8
有效汽蚀余量	3.5	效率/%	61

三、改造方案

结合装置对该泵的节能需求和该泵本身的运行工况，考虑对该泵更换小转子，在满足原来扬程的基础上，降低流量，改善机泵运行工况，优化运行参数，提升优化措施。具体改造参数见表2。

表2　更换叶轮前后参数对比表

更换叶轮前后参数对比			
旧叶轮规格	374mm	新叶轮规格	355mm
原额定流量	187m³/h	新额定流量	144m³/h
原额定功率	128.8kW	新额定功率	104kW

四、改造过程

（一）改造过程

（1）6月1日9：00作业条件具备后，开始作业，拆除联轴器护罩，检查连接螺栓及膜片完好。

（2）9：20拆除轴承箱盖，拆卸在线振动监测探头，拆除机械密封，检查机械密封磨损情况，测量机封压缩量。

图1　叶轮表面存在明显坑蚀

（3）10：00用深度尺测量轴套锁紧螺母到轴头的距离，然后拆下轴端套、轴套、压紧环，测量总轴窜量。

（4）10：30拆卸泵体两端大盖，抽出转子并拆卸叶轮，经检查叶轮表面存在明显坑蚀，验证设备运行过程中存在气蚀。

（5）11：00两端大盖喉部衬套脱落，测量与内衬间隙超标至1.6mm，更换喉部衬套并点焊固定。其中叶轮表面存在明显坑蚀，见图1；两端大盖喉部衬套脱落，见图2；图3中是新叶轮和两端大盖喉部衬套情况。

图2　两端大盖喉部衬套脱落

图3　新叶轮和两端大盖喉部衬套

（6）13：30 清理转子并检查转子跳动、叶轮口环等各部间隙，转子更换新叶轮后外委做动平衡。

（7）6月2日9：00 开始回装，本次检修于16：00全部完成。次日试车验收，设备运行平稳，满足工艺需求。

（8）更换配件统计见表3。

表3 配件更换统计表

物料描述	单位	数量
轴承 \ FAG \ 7313B. MP. UA	件	2
弹簧机械密封 \ 集 YH58B-8070OBVJG	件	2
深沟球轴承 \ SKF \ 6216	件	1
石墨缠绕垫 370×390×4. 5	件	2
石墨缠绕垫 395×415×4. 5	件	2
锁垫内径 63. 5mm	件	1
叶轮 \ 200AYS17500/ZG1Cr13Ni	件	1
喉部衬套 \ 200AYS175-00/1Cr13MoS	件	2

（二）检修前后数据对比

1. 联轴器对中

联轴器在拆装过程中，对联轴器的对中情况均进行测量和对比，具体见图4联轴器对中示意图，拆卸和安装的数据对比见表4。

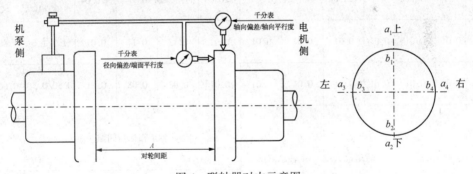

图4 联轴器对中示意图

表4 联轴器对中数据

检测部位	轴向偏差（沿转速方向）/mm				径向偏差（沿转速方向）/mm				对轮间距
测量角度	0°上	90°右	180°下	270°左	0°上	90°右	180°下	270°左	
标准数据/mm	≤0.05				≤0.10				
拆卸时	0	0.02	0.05	0.03	0	-0.02	-0.09	0.07	230
安装时	0	0.01	0.03	0.02	0	-0.01	-0.07	0.06	230

2. 转子动平衡

本次检修利旧，旧轴更换新转子，所以对旧转子整体和新转子整体均做动平衡，两次转子动平衡数据见表5。

表5　转子动平衡数据

检测部位/项目	叶轮直径/mm	转子工作转速/(r/min)	动平衡转速/(r/min)	动平衡结果(G2.5)/g	
				A 面	B 面
标准数据	φ374	2980	800		
检修前	φ374	2980	800	28.9	15.5
检修后	φ355	2980	800	1.92	2.75

3. 轴跳动、转子跳动及装配间隙检测

在更换新旧转子前后，对轴跳动、转子跳动进行了测量和对比，具体测点见图5测量点示意图轴跳动、转子跳动测量点示意图，具体轴跳动、转子跳动及装配间隙检测数据见表6。

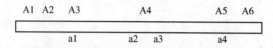

图5　轴跳动、转子跳动测量点示意图

表6　轴跳动、转子跳动及装配间隙检测

检测部位	轴跳动						转子跳动				两侧喉部衬套与轴间隙	两侧叶轮口环与泵体口环间隙	
	A1	A2	A3	A4	A5	A6	a1	a2	a3	A4			
	对轮轴段	前轴颈	前轴封处	叶轮处	后轴封处	后轴颈	前轴套处	前叶轮口环处	后叶轮口环处	后轴套处			
标准数据/mm	≤0.02			≤0.04	≤0.02		≤0.04	≤0.10		≤0.04	0.40~0.50	0.60~0.70	
检修前/mm	0.01	0.01	0.01	0.01	0.01	0.01	0.01	0.13	0.17	0.01	1.2/1.6	1.60	1.66
检修后/mm	0.01	0.01	0.01	0.01	0.01	0.01	0.01	0.03	0.08	0.01	0.50/0.50	0.60	0.60

检测部位	前窜量	后窜量	主轴总窜量	轴承箱油封间隙			轴承与轴承压盖轴向间隙
				驱动端		非驱动端	
				外侧	内侧	内侧	
标准数据/mm	前窜量=后窜量=1/2 总窜量			0.10~0.20			0.13~0.20
检修前/mm	3.5	3.5	7.0	0.20	0.18	0.18	0.20
检修后/mm	4.3	4.3	8.6	0.20	0.18	0.18	0.20

4. 轴封安装试验数据

轴封安装配合示意图见图6，轴封安装试验数据可见表7。

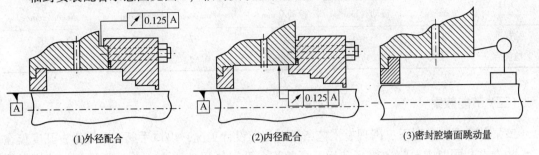

(1)外径配合　　　　　　(2)内径配合　　　　　　(3)密封腔墙面跳动量

图6　轴封安装配合示意图

表7　轴封安装试验数据

检测部位	密封腔内径/mm	密封配合面与轴偏心量/mm		密封腔端面跳动量/TIR 0.5μm/mm(0.0005mm/mm)	密封总压缩量/mm	密封工作压缩量/mm
		外径配合	内径配合	密封腔端面跳动量标准数据为=密封腔内径×0.0005mm/mm		
		≤0.125				
驱动端新密封	150	0.120	—	0.05	7.2	4.1
非驱端新密封	150	0.120	—	0.05	7.2	4.1

五、改造效果

(一) 运行工况的改善

在相同的工艺条件下，对机泵改造前后运行数据进行对比，具体数据见图7。

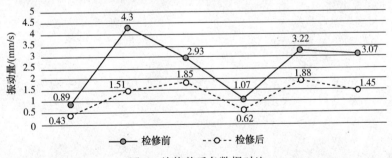

图7　检修前后各数据对比

从表8检修前后各数据对比中可看出，机泵前后两端振动数据均有不同程度下降，驱动端和非驱动端的 L 值均降至1以下，且均不高于0.7，两端振动数据也均降至2mm/s以下，运行工况得到大幅改善，大大延长了机泵运行寿命，保证了机泵长周期运行。

表8　检修前后数据对比

项目	非驱动端 LQ/(mm/s)	泵非驱动端垂直振动/(mm/s)	泵非驱动端水平振动/(mm/s)	驱动端 LQ/(mm/s)	泵驱动端垂直振动/(mm/s)	泵驱动端水平振动/(mm/s)
检修前	0.89	4.3	2.93	1.07	3.22	3.07
检修后	0.43	1.51	1.85	0.62	1.88	1.45

（二）节能效果

该泵在现在的工况下，因现有工艺条件远偏离设计工况，出口手阀需要勒量，开度仅在3~5扣左右，同时需要将备用泵和运行泵的跨线手阀各开2~3扣，保证返回量，这样做了一部分无用功。在改造前该泵的平均运行电流在17A左右，经过本次节能改造，在出口流量保持基本相同的情况下，改造后平均电流是11.5A，下降5.5A，功率降低52kW（流量差3t/h，功率进行折算），按照年运行时间8000h、每度电0.5元计算，年节电费20.8万元，节能效果明显。

综上，此次节能改造，机泵本身的运行状态得到改善，节能效果大幅度改善和提高，效果明显，此次机泵改造是成功的。

CCC 机组控制系统在连续重整装置增压机组上的改造及应用

(赵 震)

连续重整装置氢气离心式增压机采用两段轴向布置，入口压力控制采用传统的 CCS 三分程控制，一、二段均布置 Triconex 喘振控制线。由于运行控制精度差等问题，实际生产中无法实现三分程自控，一、二段防喘振阀常存在一定开度且波动较大，影响平稳运行，增加能耗。为保证系统平稳运行且实现节能增效，引用了美国 CCC 机组控制系统实现自动控制，同时通过 CCC 系统现场实测喘振线，利用防喘振控制方法，基本实现了回流阀的关闭，达到了安全平稳运行和节能降耗的目的。

一、控制系统改造

（一）改造前存在的问题

改造前增压机组 K202 的 CCS 控制系统存在如下问题。

（1）三分程中段转速控制通过人为手动控制，影响装置的平稳运行，操作困难，且波动较大。

（2）装置经常处于满负荷状态，环境温度的变化容易使运行点易进入喘振区域，易引起 K201 入口压力波动，并形成恶性循环，增加了装置的运行危险性。回流阀开度在 8% 左右，导致压缩机运行能耗过高。

（3）性能控制与防喘振控制功能不清晰，相互干扰，没有有效地解耦控制，无法有效调节压缩机性能。

（二）控制系统改造方案

首先确定总体控制方案，反再系统压力取消三分程控制，改由压缩机转速直接参与控制，防喘振控制只参与喘振保护工作，反再压力超限由压缩机入口防火炬阀定值控制。以上控制方案非常简化，但实现了平稳控制及安全保护的要求。控制系统改造是在原 CCS 系统基础上进行，具体改造内容如下。

取消原 Triconex 控制器 CCS 系统中防喘振控制、入口压力"三分程"控制，只保留联锁控制、开停机升降速控制及常规监控报警等。新上 CCCS5Vanguard 控制系统一套，采用性能控制（PIC20801—PIC21001A—SIC 多串级控制以及 PIC-21001B 单回路控制方案）及防喘振控制。机组到达 5338r/min（机组最低可调转速）之前，位于 CCC 系统中的 PIC20801—PIC21001A 控制器始终处于"跟踪"工作状态；转速超过 5338r/min 之后，位于 CCS 中的速度控制器方可无扰动切换至接受 CCC 远程串级控制信号。

增设一台 CCC 操作站兼工程师站，将参与控制所需的入口流量、入口压力、入口温度、出口压力、出口温度等信号经一入两出分配器分出，接入 CCC 控制系统，输出由 CCC 控制器接到喘振阀等(可不改变原有现场接线，同时 TS3000 画面不变)。引入一个主控制器控制压缩机的入口压力。

重新计算并在开工期间现场实测喘振曲线，建立一段、二段喘振控制回路的解耦协调从而实施安全、高效的防喘振及性能控制。

(三) CC 喘振系统简要介绍及现场实测过程描述

1. CCC 喘振控制系统简介及优点

CCC 的喘振控制通过测量入口流量、出入口压力、出入口温度来实时计算出一个无量纲的 S 值作为控制的测量值，再引入闭环(PI)控制、开环阶梯响应(RT)以及前馈控制等来实现防喘振控制。喘振线示意图见图 1。作为喘振控制的基础，S 值的算法如下：

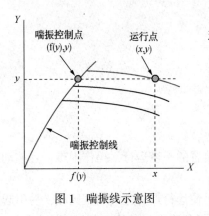

图 1　喘振线示意图

$$S_s = k \times f_1(h_r) q_{rOP}^2$$

式中　$f_1(h_r)$——流量与多变能头的函数其值等于喘振点简化流量平方 q_{rSLP}^2；

q_{rOP}^2——压缩机运行点简化流量平方；

k——计算调节参数；

h_r——简化多变能头，reduced polytropic head。

实时计算的 S 值定义了压缩机运行点在性能曲线图中的精确坐标位置，当 $S<1$ 时，压缩机运行在安全区域，当 $S>1$ 时，进入喘振区域。

与 Triconex 喘振控制系统比较，其具有如下优点。

1) 增加了阶跃响应线(RTL)

在喘振线(SLL)的右侧加上一定的安全裕度分别是 RT 阶跃响应线和喘振控制线(SCL)，SLL、SCL、RTL 线对应关系图见图 2。

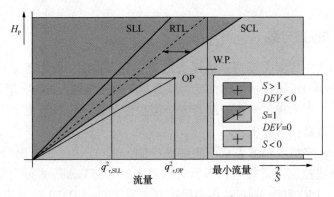

图 2　SLL、SCL、RTL 线对应关系图

当压缩机运行点到达 SCL 线时，PI 响应输出控制回流阀打开适当开度，将压缩机控制到 SCL 线上。对于一个较大较快的扰动，当比例积分响应和特殊微分响应不能使压缩机操

作点保持在 SCL 线右边，而是操作点瞬间越过了 SCL 左边的 RTL，则 RTL 响应就会以快速重复的阶跃响应迅速打开防喘振阀，这样就恰好可以增加足够的流量来防止喘振，而快速将压缩机拉回到安全区域。其每步阶跃的大小与运行点移动的速度有关，阶梯响应（RT）示意图见图 3。

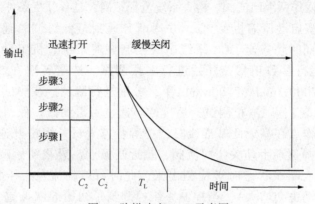

图 3 阶梯响应（RT）示意图

2）安全裕度的不同及高速的计算能力

由于 S 实际上是计算了压缩机运行点对应性能曲线坐标原点的斜率，因此它相对于简单地比较流量的算法来说是拉大了控制区间。我们通常流量概念上的 10% 安全裕度大致相当于 S 值的 17%，而由于 CCC 控制系统高速的计算能力（20ms 执行周期），使得在喘振裕度可以设置的较小却足够调节，实现在低负荷情况下的卡边操作。但是，安全裕度小了，遇到较剧烈快速的扰动时，压缩机仍然会面临喘振的威胁。为了克服这种情况，CCC 喘振控制模块中设置了前馈控制，即当 S 值突然减小，其速率超过一定值时，SCL 线会右移。

3）一、二段防喘振设有压力超驰 POC 控制

POC 的功能是在压力控制器设定值的上方（或下方）设置一条压力限制线（如图 4 所示），当出口压力上升或入口压力下降超过限制线时，POC 响应触发并将其计算输出值送到喘振控制器，叠加到喘振控制器的输出中打开放空阀，帮助迅速降低出口压力到限制线下，以维持工艺生产的稳定运行，压力超驰 POC 示意图见图 4。其中 pd 出口压力，FLOW 为流量，POC 为压力超驰控制，Minimum Speed 控制设定最小转速。

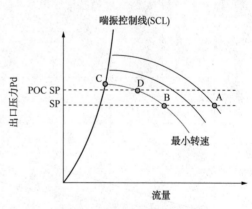

图 4 压力超驰 POC 示意图

4）一、二段防喘振阀之间存在解耦控制

通过串级控制调节压缩机的速度来满足工艺要求时，当压缩机进入喘振调节时，有时性能控制会同时要求减小流量，两个控制回路是互相反作用的，从而造成系统的不稳定，使机组更加接近喘振。针对这种情况，CCC 的性能控制器和喘振控制器会将各自的

输出加权到对方的控制响应中去，从而实现解耦控制来使两个控制回路协调动作，迅速稳定系统。

2. 现场实测喘振系统描述

将一、二级防喘振控制器 FIC-21101 和 FIC-21102 放在手动模式，并保持阀门全开，由 CCC 服务工程师操作两个回流阀。检查系统流程正确，具备开机条件。

按正常操作步骤启动压缩机 K202，并逐渐升速到最低可调转速 5338r/min 后，进入转速运行区间，同时切换至 CCC 系统串级控制调速系统。机组升至 5400r/min 稳定运行 1h 后，各项运行参数正常，开始进行喘振测试。选定转速在 5400r/min，6000r/min，6500r/min，7000r/min，7500r/min 下，分别进行测试。在测试过程中若二段出口压力到达 2.3MPa(表)，则停止测试，后续的转速也不再测试。保留通过计算得到的喘振基准线，以便操作点在靠近此基准线时，提醒各方人员。缓慢升速到选定的转速后，CCC 现场服务工程师逐渐手动关闭回流阀，接近喘振点，寻找初始喘振迹象(初始喘振可以在压缩机刚进入喘振状态时被检测出来，此时可以在流量、压力趋势图上可以看到振荡曲线，轴振动也会增大)。当控制系统检测到了初始的喘振迹象时，防喘振控制器的阶梯响应(RT)会自动快速打开放空阀，使压缩机快速远离喘振状态，这一转速下的喘振实验就结束了。记录的初始喘振点就是此转速下的喘振点，改变转速，进行另外一点的喘振实验。所有点都测试完成后，CCC 现场服务工程师利用纪录的喘振点数据，重新修正喘振线。

K202 一、二级喘振计算基准线、实测喘振点及修正后的喘振线如图 5、图 6 所示。

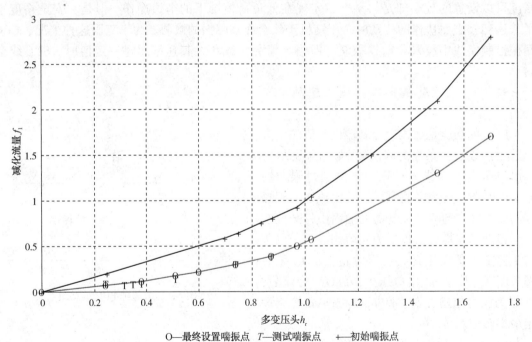

O—最终设置喘振点　T—测试喘振点　+—初始喘振点

图 5　K202 一级实测喘振线

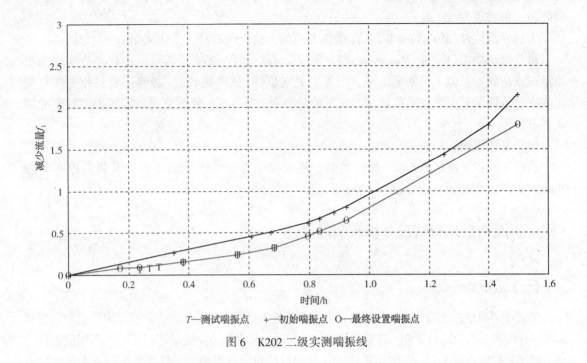

T—测试喘振点　+—初始喘振点　O—最终设置喘振点

图 6　K202 二级实测喘振线

二、CCC 控制系统优点

CCC Vanguard 控制系统是实时多任务开放式系统，采用先进的安全型 cPCI 总线构架；双重化冗余容错的硬件体系结合全面的冗余容错技术和 Fallback 策略，使得系统可靠性达到 99.99%。先进的实时多任务操作系统将关键任务与非关键任务按优先等级实施控制，保证系统的执行速率不随 I/O 点数增加而下降，如防喘振、调速、抽汽控制执行速率为 20ms，而一般监测为 100ms，使机组的精确控制成为可能。

（一）硬件架构

CCC Vanguard 控制系统采用最先进的双重化 cPCI 总线技术，可靠性高、运算速度快。

主处理器卡（MPU1002）采用目前工控领域最强大的 Motorola 1GHz 处理器，256MB DRAM，5MB 闪存。I/O 卡件（IOC-555-D）单卡容量 AI22 点、DI16 点、AO6 点、DO14 点、PI6 点，I/O 卡处理器 40MHz，扫描周期 2.5ms，内置 4MB 内存，A/D 转换分辨率达到 12 位；能够对现场回路进行检测；输入/输出通道全部采用光电隔离；内置输入变量线性化、工程单位转换、开平方滤波、报警及流量温度压力补偿运算功能。

（二）系统软件

透平机械控制应用软件包（Train Ware）：包括防喘振控制、速度控制、性能控制等模块，能够在保证机组最大运行可靠度的同时，优化机组运行和工艺操作，实现节能和扩大机组运行区域，从而适应装置负荷的大幅变动。

工程师组态维护工具软件包（Configurator）：集成工程组态、系统维护调试和工程设计的软件包，可实现在线上装/下装。

人机界面软件(TrainView Ⅱ)：压缩机专用的人机界面软件，全面采用 OPC 技术。

事件管理功能(Events Management)：除了具有一般的 SOE 功能外，还有高分辨率的模拟量记录功能，类似飞机的黑匣子；当发生关键事件(如停机)时，能够记录各相关变量变化状态，包括了开关量和模拟量，开关量的分辨率为 2.5ms，使得判定故障原因和处理故障非常方便。

信号采样周期：2.5ms。

执行周期：系统任务 5ms；喘振控制、速度控制等压缩机控制任务以及紧急停车联锁 20ms；一般过程控制、信号显示 100ms。

三、改造后运行情况分析及节能描述

(一) 运行分析

经过增压机组控制系统改造，能够完全实现反应入口压力自动控制，一、二段防喘振回流阀全关，压缩机各参数运行正常，装置平稳运行，同时也要密切关注机组运行工况。由于机组自动调节转速来稳定反应压力，应密切关注转速变化对机组设备影响，尤其在夏季装置大负荷生产时，冷却能力不足会造成压缩机转速提升，负荷升高，应密切关注压缩机及汽轮机运行情况，适当条件下增加循环氢压缩机组的负荷，减轻增压机组的负荷，保证设备的正常运转。

(二) 节能方面

由于回流阀的关闭，在相同工艺参数下，增压机组蒸汽消耗较改造前减少约 5～10t(随处理量会有所变化)，见表1。中压蒸汽价格 150 元/t，则仅节约蒸汽用量一年产生的效益约达 630 万元(5×8400×150 = 6300000)，节能效果明显。

表 1　改造前后装置处理量与蒸汽消耗对应表

时间	重整进料量/t	反应温度/℃	蒸汽消耗/t
改造前			
2009.9.25	175	514	95.7
2009.9.26	176	513	94.1
2009.9.27	176	513	94.1
平均值	175.7	513.3	94.63
2010.6.18	175	510	89.4
2010.6.19	175	510	89.5
2010.6.20	175	509	88.3
平均值	175.0	509.7	89.07
2011.6.6	175	516	87.7
2011.6.7	175	514	88.6
2011.6.8	176	517	89.4
平均值	175.3	515.7	88.57

续表

时间	重整进料量/t	反应温度/℃	蒸汽消耗/t
改造后			
2011.8.18	177	508	83.9
2011.8.19	176	507	82.9
2011.8.20	175	506	82.2
平均值	175.0	507.0	83.00

正常生产中在保证机组运行平稳的情况下，调节循环氢压缩机组及增压机组的负荷比例，也是挖潜增效的潜力所在。

通过 CCC 机组控制系统的改造和应用，实现了装置安、稳、常、满、优运行。

参 考 文 献

[1] 王学义. 工业汽轮机技术[M]. 北京：中国石化出版社，2011.
[2] 汉隆(Hanlon Paul C.). 压缩机手册[M]. 北京：中国石化出版社，2003.

无级调量系统在往复式压缩机的应用及节能效果

(吴希君)

某炼化公司炼油四部，柴油加氢装置两台新氢压缩机(1113-K-101AB)为一开一备；蜡油加氢装置三台压缩机(1102-K101ABC)为两开一备。根据工艺操作中用氢流量的工况，两台新氢压缩机(K101-A级)，均采用了无级调量控制系统HydroCOM。该系统是我公司设立的节能减排项目，投资成本300万元/单台，利用延迟关闭吸气阀手段，实现回流省功原理，达到降低能耗目的。从近几年的实际运行效果看：操作平稳，在各种状态下，都能使开机和机组切换无扰动；解决了氢气大量返回造成电能浪费的难题，节能显著。

一、机组简介

炼油四部4.1Mt/a柴油精制装置和3.2Mt/a蜡油加氢处理装置分别由洛阳设计院和北京设计院设计，2008年7月建成投产，柴油加氢新氢压缩机同时为喷气燃料提供氢气，具体设计参数见表1、表2。

表1　1113-K101A 机的设计参数

压缩机型号	4M80-57/21-44-24/44-92-BX	型式	四列两级对称平衡型
排气量	64000Nm³/h	主电机额定功率	4250kW
一级入口压力	2.0MPa	一级出口压力	4.6MPa
二级入口压力	4.5MPa	二级出口压力	9.7MPa

表2　1102-K101A 机的设计参数

压缩机型号	4M80-28/20-124-BX	型式	四列三级对称平衡型
排气量	30300Nm³/h	主电机额定功率	2800kW
一级入口压力	2.0MPa	一级出口压力	4.6MPa
二级入口压力	4.5MPa	二级出口压力	7.9MPa
三级入口压力	7.8MPa	三级出口压力	12.6MPa

正常运行中，柴油加氢装置新氢压缩机输能能力大，靠一返一、二返二控制流量，造成能量的浪费；加氢处理装置新氢压缩机开一台量不够，开两台输气量大，每台靠三返一来控制流量，造成能量的浪费。HydroCOM有效地解决这一问题。

二、HydroCOM 气量无级调节控制系统的作用原理

(一)概念

HydroCOM 是英文"Hydraulically actuated Computerized controlled valves"的缩写定义,是贺尔碧格公司专门为往复式压缩机开发的液压式无级气量调节系统。它的主要工作原理是计算机实时处理压缩机运行过程中的状态数据,并将信号反馈至执行机构内电子模块,通过液压执行机构来实时控制进气阀的开启与关闭时间,实现压缩机排气量 0%~100% 全行程范围无级调节。

(二)基本控制原理

如图 1 所示,在压缩机的活塞往复运动中,当气缸进气终了时,进气阀的阀片在执行机构作用下仍被卸荷器强制保持开启状态,压缩过程并不沿原压缩曲线由位置 C 到位置 D,而是先由位置 C 到达位置 C_r,此时原吸入气缸中的部分气体经被顶开的进气阀回流到进气管而不被压缩。待活塞运动到特定的位置 C_r(对应所要求的气量)时,执行机构使顶开进气阀片的强制外力消失,进气阀片回落到阀座上而关闭,气缸内剩余的气体开始被压缩,压缩过程开始沿着位置 C_r 到达位置 D_r。气体达到额定排气压力后从排气阀排出,容积流量减少。这种调节方法的优点是压缩机的指示功消耗与实际容积流量呈正比,是一种简单高效的压缩机流量调节方式。这就是压缩机的"回流省功"原理。

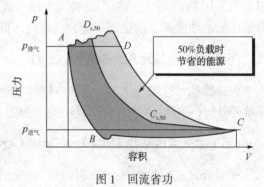

图 1　回流省功

(三)HydroCOM 核心的执行系统和进气阀

通过进气阀的延迟关闭,使多余部分气体未经压缩而重新返回到进气总管,压缩循环中只压缩了需要压缩的气量,这正是运用了上述的"回流省功"原理。先进的控制理论和机电技术的结合,使 HydroCOM 系统在最大限度节省能源的同时,还拥有极高的控制动态特性。根据不同的控制要求和设计,HydroCOM 可精确控制各级的状态参数,如压力、流量、温度等。

三、HydroCOM 控制系统的机构组成

(一)DCS(Distributed Control System)

DCS 中的 PID 调节器根据现场压缩机的二级排气压力和级间压力信号计算输出 4~20mA 的标准电流控制信号,CIU 接收此电流信号转换为一、二级执行器的控制信号。此外整个

HydroCOM 系统的控制画面及报警信息均由 DCS 组态实现。本次改造依托于车间原有的西门子公司 DCS 控制系统，根据 HydroCOM 系统的控制要求增加了部分卡件。

（二）执行机构 HA(Hydraulic Actuator)

执行机构是一组通过卸荷器对气阀产生作用的部件总和，它由阀室、密封室和电气室三部分组成。由 HU 提供实现该动作功能所需的液压动力，CIU 进行实时控制，EPS 提供电磁阀电源。

根据阀室内电磁阀的不同位置，执行机构的液压活塞承受从液压装置中传递的液压力或大气压力（常压），内置的高压活塞通过顶杆驱动进气阀卸荷器。在执行机构中还安置有一个温传感器，测量点靠近进气阀。测量到的温度值可输送到各类温度检测装置，从而为进气阀的受控状态提供监控、分析、纠正的依据。

（三）液压油站 HU(Hydraulic Unit)

液压油站 HU 提供高压液压油向执行机构 HA 提供动力。安装于油箱内的齿轮泵将液压油升压至 10.0MPa，在液压油供油及回油管路上均安装有隔膜蓄能器来稳定油压。液压油管路系统采用 Paker 公司的液压油管及专用卡式接头。液压油站油压、油温在 DCS 上显示，设置油压低、油温高、油位低报警，设置油压低低联锁。

（四）服务器单元 SU(Service Unit)

服务器单元包含一台 IBM 兼容电脑和基于 Windows 平台的服务软件。该服务器可用于对系统的分析、诊断及对 CIU 的组态功能。一旦系统故障，可通过 SU 对 CIU 进行分析诊断。

（五）上死点传感器 TDC(Top Dead Center Sensor)

在 HydroCOM 系统中，TDC 传感器传递活塞在气缸中的即时位置，在 TDC 和 CIU 之间的电脉冲由隔离放大器隔离和传递。为使 TDC 传感器能摄取信号，需要在压缩机飞轮上垂直于传感器的方向上钻一约直径 $\phi20mm$，深 10mm 的圆柱孔。TDC 信号传入 CIU 进行处理后与从 DCS 来的一、二级控制器的信号进行计算，然后由现场总线传于执行机构以控制进气阀的实际启闭时间。

（六）PLC(Programmable Logical Controller)

PLC 用于在 CIU 出错及液压油站油压低的情况下联锁关闭液压油站。本次改造采用西门子公司 S7-200 型 PLC。

（七）CIU(Compressor Interface Unit)

CIU 起到连接 HydroCOM 系统和 DCS 的作用。CIU 具有如下功能。

（1）将 DCS 输出的一、二级控制器的模拟电流信号转化成作用于一、二级进气阀的启与闭的时间信号。

（2）将液压执行机构 HA 反馈的阀腔温度传递到 DCS，更多的传输，如待机、报警、出错及仿真等信号均通过 CIU 传输到 DCS 上。

（3）通过 RS-232 接口连接一台 IBM-PC 兼容笔记本电脑，可对 CIU 进行组态和检测；接收 TDC 传感器拾取的曲轴转角脉冲信号以确定执行器动作的准确时间。

四、HydroCOM 气量无级调节控制系统在新氢压缩的应用方案

（一）HydroCOM 系统的控制要求

柴油加氢和蜡油加氢装置，两台新氢压缩机 1113-K101A、1102-K101A 增加 HydroCOM 系统，控制要求。

（1）由于该压缩机用于向加氢反应系统输送氢气以满足反应系统所需氢分压，故将高压分离器压力 1113-PIC11902 和 1102-PIC12601 定为 HydroCOM 系统的主控制变量，即 Hydro-COM 系统控制的是加氢反应系统压力，而不是直接控制压缩机二段或三段出口压力。

（2）为方便操作，HydroCOM 系统应具备手动操作、自动操作及系统切除之功能。

（3）系统设计时应将压缩机相关状态参数、HydroCOM 系统（包括液压油站）报警及联锁显示于 DCS 上。

（4）1113-K101A 与 1102-K101B 两台压缩机切换，1102-K101A 与 B \ \ C 切换时流量波动最小，尽可能做到无扰动切换。

这两套 HydroCOM 系统就是基于以上要求设计的，现有压缩机增上 HydroCOM 系统仅在 DCS 中增加了一、二级控制器两个控制回路，其余均为显示参数。一级控制器测量信号为高压分离器压力 1113-PIC11902 和 1102-PIC12601，其给定值由工艺系统根据加氢反应所需氢分压而定。二级控制器测量信号为二段入口压力，其给定值根据经验公式由 DCS 计算后自动给定。

（二）现场安装和系统调试

该项目由贺尔碧格公司提供执行机构、进气阀、CIU、液压油站及 TDC 传感器等，液压油管、PLC 及其他仪表配件，安装主要有：

（1）进气阀（HydroCOM 系统专用进气阀）的更换及执行机构的安装。

（2）液压油站的安装及液压油管的配管。

（3）TDC 定位及传感器的安装。

（4）CIU 的安装及相关电缆的联接。

（5）PLC 的安装及组态。

（6）DCS 卡件的安装、线缆的联接及组态。

HydroCOM 系统安装结束后对该系统所有控制信号、控制逻辑进行了静态校验，对液压系统进行了动态校验，并运用 HydroCOM 系统模拟程序对系统进行了模拟运行，系统校验合格后进行了试运行。

五、HydroCOM 系统使用效果

（一）HydroCOM 系统的节能效果

在 HydroCOM 系统投用后，柴油加氢装置进料量在95%工况下，压缩机负荷为60%；加

氢处理装置进料量为 108% 的工况下，压缩机的负荷为 36%，节能效果十分显著。表 3 是 1113-K101A 在安装 HydroCOM 系统后不同负荷下主电机的电流及耗电量；表 4 是 1102-K101A 在安装 HydroCOM 系统后不同负荷下主电机的电流及耗电量。

表 3　1113-K101A 在不同负荷下主电机的电流及耗电量

压缩机负荷/%	主电机电流/A	主电机实际功率/kW	日耗电量/kW·h
0	136	1201	28832
30	140	1237	29679
35	144	1272	30528
40	165	1456	34934
45	185	1638	39301
50	206	1819	43668
55	226	2001	48034
60	247	2183	52392
65	267	2365	56768
70	288	2547	61135
75	309	2729	65502
80	329	2911	69868
85	350	3093	74236
90	370	3275	78602
95	391	3457	82969
100	412	3639	87336

从表 3 可以看出，在加氢装置现有负荷下 1113-K101A 负荷为 57%，其日耗电量为 52300kW·h，较 100% 负荷节电 35036kW·h。按每 kW·h 电 0.47 元人民币计算，日节约成本 16467 元，年可节约成本 490 万元，一年即可回收全部投资。

表 4　1102-K101A 在不同负荷下主电机的电流及耗电量

压缩机负荷/%	主电机电流/A	主电机实际功率/kW	日耗电量/kW·h
0	122	1078	25863
30	129	1139	27348
35	131	1157	27772
40	143	1263	30316
45	157	1387	33283
50	166	1466	35191
55	175	1546	37099
60	184	1625	39007
65	199	1758	42187
70	210	1855	44519

续表

压缩机负荷/%	主电机电流/A	主电机实际功率/kW	日耗电量/kW·h
75	227	2005	48123
80	249	2199	52787
85	266	2350	56391
90	278	2562	61488
95	286	2606	62544
100	294	2597	62327

从表4可以看出，在蜡油加氢装置现有负荷下1102-K101A负荷为36%，其日耗电量为27772kW·h，较100%负荷节电34555kW·h。按每kW·h电0.47元人民币计算，日节约成本16241元，年可节约成本480万元，一年即可回收全部投资。

（二）HydroCOM系统的控制优点

HydroCOM系统投用后，加氢精制装置反应系统压力自动控制压缩机负荷，将原内操频繁调整压缩机返回控制阀的工作省去，极大地优化了操作，降低了操作工的劳动强度。此外，HydroCOM系统投用后，压缩机的整个控制系统更趋合理，可以实现压缩机的平稳加载、无扰动切换及停机，各项状态参数更稳定，使得压缩机的运行更加平稳。

经过运行考验，两套HydroCOM控制系统，在加氢精制装置现有负荷下节能显著，预计年可节电约600余万元。HydroCOM控制系统，可实现压缩机流量0%~100%无级可调，其中0%~20%用于压缩机的无扰动开机、切机或停机。HydroCOM控制系统的整体配置还可优化，以更好满足国内用户的需要，HydroCOM控制系统的投用，降低了加氢精制装置的操作难度，系统工艺参数更加稳定；压缩机部适应在各种工况下的负荷运行，提高压缩机的可靠性、操作性，延长了压缩机及其部件的使用寿命；HydroCOM气量无级调节控制系统在加氢装置新氢增压机上运行良好。

射水抽气器节能降耗的改造

（曲同超）

一、射水抽气器的型式

目前我国电站等设备多用的射水抽气器有以下几种型式：

（1）长喉部射水抽气器。这种射水抽气器的特点是喉管长度与喉管截面直径比值不小于18，效率要比短喉射水抽气器高，应用也极其广泛。

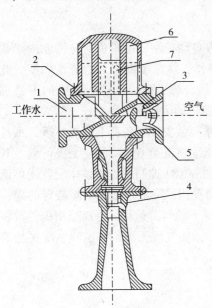

图1　单通道短喉部抽气器

1—工作水入口；2—喷嘴；3—混合室；
4—扩压管；5—逆止阀；
6—上水室；7—水室平衡孔

（2）短喉部射水抽气器。短喉管部射水抽气器的喉管长度与喉管截面直径比值为2~5。

（3）单通道射水抽气器，单通道射水抽气器即为单个喉管的射水抽气器。

（4）多通道射水抽气器，多通道射水抽气器是指有两个或两个以上通道的射水抽气器。

我国设计制造的高压凝气式机组中，较多的是用射水抽气器作抽气设备。

射水抽气器结构图如图1所示，它主要由工作水入口水室、喷嘴、混合室、扩压管和止回阀等组成。在喷嘴前安装有水室，以防止工作水在进入喷嘴前形成漩涡，并提高喷嘴的工作性能。

工作水压保持在0.2~0.4MPa，由专用的射水泵供给。经射水泵加压的压力水经过水室进入喷管，喷管将压力水的压力能变成速度能，以高速射出。在混合室内形成高度真空，使凝汽器内的气、汽混合物被吸入混合室，在混合室内，气、汽混合物和水混合后一起进入扩压管。

工作水在扩压管中流速逐渐降低，由速度能转变成压力能，最后在扩压管出口其压力升至略高于大气压力而排出扩压管进入冷却池。为防止升压泵发生事故，使供水压力降低，导致喷嘴的工作水吸入凝汽器中，必须在射水抽气器的气、汽混合物的入口装有止回阀。

二、喉部结构特征对射水抽气器工作性能的影响

（一）喉部长度的影响

研究成果表明，提高射水抽气器经济性的关键在于其喉部获得水、气混合物的临界流动

工况，而临界流动工况的实现又以在喉部水、气混合物完全充满，并在压缩增压前混合的均匀程度达到足够高的条件为前提。在长喉部射水抽气器中，正由于喉部有足够的长度在一定的流体参数和几何参数下足以使水、气混合物的流动逐渐趋于均匀而获得临界流动工况，此时，复环流损失及突然压缩损失均可达到最小值，提高射流效率。这一点在短喉部射水抽气器中是达不到的，因而大大节省了功耗。

短喉部射水抽气器和长喉部射水抽气器的对比。

（1）无论是长喉部还是短喉部射水抽气器，随着工作水压力的增高，虽然工作水流量随之减少，但是功耗都会随之增加，因此高工作水压射水抽气器的经济性不如低工作水压下的经济性好。

（2）短喉部射水抽气器的比功耗为 1.84~2.26，长喉部射水抽气器的比功耗为 1.33~1.76，显然与短喉部相比，长喉部射水抽气器的经济性明显地提高。

（3）在低工作水压下，长喉部射水抽气器比短喉部的工作水量的降低量要大于高工作水压条件下工作水量的降低量，导致在高工作水压下，长喉部射水抽气器比短喉部的耗功的降低率小于低工作水压条件下耗功的降低率，因此表明，在低工作水压条件下，长喉部射水抽气器的经济性更为显著。

短喉部射水抽气除经济性差之外，还存在结构落后，机械加工工作量大，铸件毛坯报废率高，运行时振动噪声大等缺陷。不仅如此，喉部长度还对抽气器的流量比有着较大的影响，通过研究表明，在一定范围内增加喉管的长度，可以提高流量比。因此，短喉部射水抽气器已经逐步被长喉部射水抽气器所代替。

（二）多通道抽气器

多通道抽气器采用吸入室内有分流室的结构作为主要通道和以小孔群方式组合的辅助通道，以降低气阻，消除气相偏流，增加两相质点能量交换；同时应用了新的计算方法，经过对比实验确定了吸入室几何结构、喉部形状、喉颈喷嘴面积比、喉颈喷嘴径比等，并根据不同抽气的容量，选择通道数及水压，以获得最佳截面与流速，实现吸入室的高效率。根据等截面喉管末端仍具有较高流速及整个喉管之间流速互不干涉原理，该型抽水器实现了喉管下段及出口的分段抽气；所提供的后置式抽气器也多为多通道，可供抽吸轴封加热器的空气。

多通道射水抽气器和旧型相比，优点如下。

（1）涡旋斜切空气喷嘴结构如图 2 所示，可使水束外的空气层更加有效地约束高压水束的扩张，使汽水混合物顺利地进入喉部并排至大气。

（2）涡旋斜切喷嘴的设计，使进入内部通道的每个水束发挥同等高效，解决气水分布不均，水束做功不均的现象。

（3）该抽气器的喉部设计了带缓冲均压室的聚流口，吸收噪音，减少抽气器的振动从而进一步提高了抽气器效率。

（4）抽气器喉部内侧设有扰流螺旋，消除边界层和气体析出上飘，加强气、水混合。

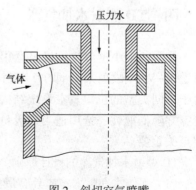

图 2 斜切空气喷嘴

（5）抽气管喉部上侧空气管入口处装有止回阀，可有效地防止汽机停机时凝汽器真空的快速下降。

三、提高射水抽气器抽气效率的途径

改短喉管抽气器为长喉管抽气器。由于射水抽气器的工作水温和从凝汽器抽吸的空气（并带少量的蒸汽）温度不同，并且有水—气—汽多相流体，因而引起射水抽气器的工作过程是多相流体质量传递——气水混合，能量传递——换热凝结等几个连续步骤的复杂过程。有人曾用透明玻璃钢制作的射水抽气器做试验观察到，大致分为三段过程，第一阶段——液气相对运动：工作水通过喷嘴后成为高速射流，进入吸入室和收缩管时保持自己最初的密实圆柱形状，由于射流边界层与气体之间的黏滞作用，射流将气体卷吸带入喉管，密实射流和环形空气流做相对运动。

第二阶段——液滴运动：液体射流离开喷嘴后的一定长度时，受气体扰动和装置振动的影响，因而产生脉动和表面波。同时空气中的少量蒸气也凝结成液体，液体质点杂乱扩散，射流表面波振幅增大，当振幅超过射流半径时，射流破裂成为液滴，并且气体被加速和压缩，这个阶段中看到乳白色的水—空气—蒸汽的乳状液。这个阶段后期，射流完全破裂，液滴变为不连续介质，气体成气相聚合状态。

第三阶段——气液泡沫流运动：在这个阶段气体又被液滴粉碎为微小气泡，成为分散介质，通过扩压管（即排水管）后，压力升高，气体压缩，液滴又聚合为液体，成为连续介质。

由于射水抽气器对气体的抽吸和压缩主要是在第一、二阶段，在工作时气水混合，换热凝结过程在喉管这一区段表现得特别强烈，并要在较长喉管内才能完成。由于短喉管抽气器没有足够的长度来完成第二阶段，不能使液体充分混合，在喉管壁面有明显倒流现象，因而能量损失大，效率低。而长喉管抽气器有足够的长度来完成第一、二阶段，喉管长度满足了射流破裂长度的要求，气水混合过程在喉管内完成，不产生倒流现象，所以能量损突小，效率高。

改单喷嘴抽气器为多喷嘴抽气器增加射流与气体接触的表面积，在单位时间内能使射流抽吸更多的空气，因而能提高射水抽气器的抽气效率[1]。

四、TD 型射水抽气器

目前，中小型汽轮机机组运用较多的是 TD 型的射水抽气器，专利产品《低耗高效多通道水——汽喷射泵》（即 TD 型射水抽气器）。TD 型射水抽气器虽然效率高，耗能低，但由于不同类型的机组真空系统结构不同，其真空严密性也有一定差别，所以为维持正常真空并降低能耗，选用适当抽吸量的抽气器，正确地选用工作水耗用量及进水压力参数都至关重要。

TD 型射水抽气器的设计原则。

（1）工作水在吸入室应具有最佳流速，且单股水束应具有最佳截面，使水束能实现最佳分散度，分散后水质点又具有最佳动量，实现以最少的水量裹挟最多的气体。

（2）水质点与空气在吸入室内接触最均匀。

（3）被水束裹挟的气体能全部压入喉管。

（4）能制止初始段的气相返流（这是单靠加长喉管难以实现的）。

（5）在混合室内既要在不太长的喉管中实现两相流的均匀混合，又要充分利用余速使排出的能量达到最少。

TD型射水抽气器由进水室、吸水室、喉管束、轴封抽气器等部分组成。在吸入室内采用有分流室的结构，作为主要通道和小孔群方式组合辅助通道来降低气阻，消除气相偏流，增加两质点间的能量交换。吸入室的几何结构、喉口形状、喉劲喷嘴面积比、喉长、喉管径比等都根据两相流的最新研究成果，用新的计算方法并经试验确定。喉管在结构上分为三段：气体压入段，漩涡强化交流段和增压段[2]。

目前，我国火力发电厂中小型汽轮机组常用射水抽气器的型号如表1所示：

表1 射水抽气器型号

汽轮机 型号	射水抽气器 型号	抽吸能力/(kg/h)	配用水泵			电机
		0.004MPa， 水温20℃	型号	流量/ (m³/h)	扬程/ m	
N6MW 以下	TD-12	7.5	IS100-80-160	100	32	160M2-2(15kW)
N12MW	TDA-12	8.5	IS100-80-60	100	32	180M-2(22kW)
N25MW	TD-25	10.5	IS125-100-200B	172	37	180M-2(30kW)
N50MW（Ⅰ）	TD-18	21	8SH-13A	280	41	Y200L-2(37kW)
N50MW（Ⅱ）	TD-32	32	250S-39A	432	35	Y250M-4(55kW)
N100MW	TD-4	36.5	250S-39	486	39	Y280S-4(75kW)
N125MW	TD-40	40	250S-39	486	39	Y280S-4(90kW)
N200MW	TD-90	89	14SH-13A	1120	36	JA116-4(155kW)

五、公司射水抽气器参数

公司射水抽气器为短喉部单通道射水抽气器具体参数如表2所示，与TD型涉水抽气器比较，高能耗低效率。

表2 射水抽气器参数

型号	抽气能力(0.006MPa)/(kg/h)	配用水泵	配用电机
CS1-25-3	25	OHA200-3250	Y280M-2(90kW)

凝汽器空气漏气量计算：最大凝汽量（MW）+2（g/s）

抽气器抽气量不宜小于漏气量。

根据公司汽轮机型号 CC60-8.83/3.9/1.2，可知漏气量大约为18.2kg/h

因此根据上面表格查得，我公司情况可选择 TD-32 型号射水抽气器。

六、改造后的比较

将公司单通道短喉部射水抽气器改造为多通道长喉部射水抽气器，电机功率减小，配套电机效率由原90kW降至55kW，仅此一项年节能达252000kW（按年运行300d计算）。$Q_{节}$ = (90-55)kW×24h×300×2 = 504000kW。按每千瓦时电价成本0.54元计，年节约人民币约27万余元。

参 考 文 献

[1] 肖汉才. 射水抽气器改进的方法[J]. 热能动力工程，1995，(03)：135-139，+190.

[2] 田鹤年. TD型射水抽气器的容量选择和水泵配套[J]. 汽轮机技术，1994，(02)：111-116.

动力中心汽轮机滑参数启动过程

(李许安)

热电联产在国家实施节能减排的战略决策中的作用举足轻重，节能减排成为共同面临的重要问题。电厂作为生产中的重要部门，对能源消耗量也较大，所以必须要采取切实可行的节能减排措施节能运行。汽轮机的启动是热电运行中一项重大的操作，优化启动方式可直接提高机组的安全性和经济性。

我公司公用工程部动力中心有 2 台 60MW 汽轮发电机组，型号 CC60-8.83/3.9/1.2，为高温高压、单缸抽凝式汽轮机。2021 年对其中 2# 机进行了节能改造。锅炉主体设备为 2 台 FWEOY-310/9.81-540 型 CFB 锅炉，美国 FOSTER WHEELER 公司的高温高压循环流化床锅炉。高压蒸汽母管仅动力中心内部使用，为切换母管制，也可 1#炉-1#机、2#炉-2#机分别组成单元。

机组于 2008 年安装调试完毕以来，一直采用额定参数启动方式，配套 CFB 锅炉启动时间较长，环保指标控制为难点。此种方式不但启动总时间长、热冲击大、工质和热量的损失较多，且不能回收利用锅炉启动过程中的排气，极不利于提高全厂的经济性。如机炉采用冷态滑参数联合启动可减少启动费约 50 万/年，节约大量生产成本，滑参数启动方式较额定参数启动方式能提高能源的转换效率，降低自身的生产成本，确保其以最小的能源消耗，实现经济效益的最大化。

一、汽轮机启动

(一) 概论

汽轮机的启动是指转子由静止(或盘车)状态升速到额定转速，并将负荷逐步增加到额定负荷的过程。汽轮机的启动过程，也就是蒸汽向金属部件传递热量的复杂热交换过程。在这个过程中，汽轮机各金属部件将受到高温蒸汽的加热，从室温及大气压力的状态过渡到额定温度和压力的状态。制定合理的启动方式，就是研究汽轮机合理的加热方式，使启动过程能保证机组的安全、经济，并力求缩短汽轮机的启动时间。

理想的启动方式，就是在启动中使机组各部金属温差、转子与汽缸的相对膨胀差都在允许范围内，以减少金属的热应力和热变形，提高启动水平。在不发生异常振动，不引起摩擦和不严重影响机组寿命的条件下，尽量缩短总的启动时间，从而制定出在启动过程中各阶段汽轮机零部件所允许的最大温升速度，然后通过调整蒸汽参数或蒸汽流量的方式来准确保持温升速度，以保证安全、经济快速启动。

(二) 滑参数启动

根据启动过程中采用的新蒸汽参数不同，可分为额定参数启动和滑参数启动两种。

滑参数启动时，自动主汽门前的蒸汽参数(压力和温度)随机组转速或负荷的变化而升高。采用喷嘴调节的汽轮机，定速后主汽门保持全开位置。由于这种启动方式具有经济性好，零部件加热均匀等优点，所以在现代大型机组启动中，得到广泛应用。

滑参数启动根据冲转前主汽门前的压力大小又可分为压力法滑参数启动和真空法滑参数启动，真空法启动因真空系统庞大抽真空困难，汽轮机转速不易控制，所以较少采用真空法滑参数启动。

压力法滑参数启动指冲转时主汽门前蒸汽具有一定的压力和温度，当采用调速汽门控制时，在冲转升速过程中逐渐开大调速汽门，利用调速汽门控制转速，当汽轮机达到额定转速时，调速汽门就全开。当采用主汽门控制时，冲转前全开高压调门，逐渐开启高压主汽门升速。当转速升至 2900r/min 时，进行阀切换，高压主汽门全开，用高压调门控制升速至3000r/min，并网、带负荷。

二、滑参数启动的必要性

从传热学观点来看，汽轮机组的启动过程属于不稳定传热过程。在汽轮机组启动之前，转子和汽缸的温度都接近于常温。当蒸汽进入汽轮机后，蒸汽最初会凝结放热但绝大部分以对流换热方式将热量传递给汽缸内壁和转子外表面，然后再传至汽缸和转子中心孔。由于金属存在热阻，因而在汽缸内、外壁间和转子半径方向出现了温差。温差值与蒸汽传给金属的热量呈正比，根据对流放热公式：

$$Q = hA \cdot \Delta t$$

式中　h——蒸汽的放热系数，$W/(m^2 \cdot k)$；

　　A——受热面积，m^2；

　　Δt——蒸汽与金属的温差，℃。

当受热面一定时，传给金属部件的热量 Q 与放热系数 h 和温差 Δt 呈正比。转子冲动后温差 Δt 比较大，故要求放热系数 h 要小一些以减少热冲击。在汽轮机级内蒸汽流速基本相同，高压蒸汽和湿蒸汽放热系数可分别达到 1745~2326W/($m^2 \cdot K$) 和 3468W/($m^2 \cdot K$)，凝结放热时更是高达 17500W/($m^2 \cdot K$)。而低压过热蒸汽的放热系数只有 175~233W/($m^2 \cdot K$)，0.07MPa 的低压蒸汽放热只有 34W/($m^2 \cdot K$)。可见低压过热蒸汽放热系数仅相当于额定参数蒸汽放热系数的 1/10，故冲转时如采用低压过热蒸汽(过热度应不小于 50℃)，可减少机组热冲击，减缓宏观裂纹的扩大，且金属温升速度亦比较容易控制，而滑参数启动可实现上述目的。

另外，滑参数启动采用低参数进汽，利用低参数进气阶段完成盘车预暖及低、中速阶段暖机，所以在机组升到高速及定速前转子中心孔处的金属温度早已加热到低温脆性转变温度以上，可避免在高转速的离心力及较大热应力的复合作用下造成金属脆性裂或损伤。采用滑参数进气使汽缸及转子金属温度随蒸汽参数缓慢升高，消除了传统启动法中机组刚冲动时，在转子上由于珠状凝结放热及汽缸上膜状凝结放热的巨大热冲击。

滑参数启动法启动全过程能与锅炉同步，大大缩短了机炉启动时间，减少锅炉启动过程的排汽浪费，并能提前带负荷增加经济效益。滑参数启动法提高了能源的转换效率降低自身的生产成本，以最少能源消耗、最短启动时间、最小寿命损耗，实现经济效益的最大化。所以机组滑参数启动是降低自身生产成本的重要手段，理应推广应用。

三、滑参数启动的优势

滑参数启动使汽轮机启动与锅炉启动同步进行，因而大大缩短了启动时间。动力中心锅炉为 CFB 炉，从点火升压至蒸汽参数达到额定值，需要 8~12h。达到额定参数后进行暖管，然后汽轮机组冲转，并且要分阶段暖机，以减小热冲击，至机炉满负荷运行至少需要 15h。滑参数启动，锅炉第一燃烧器点火后，就可以用低参数蒸汽预热汽轮机和锅炉间的管道，随后锅炉压力、温度升至汽轮机启动值后，汽轮机就可冲转、升速和并网发电。随着锅炉参数的升高，机组负荷不断增加，直至带到额定负荷。启动时间可缩短到 7h 之内，大大缩短了机炉启动时间，同时有利于环保指标的控制。

额定参数启动工质和热量的损失相当大。动力中心 CFB 锅炉冷态启动过程对空排气总量高达 400t（见升温曲线进度表，8 月 6 日点炉后至并入管网 DCS 数据实际给水量 385t）。汽机采用滑参数启动时锅炉基本可不对空排汽，可将其转化为电能并回收凝结水。单次节约蒸汽能发电 70WM，多回收凝结水 500t，减少辅助设备运行时间 7h。大大减少了工质与能源损失，提高了全厂的经济性。

滑参数启动中，金属加热过程是在低参数下进行的，启动容积流量大，且冲转、升速是全周进汽，因此加热较均匀，金属温升速度亦比较容易控制，能有效减小高温区金属的温差和热应力，保证低寿命损耗，延长了机组寿命。

滑参数启动容积流量大，通过汽轮机的蒸汽流量大，可有效地冷却低压段，使排汽温度不致升高，有利于排汽缸的正常工作。

低参数的蒸汽可对汽轮机的末级叶片起到一定的清洗作用，增加清洁度，有利于提高机组效率。

四、滑参数启动实践过程

（一）滑参数启动应具备的条件

首先对将要滑参数启动的机组进行状态分析：监视仪表齐全，其中缸内壁温度、缸胀、轴位移、轴承回油温度等表计必须正确可靠；滑销系统应工作良好；汽机的调速系统迟缓率符合标准，机组振动在良好标准以内。

滑参数启动的主要目的是在锅炉的烘炉加热过程中完成机组的启动工作，但对于滑参数启动过程中各参数的指标要求，主要是通过锅炉方面来实现的，为此，锅炉方面也必须具备良好的工作条件，温度、压力等控制指标要达标。

主蒸汽系统运行方式如图 1 所示。

关闭蒸汽母管 77002 阀 1#炉-1#机变成单元制机组运行；关闭蒸汽母管 77001 阀 2#炉-2#机变成单元制机组运行，给水系统母管制运行。还要制定严密的安全技术保证措施，并建立可靠的指挥系统。

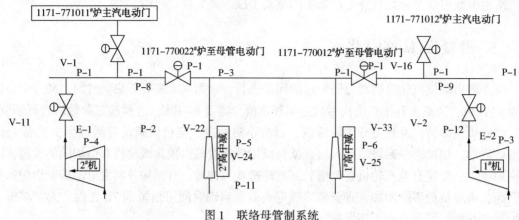

图1 联络母管制系统

(二)滑参数启动的目标

滑参数启动的目标是在锅炉点火后3~5h内实现机组启动且机组并网运行,7h内达到机炉满负荷送行状态,机组升温升压曲线如图2所示。

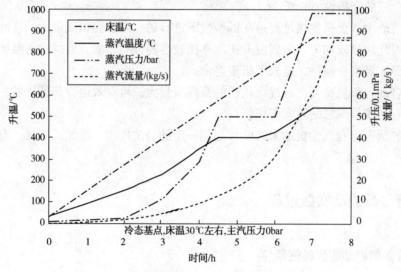

图2 冷态滑参数启动升温升压参考曲线图

(三)滑参数启动的过程

机组启动曲线如图3所示,启动曲线由两组曲线组成,上面曲线的纵坐标是功率比$\bar{P}$($\bar{P}=P/P_N$,P是机组实际功率,P_N是额定功率)或功率$P(kW)$,横坐标是所需启动时间$t_A(min)$;下面曲线的纵坐标是转速比$n(n/n_N$,n是实际转速,n_N是额定转速)或转速$n(r/min)$,横坐标是所需起动时间t_N,t_N是汽轮机从静止升速至额定转速所必需的最短时间,t_N包括速关阀阀壳的预热时间,t_A是汽轮机从静止状态过渡到接带额定负荷所必需的最短时间,t_A包括t_N。

1. 第一阶段(启动准备及暖管抽真空)

正常冷态启动准备工作结束,汽轮机组投入盘车,润滑油系统运行正常。锅炉点火后全开主蒸汽门，利用预热时乏汽对主蒸汽管道进行预热。充分开启疏水，将疏水导致疏水箱。

关闭真空破坏门，检查机组真空系统，具备抽真空条件对机组进行抽真空。

（注意：汽轮机温态、热态、极热态启动，抽真空前必须先向轴封供汽。）

锅炉点火 1.5h 后锅炉床温 210℃、主汽压力 0.15MPa、主汽温度 120℃。当锅筒压力达到 0.1~0.2MPa（表）、空气门连续冒汽时，关闭各空气门。

具备机组暖管条件时即可暖管至机组主汽门前，控制机侧温升率不大于 1.2℃/min，升压速度不大于 0.02MPa/min。加强凝结水水质监测，联系化验进行凝结水检测，水质合格后锅炉继续升温升压。

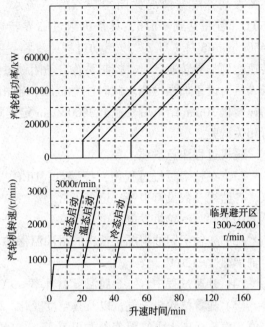

图 3　汽轮机启动曲线

机组预暖条件：

（1）确认盘车投入连续运行 2h 以上。

（2）确认高中压轴端汽封投入。

（3）确认凝汽器真空达到 -0.04MPa 以上。

（4）确认高压内缸调节级处内壁金属温度在 150℃ 以下。

2. 第二阶段（冲动转子及定速）

点火 3~3.5h 以后锅炉床温超过 390℃、蒸汽温度达到 280℃ 以上（过热度应不小于 50℃，选择较高进气温度有利于中压缸暖缸减少低速暖机时间），压力为 1.2MPa、流量为 15t/h，汽轮机可择机挂闸冲转。（根据 8 月 6 日 1# 炉启动过程，压力为 1.23MPa 温度达到 264℃，流量为 15t/h 具备汽轮机冲转条件。）

机组冲转条件：主蒸汽压力 1.25MPa，温度 280℃ 以上。温度有 50℃ 以上的过热度。

（1）凝汽器真空达到 -0.04MPa 以上。

（2）上下缸温差小于 50℃。

（3）调节油压、润滑油压及轴承油流正常，冷油器出口油温达 35℃ 以上，但最大不超过 48℃。

（4）盘车运行正常，汽缸内及轴封处无异声。连续盘车时间大于 4h。

（5）轴颈晃度不大于 0.05mm。

（6）发电机应做好启动准备的各项工作。

（7）凝汽系统正常。

（8）安保系统正常。

（9）蒸汽品质合格。

机组冲转后进行磨捡等试验合格。设定转速目标值 400r 暖机时间 10min。低速暖机后转速升至 1000r，中速暖机 30min 以上，根据机组吸热现状需要适当延长。注意控制系统真空不要太高，根据情况关闭主蒸汽管道疏水。至锅炉点火 4h 后蒸汽压力 3.0MPa，温度 350℃，流量达到 30t/h，具备机组过临界转速条件，可以升速率 300r/min 加速通过升至 2450r/min(8 月 7 日 2：39 启动过程：过临界实际进汽量 max16t/h)。开始升速后，当机组转速达到临界转速区时，控制系统自动闭锁过临界。此时应加强监视 TSI 中的轴承振动，现场人员对设备加强检测。此时注意缸胀、轴相位移、上下缸温差、后汽缸温度。2450r/min 高速暖机 30min 结束后升速至 3000r/min 定速暖机。汽机定速后进行全面检查，根据需要进行相关试验。

暖机过程注意事项：

(1) 在整个暖机过程中，报警盘、DEH、DCS 及辅助盘，汽轮机蒸汽，金属温度记录仪，各监视参数没有报警，记录正常。

(2) 倾听汽轮机发电机声音正常。

(3) 各轴承回油情况正常，润滑油温保持在 42~48℃ 之间，支持轴承温度<90℃，各推力轴承温度<120℃。

(4) 升速过程中汽缸金属温度温升率≤3℃。

(5) 随着汽轮机进气量以及真空度变化，暖机和升速过程中各金属温升及温差不超过规定值，汽轮机内上下缸温差不大于 50℃。

(6) 机组转速达到 $80\% n_N$ 后，轴承进油温度应不低于 42℃，在机组转速升至 80% ~ $85\% n_N$ 后，进行主、辅油泵切换。

(7) 低压缸喷水阀打开，控制开关在"自动"位置，注意真空应正常，检查低压缸排汽室温度<120℃。

(8) 以上参数超限或接近超限值且有上升趋势或不稳定时，应立即汇报单元领导、班长，同时暂停升速。

3. 第三阶段(机组并网及带负荷)

锅炉点火 4.5h 后，锅炉床温 510℃、温度 350℃、蒸汽压力 5MPa，蒸汽流量 50t/h。检查机组一切正常后，通知调度和电气，汽机可并网带负荷进行低负荷暖机。暖机充分后，可根据机组的相对膨胀、缸胀、机组振动等各机组部件温升的变化情况，缓慢增加机组电负荷至 10MW。锅炉点火 5h 后，床温在 600℃ 以上可少量添加石油焦，此时产生的蒸汽量波动可由汽轮机在 10MW 负荷以内调整。待汽轮机汽缸温度>350℃(需要低负荷暖机 90min，所需进汽量 60t/h)，然后以≤1MW/min 速度增加负荷，至 30MW 暖机。20MW 后可以投入中低抽，投入中抽后以 5~6t/h 增加热负荷暖机。

暖机和加负荷过程注意事项：

(1) 监视汽轮机振动不超标，监视位移、推力瓦块温度在正常值。

(2) 监视各轴承工作正常，及时调整润滑油进油温度。

(3) 监视排汽温度带负荷时一般不应超过 70℃，空负荷时不应超过 120℃。及时开启后汽缸喷水减温阀。

(4) 控制各金属温升、温差及缸胀、差胀在正常范围。

(5) 随负荷增加及时监视调整凝器水位。凝器循环水进水阀和汽封压力。

(6) 注意发电机进出风温，润滑油温。

4. 第四阶段(机炉满负荷运行)

锅炉点火 7h 后,锅炉床温为 870℃、蒸汽温度为 540℃、蒸汽压力为 9.8MPa 达到额定参数运行。此时锅炉产汽量达到 200t/h,机组通过充分暖机后可接待任意负荷。8h 产汽量升至 310t/h 满负荷运行,锅炉升温升压过程如表 1 所示。

表 1 锅炉冷态启动升温、升压表

时间/h	机组启动控制点	床温/℃	蒸汽温度/℃	蒸汽压力/MPa	蒸汽流量/[kg/s(t/h)]
0	锅炉点火	30	30	0	0
0.5		90	60	0.05	0.25(0.9)
1	机组抽真空	150	90	0.1	0.5(1.8)
1.5	管道暖管	210	120	0.15	0.75(2.7)
2		270	150	0.2	1(3.6)
2.5		330	190	0.65	2.5(9)
3	压力 1.25MPa 温度 280℃以上挂闸冲转	390	230	1.1	4(14.4)
3.5		450	290	2.05	6.7(24)
4	过临界点 1300~2450r/min 3.02MPa352℃	510	350	3.0	9.5(34)
4.5	并网	570	400	4.9	13(47)
5	低负荷暖机	630	400	4.9	17(61)
5.5		690	400	4.9	22(79)
6		750	430	4.9	32(115)
6.5	抽汽投运	810	485	7.35	46(166)
7		870	540	9.8	60(216)
7.5	额定负荷	870	540	9.8	86(310)
8		870	540	9.8	86(310)

五、滑参数启动注意事项

(1) 滑参数启动过程中汽轮机转子因蒸汽参数低、流量大而轴向推力增加(控制轴向推力在合理范围内,延长低速暖机时间,带负荷后及时投入中抽平衡轴向推力以 5~6t/h 增加热负荷暖机)。

(2) 为避免金属部件在低负荷阶段温差增大,需延长低负荷暖机时间。

(3) 凝结水在暖管阶段质量较差(加强凝结水水质监测,联系化验进行凝结水检测,水质合格后锅炉继续升温升压)。

(4) 滑参数启动曲线作为最佳效率曲线,设备、参数、系统环境条件的任何偏差都会造成最佳效率点的偏离。需通过试验摸索各种调节控制手段或通过委托电科院进行定滑压曲线实际测试,确定阀门运行开度及定滑压实际拐点。

采用滑参数方式启动,蒸汽对金属加热是在较小的放热系数下进行,避免了蒸汽对金属剧烈加热的过程，避免了在离心力和热应力的复合作用下造成的金属脆性断裂或损伤。消除了传统启动法中机组刚冲动时，在转子上由于珠状凝结放热及汽缸上膜状凝结放热的巨大热冲击，保证了机组启动的安全性，将机组启动的寿命损耗降到最低。

滑参数启动过程完全可以在锅炉启动时间内完成暖管、冲转、并网带负荷等一系列机组启动动作，将装置启动时的蒸汽损失转化为电能输出。通过与额定参数启动方式比较，滑参数方式启动可单次节约蒸汽约 400t，能发电 70WM，多回收凝结水 500t，缩短接近 50%的装置启动时间。不仅节约了能源，提高了转换效率，降低了生产成本，还大大缩短了装置开工时间，提高了机组启动的经济性和灵活性且有利于环保排放。

采用汽轮机的滑参数方式启动不用对系统及设备进行任何改造，完全利用现有的系统及设备，具零投资高回报的效果。